영문기관일지 기입법 및 실무기관영어

[각종서식 영문기입법 | 선용통신문 영문작성법
각종보고서 영문작성법 | 기관사 상식백과
기관사 필수 해사용어 | 기관사 필수 영어회화
기관영어 영한 대역 표기]

NEW Engine Log Book Writing

해광도서편찬회 편

해 광 출 판 사

머리말

외항선과 원양어선의 기관일지를 영문으로 기입해야 하는 이유는 영어가 해운업계의 국제어로써 널리 통용되고 있기 때문이기도 하지만, 지금은 우리나라 해기사와 외국 국적의 해기사가 같이 근무하는 경우가 보편적이기도 하기 때문에 소통의 문제도 한 부분을 차지하기도 합니다.

기관일지는 기관부와 관계되는 모든 사항을 항해 중이거나 정박 중인 경우를 불구하고, 주기관과 보조기계류의 운전상태 · 제기기의 정비 · 고장 · 수리 등과 각종 유류와 선용품의 적재 등을 비롯하여 인사문제에 이르기까지 규정에 따라 기재해야 하는 선박 비치 서류 중의 하나입니다.

기관일지의 기사는 단순한 기록에 그치는 것이 아니고, 제기능의 현상파악과 차후의 정비 참고자료로서 이용되고, 각종 해난사고 시에는 귀중한 증거서류가 됩니다. 선박의 안전운항을 기하려면 우수한 관리기술을 갖는 실무자가 운전 · 정비를 담당해야함은 당연한 일이거니와, 이 실무자가 기관의 관리기록인 기관일지를 정확하고 충실하게 기입할 수 있는 능력도 역시 갖추어야 합니다.

이러한 모든 것들을 영어로 기록하고 작성하기 위해서는 가장 기초적인 영어는 물론이고, 관련 기록사항을 기입하는데 필요한 어느 정도의 영어 실력을 갖추어야 하는데 이 책은 그런 기초적인 기관파트 영어를 학습 할 수 있도록 하였습니다.

이 책의 영어 부분은 한국인에게 알기 쉽고 쓰기 쉬우면서 영문법상으로는 표준영어에 가까워서 영어권 사람들도 정확히 이해가 가능한 문장으로 된 기사의 내용들입니다. 대부분의 문장은 직역되었으나 가끔 문맥이 통하는 한 의역된 부분도 있습니다. 따라서 간단한 문장과 관용어구를 암기하면 단기간 내에 영문 기관일지 기입법과 각종 보고서와 관련 기관부분 영문을 터득하게 될 것입니다. 또한 한글과 영문을 같이 실어 놓았기 때문에 서로 대조해보면서 익히고 알 수 있도록 하였습니다.

제1편은 처음으로 선박에 승무하는 기관사의 직무담당이 대개 보일러 · 전기기기 및 냉동기 등이므로 이 부분을 먼저 다루었고, 다음으로 주기관의 관계 기사를 상세한 항목별로 많은 영문 예시를 통해 설명하였습니다. 흔히 기관일지에는 기관의 운전이나 정지 또는 주기관의 운전준비 등에 대한 결과만을 간단히 기록하는 경우도 있지만 이 책에서는 고장의 원인과 수리방법 및 주의 사항에 관한 영어 예문도 다수 수록 되어 있어 실질적으로 도움이 될 것입니다.

제2편은 각종 영수증 · 주문서 · 청구서 · 증명서 · 신청서 · 확인서 · 보고서 등 공식적인 선박 통신문과 일반 사문서 편지 등의 영어 예문을 광범위하게 수록하였습니다. 기관사이면 누구든지 천천히 사전을 찾으면서 영문 통신문을 작성하기가 어렵지는 않겠으나, 간혹 출항에 임박하여 관계사에 제출해야 하는 경우에는 선용 통신문 작성법의 각종 영어 예문을 참고삼아 일정한 문맥에 상품명 등의 요점만을 바꾸어서 기입하여도 관련 서류를 작성할 수 있을 정도로 기관사로서의 직무수행에 큰 도움이 될 것입니다.

제3편 각종 보고서 작성법을 통해 사고보고서 작성과 각종 보고서 작성 실례를 영어 예문을 통해 익힐 수 있게 하였습니다.

제4편 기관사 상식백과와 제5편 기관사 필수 해사용어에서 기관사가 알아두어야 할 각종 기관용어를 익힐 수 있게 하였습니다.

제6편 기관사 실무 영어 회화를 통해 현장에서 접할 수 있는 여러 상황에 유용하게 쓰일 수 있으리라 봅니다.

또한 책 내용의 대부분을 한영대역으로 표기하였기 때문에 관련 공부에 도움이 되리라 여겨집니다.

아울러 부록으로 단위환산표와 온도대조표를 실어 승선 중이거나 실생활에서도 쓰일 수 있도록 하였고, 영문 발음과 숫자, 통신 영어를 한글로 표기하여 승선중 일어날 수 있는 여러 상황에 대비할 수 있도록 하였습니다.

이 책의 기본판은 예전 <영문기관일지-각종서식기입법>으로 책 내용은 기관일지를 비롯해 앞서 말씀드린 보고서 작성, 기관영어 등을 전반적으로 보여주는데, 제목에서 기관일지라는 한정된 부분만 보여주는 것 같다는 많은 분들의 의견에 따라 내용 중 많은 부분을 수정하고, 추가하면서 제목도 변경 하였습니다.

본 교재가 새롭게 나오기까지 해광출판사와 해문출판사, 문우당서점의 해양관련 도서의 출판에 대한 의지가 없었다면 새롭게 수정해서 책을 내기가 어려웠을 것입니다. 60년을 한결같이 책과 함께한 전통에 대한 자부심과 해양도서의 노하우를 이 책에 담고자 많은 노력이 있었음을 이 자리를 빌려 말씀드립니다. 책을 수정하면서 예전 문구를 새롭게 다듬고 부족한 부분은 첨가하였지만 그래도 부족한 부분도 분명 있으리라 봅니다. 앞으로 기회 있을 때마다 고칠 수 있도록 하겠습니다.

오랜 시간 수고가 많은 출판사 편집진과 출판사의 의지에 다시 한 번 인사를 드립니다.

편저자

목 차

제1편 영문 기관일지 기입법

제2편 선용 통신문(船用通信文)

제3편 각종 보고서 작성법

제4편 기관사 상식백과

제5편 기관사 필수 해사용어(Sea-term) / 422

제6편 기관사 실무영어회화

부 록

제1편 영문 기관일지 기입법

제1장 기관일지

1.1 기관일지의 필요성

기관일지 (Engine Log Book)는 기관부 관계서류 가운데 가장 중요한 서류의 하나이다. 선원법에서 선박서류의 비치의무를 규정하였는바

a. 선박 국적증서와 선적증서 및 선박 검사증서
b. 선원명부
c. 항해일지
d. 여객명부
e. 적하목록
f. 기타 법규에 정하는 서류.

등을 비치해야 한다. f 항의 서류란 관계해도 · 기관일지 · 취업규칙 및 근무상황 기록부를 의미한다.

기관일지의 필요성을 열거하면

1. 기관의 관리 · 안전운전 · 경제운전의 기초와 운항관리의 자료가 되고
2. 공법(公法) 및 사법(私法)상의 증명자료로서

a. 해난심판법에는 해난의 원인을 규명하고 해난방지의 목적으로 「조사관은 그 직무를 수행하기 위하여 해난 관계인에게 보고를 시키

거나, 장부 · 서류 · 기타 물건의 제출을 명할 수 있다」라고 규정하였다. 여기서 말하는 기관부 관계의 서류와 장부란 해난보고서 · 선박 국적증서와 선박 검사증서의 원본 또는 사본 · 기관 당직일지 · 손상개소와 관계부분의 상세도면 · 손상사진 · 수선 명세서 · 공시운전 성적서 · 스탠 바이 북 · 기타 참고자료 등이다.

b. 사법상으로는 기관장 및 기관사의 선량한 관리자로서의 주의의무를 이행시키고 또한 증거자료로서도 필요하다.

보험관계에서도 선박이 항해에 감내하지 못함으로서 생긴 모든 손해는 선주에게 책임이 있으므로, 만일 문제가 생겼을 때에는 선박에 감항성이 있었으며, 피보험자에게 악의 또는 중대한 과실이 없었음을 증명하는 자료로서 기관일지가 이용된다.

1.2 기관일지의 목적

기관일지는 국제적으로 권위 있는 자료로서 인정 받으며, 그의 중요한 용도는 다음과 같다.

1. 항해상의 각종 계산과 항해에 대한 각종 보고의 기초자료
2. 운항계획을 입안하는데 필요한 기관의 성능을 파악하며, 이상발생의 원인을 발견하는데 필요한 기관의 상태를 파악하기 위한 자료
3. 이상의 원인을 규명하고 대책을 수립하기 위한 자료
4. 기관의 내력
5. 해난과 기관사고 및 기타에 수반되는 이해 관계자간에 발생하는 배상책임의 증거
6. 선원법 관계상 의무규정에 대하여 직무입증을 위한 증거
7. 일상작업을 기록해 두는 일지
8. 재산관리를 위한 자료

이상과 같은 목적을 활용하려면 다음 사항을 기록 · 정비해 둘 필요가 있다.

1. 관청 및 각종 선급협회의 검사에 관한 기사(수검개소 · 상태 · 검사원의 성명 · 수검 연월일)
2. 각종 기기의 주요부 점검시의 상태와 그 후의 경과
3. 각종 기기의 이상 유무를 입증하기 위한 운전상태의 기록
4. 기관의 성능을 파악하기 위한 각종 기록 및 항해상의 각종 계산
5. 연료유 · 윤활유 · 관수(Boiler water)의 보유량과 이들의 소비량 기록
6. 주요 예비품의 사용과 보급상황
7. 안전장치 · 경보장치 등의 검사기록
8. 기록의 검열과 서명
9. 각종 기기 의 조작시각과 목적 및 상태의 기록
10. 선각(船脚)의 상태와 연료유 · 윤활유 · 청수 · 밸러스트(Ballast) 등의 이송기록
11. 소화기의 정비기록
12. 빌지(Bilge)의 배출기록
13. 노무배치의 변화 · 당직자 성명 · 특기 근태 사항의 기록
14. 당직 중의 주의환기를 위한 필요사항
15. 재산관리의 기록

이상은 선량한 관리자로서 주의의무를 수행하였다는 입증 자료의 일부가 된다.

1.3 기관일지의 종류

기관일지의 종류는 다음과 같다.

1. 기관장 일지(Chief Engineer's Log Book)
2. 기관실용 일지(Engine Room Log Book)
3. 기관 적요일지(Abstract Log 또는 Condensed Log)
4. 냉동기 일지(Chief Engineer's Log for Refrigerating Machinery)
5. 냉동기 적요일지(Chief Engineer's Condensed Log for Refrigerating Machinery)
6. 보기일지(補機日誌 Chief Engineer's Log Book for Auxiliary Machinery)

a. 기관장일지는 기관일지 중에서 가장 중요한 것으로 주기와 주 보일러가 주요대상이다. 당직 기관사가 당직 중 기관실용 일지에 기입한 기록사항을 기관장은 이 기관장 일지에 옮겨 쓰며, 기타 정박 중의 작업과 연료 수령 등 필요사항을 기입한다.
b. 기관실용 일지는 기관실의 적당한 장소에 비치하고 당직 기관사는 당직 중의 소요사항을 여기에 기입한다. 흔히 기관장 일지와 양식이 같고 편의상 기관장 일지로서 기관실용 일지를 대신하는 수가 많다. 일반적으로 기관일지라고 하면 기관장 일지 또는 기관실용 일지를 말한다.
c. 기관 적요일지는 흔히 1항해를 단위로 하여 매 항해와 항해 종료시에 기관장 일지에 기재된 요점을 1매에 기관 적요일지에 요약하여 한번에 당해 선박의 행동과 기관의 상태를 파악할 수 있도록 일정한 서식에 따라 작성하고 선주 또는 용선자에게 항해보고로서 제출하는 것이다.
d. 냉동기 일지는 냉동 화물고와 식량고의 냉동상태 · 냉동기의 운전상태 및 보수상황등을 기록하는 것으로 냉동기 관리의 자료가 된다.
e. 냉동기 적요일지는 냉동기 일지를 매 항해 종료시에 요약하여 기입하는 것으로 선주 또는 용선자에게 제출하여 냉동 화물의 상태와

식로의 상태를 파악하게 하는 자료가 되며, 또한 냉동화물에 대한 사고처리의 자료가 된다.

f. 보기일지는 대부분의 회사가 기관일지에 포함시키고 있으나, 회사에 따라서는 발전기 등 기타 보기에 대하여 별도로 일지를 마련하여 기록하는 수도 있다.

g. 기타 <기관 운전일지(S/B Book 또는 Bell Book)>라 하여 기관실에 입출항시 등의 스탠 바이 중의 기관 사용 상태를 기록하는 기록장이 준비되어 있으면 매우 편리하다. 이것은 선교로부터 텔레그래프에 의한 기관의 사용 상태를 빠짐없이 시각과 함께 기록하고 필요한 부분은 기관장 일지로 옮겨 쓴다. 항진시간 등을 계산하는 기초가 되고 조선(操船)상의 사고 등에 대한 중요한 증거서류가 되므로 다른 기관일지와 함께 소중히 취급해야 한다.

1.4 기관일지의 취급법과 기재요령

1. 보관과 취급

a. 기관일지는 기관장이 보관한다.

b. 기관실의 적당한 장소에 일지용의 보드판 또는 기관실용 일지를 비치하고 당직 중의 필요사항을 당직 기관사가 빠짐없이 여기에 기입한다.

c. 기관장은 매일 일지용의 보드판 또는 기관실용 일지로부터 기관장 일지에 필요사항을 옮겨 쓰고 당직 기관사와 기관장은 해당부분에 서명한다.

d. 필요사항은 사후에 즉시 사실 그대로 쓰는 것이므로 일단 기록하고 나면 변경하지 못한다. 즉, 일지의 잘못 쓴 부분은 흑선 또는 적선(赤線)을 긋고 당직 사관의 서명 후 아래 또는 부근에 다시 써서 최초의 기록을 읽을 수 있도록 한다.

2. 기재상의 일반적인 주의사항

a. 사실을 충실히 기재한다.

b. 기사는 가급적 간단 명료하게 쓰고 애매한 표현은 피한다.

c. 일어난 일을 사후에 기록하는 것이므로 문체는 원칙적으로 과거형으로 쓴다.

d. 장기간 보존해야 하므로 펜으로 기입하여야 하며, 연필로 기입해서는 안된다.

3. 필요한 기재사항

a. 기관일지의 첫 페이지에는 기관부의 직원, 부원의 성명을 기록하고 승선, 하선날짜를 기입한다. 또 선체와 주요기관의 요목을 기입한다.

b. 정박 중

① 정박장소와 그 이유

② 당일 기관부의 작업개요와 보기의 사용상황

③ 기관부원의 동태와 결근자가 있으면 그 이유

c. 항해 중

① 기관의 발정(發停)시각 및 도중 속력 · 회전수 · 기압을 증감했을 때에는 그 이유와 시각

② 기관에 이상을 인지했을 때에는 그 시각과 상황

③ 충돌 · 좌초 · 기타 해난이 발생했을 때에는 그 시각과 상황

④ 당일 기관부 작업의 개요와 부원 중에서 휴업자가 있을 때에는 그 이유

⑤ 시각의 변경

⑥ 기타 일지에 기록할 사항

1.5 기관일지의 기재항목

1. 기관일지의 첫 페이지에 기재해야하는 건명

건 명

PARTICULARS

주기관
Main Engine

- 종류
- Type
- 제조년월
- When Built ……………………………………
- 제조장소
- Where Built ……………………………………
- 제조자
- Builder ……………………………………………
- 추진기의 종류
- Kind of Propeller …………………………………
- 추진기의 누거(累距)
- Pitch of Propeller …………………………………
- 지시 마력
- Indicated Horse Power ……………………………
- 연속 최대 마력
- Nominal Horse Power ……………………………

주 보일러
Main Boiler

- 종류
- Kind …………………………………………………
- 재료
- Material ……………………………………………
- 개수
- Number ……………………………………………

보조 보일러
Donkey Boiler

- 제조년월
  When Built ……………………………
- 제조장소
  Where Built ……………………………
- 최대기압
  Loaded Pressure ……………………………
- 종류
  Kind ……………………………
- 개수
  Number ……………………………
- 최대기압
  Loaded Pressure ……………………………
- 선주
  Owner ……………………………

2. 일지면에 기재해야 하는 항목

선명	Name of Vessel(船名)
회사명	Name of Company
일자	Date
항차	Voyage No.(第~次航)
운항지	From……To……(自…… 至 ……)
시간	Hours
당직자성명	Watch
보일러압력	Boiler Pressure
과열증기온도	Temperature of Superheated Steam
해수온도	Temperature of Sea Water
배수온도	Temperature of Discharge Water

급수온도	Temperature of Feed Water
주기관실온도	Temperature of Engine Room
보일러실온도	Temperature of Boiler Room
보일러수높이	Height of Water in Boiler
가속통풍압력	Pressure of Forced Draft Air (加速通風壓力)
실린더오일소비량	Cylinder Oil Consumption
연료유소비량	Fuel Oil Consumption in Watch
연소기내 연료유압력	Fuel Oil Pressure in Burner
연소기내 연료유온도	Fuel Oil Temperature in Burner
적산회전계의 주기회전수	Engine Revolution on Counter
매분 평균 회전수	Mean Revolutions per Minute
시간당 평균속력	Average Speed per Hour
사건 및 기사	Occurrences & Remarks
항진시간	Hours Under-Way
주기관 작동시간	Hours of Engine Motion
적산회전계의 회전수	Revolution on Counter (積算回轉計의 回轉數)
평균 매분 회전수	Mean Revolution per Minute
매시 평균 속력	Average Speed per Hour
측정기 항주거리	Distance Run, Log
실측 항주거리	Distance Run, Observation
추진기 항주거리	Distance Run, Screw propeller
실각율	Slip Percentage(失脚率)
정오위치	Ship's position at Noon
위도	Lat.
경도	Long.

흘수	Draft of Water(吃水)
선수	Fore
선미	Aft
보조보일러 사용시간	Working Hours of Auxiliary Boiler
발전기 사용시간	Working Hours of Dynamo Engine
냉동기 사용시간	Working Hours of Refrigerator
양화기 사용시간	Working Hours of Winches
룸히터 사용시간	Working Hours of Room Heater
탱크의 상태	Condition of Tanks

Bunker Coal (벙커용탄)	Quantity on Previous Day (전일까지의 이월량)
Fuel Oil (연료유)	Received (수령량)
Engine Oil (엔진오일)	Total (총계)
Cylinder 0il (실린더오일)	Consumption till Noon of This Day (금일 정오까지의 소비량)
Boiler Feed Water (보일러급수)	Remaining (잔량)

3. 기관 적요일지 기재항목

회사명	_________Co. Ltd
선 명	S.S._________Ho
항 차	Voyage No.__,__ward
	Line : _____
항로 : 자__항, 지__항	From_____To_____
일 자	Date : ______
	From_____To_____
발 항	Sailed from
항 명	Prot
일 자	Date, Hour,
도 착	Arrived at
항 명	Port
일 자	Date, Hour
증기조성 정박시간	Detention with Steam
항해시간	Hours Under-Way
항주거리	Distance Run
평균속력	Average Speed
연료유 소비량	Fuel Consumed
항해용	Propelling Machinery
잡 용	Donkey etc. in Port
합 계	Total
1 항해의 합계	Summary of one round Voyage
매 24시간	Per 24 Hours
흘 수	Draft
출발시	Departure
도착시	Arrival
선 수	For'd
선 미	Aft

일 자	Date
기기 작동시간	Hours Engines in Motion
항해시간	Hours Under- Way
회전수 } 매 1일	Revolutions } Per Day
매 1분간	Per Minute
실항주거리	Actual Distance Run
추진기의 항주거리	Distance by Screw Propeller
1시간의 평균 속력	Average Speed per Hour
실각율	Slip Percentage
기 압	Steam Pressure
보일러	Boiler
고압슬라이드 밸브 케이싱	H.P. Slide Valve Casing
중압 수기실	M.P. Receiver
저압 수기실	L.P. Receiver
새기밸브와 가감밸브의 현상	State of Throttle Valve and Stop Valves
기통 단기점	Grade of Expansion
고 압	H.P.
중 압	M.P.
저 압	L.P.
진 공	Vacuum
온 도	Temperature of
해 수	Sea Water
배 수	Discharge Water
온수조	Hot Well
급 수	Feed Water
보일러 물의 높이	Height of Water in Boilers
보일러 물의 농도	Density of Water in Boilers
사용 연료	Fuel Consumed
명 칭	Name
소비량	Quantity
회분 및 잔류물의 비율	Ashes & Clinkers %

기관실 온도	Temperature of Engine Room
보일러실 온도	Temperature of Boiler Room
가속 통풍압력	Forced Draft Air Pressure

기사 : ──

천후 · 풍력 · 풍향 · 기관의 작동 · 고장 · 속력 또는 기압을 증감한 시각과 사유 · 충돌 · 좌초 · 기타 해난에 관한 일

Remarks : ──

Weather; Direction and Force of Wind; Working of Engines and Boilers; Accidents; the Time of and Reason for Increasing or Reducing either the Speed or the Steam Pressure; and Details of any Sea Casuality, such as Collision, Stranding, etc

선수품 소비량	Consumption of Stores
기기유	Engine Oil
기통유	Cylinder Oil
등 유	Lamp Oil
수입포	Waste
연료 보고	Fuel Report
년월일	Date
수령지명	Where Received
연료명칭	Name of Fuel
잔유량	Remaining
수령량	Received
총 계	Total
소비량	Consumed

사용연료의 종류와 품질 및 회분 비율 등의 상세

Details : Description and Quality of Fuel Consumed, Ash per cent.

기사 : ──

기관의 수리 · 분해 · 검사 및 보일러의 정비 · 기타 정박 중의 작업 개요

Remarks : ——

Matters relating to Repairs, Overhauling and Examination of all parts of Machinery, and also Boiler Cleaning : and the Particulars of the Work effected in the Engine Room while in Harbour.

서 명	Signature
선 장	Commander
기관장	Chief Engineer

1.6 기관사 복무규정

런던의 Henry Hughes & Son, Ltd. 에서 발간한 CHIEF ENGINEER'S LOG BOOK 제 1페이지에 '기관사의 복무규정' (Standing Orders for Engineers)으로서 다음과 같은 의미의 사항이 기재되어 있다.

(1) 기관과 보일러에 관한 특수한 취급에 대한 일체의 세부사항은 기관장 단독의 책임 있는 명령에 따라야 하나, 기관사의 선무규정으로서 일반적으로 정하여진 바가 있다. 이에 관해서는 다음의 복무규정이 엄수되어야 한다.

All details of the special management of his engines and boilers are left to the sole and responsible charge of the chief engineer but there are certain points in which his department touches the general discipline of the ship in regard to which the following ***Standing Orders*** are to be strictly observed.

(2) 당직 중인 기관사는 어떠한 사정이 있더라도 절대로 당직 중에 기

관실을 떠나서는 안된다.

The engineer of the watch is never to absent himself from the engine-room, during his watch, on any account.

(3) 기관사는 기관의 당직을 절대로 부원에게 맡겨서는 아니 되며, 책임 있는 인수자가 기관실 플랫폼에서 전임자로부터 당직 책임의 인수를 마칠 때가지는 교대한 것으로 생각 하여서는 안된다.

No engineer is ever to give over charge of the engine to any 'greaser,' and will not be considered as relieved until his responsible successor has taken charge of the watch from him ***on the engine platform.***

(4) 안개・강풍 또는 육지부근에 있을 때에는 세컨드 엔지니어(한국 선박의 경우 1등 기관사)는 당직 기관사를 보좌하기 위하여 기관실에서 항상 준비를 갖추고 있어야 하며, 기관장은 항해 중 기관이 정지하거나 혹은 저속으로 된 때에는 항상 현장에 입회하고 있어야 한다.

During fog, heavy gales, or near any land, a second engineer is always to be in readiness in the engine-room to assist the one on watch, and the chief engineer should always be present when engines are 'stopped' or 'slowed' during the voyage.

(5) 어떠한 경우에도 선내에 한 명의 기관사도 없이 선박을 방치하여서는 안된다. 또 선박이 정박 중이던 아니던 관계없이 주 보일러에 점화되어 있는 동안은 '기관사의 당직'은 반드시 규칙적으로 지켜져야 한다. 모항에서 사무가 끝난동안에도 기관사 1명은 항상 선내에 남아있어야 한다. 또(모항에 있던 외국항에 있던 관계없이) 어느 기관사도 기관장의 허가 없이는 상륙할 수 없다.

At no time is the ship to be left without one engineer on board; and while the main fires are lighted, an 'engineer's watch' must be kept, regularly whether ship be at anchor or not. While off articles in a home port, one engineer must always remain on board, and no engineer may go ashore (either in a home or foreign port) without liberty from the chief engineer.

(6) 기관장은 부원에게 그들의 거실을 항상 청결하게 하도록 명령하고 매일 아침 청결한지를 점검하여야 한다. 또 1주일에 1회는 가급적 철저히 브러시로 깨끗하게 청소하게 하여야 한다.

The chief engineer will enjoin upon all his firemen the strictest cleanliness in their quarters, and will take care that these are cleaned every morning, as well as throughly scrubbed out once a week.

(7) 선장 부재 중, 만일 선박이 위험한 처지가 되면 1등 항해사나 또는 기타 당직 항해사의 요구에 따라 증기를 양성하여야 한다, 출항 예정일은 항상 적당한 시기에 예고되어야 하며, 그 예정일까지에는 기관사의 준비가 완료되어 있도록 모든 노력을 다하여야 한다. 보조 보일러의 증기는 언제든 1등 항해사의 요구가 있을 때에는 상승시켜야 하나, 그 사용에 관하여는 기관장의 지시를 받아야하고 윈치의 수리 등도 같다.

If ship gets into danger at any time during the absence of the captain, steam must be got up at the desire of the chief officer or other executive in charge. Timely notice of intended sailing day will always be given, and ecery effort must be made to have the engine ready at date named. Steam is always to be raised in donkey boiler when requested by the chief officer but its working must be supervised by the chief engineer, as well as winches repaired etc., under him.

(8) 항해 중에는 가장 급박한 필요가 있을 때를 제외하고 선장이나 당직 항해사에게 예고 없이 절대로 기관을 정지하여서는 안된다.

While on the voyage, the engine must never be stopped without timely warning to the captain or officer of watch, unless in cases of the most urgent necessity.

(9) 기관 등의 수리에 관하여 공장에 발주하기 전 기관장은 먼저 선장과 상의하여야 한다. 또 외국항에서는 절대로 필요한 경우를 제외하고 소모품을 구입 하여서는 아니된다. 모항에 도착하기 전에 완전한 새 소모품 주문서를 작성하여야 하고, 그 항해에서 사용한 소모품량과 재고량의 일람표를 작성해 두어야 한다. 또 동시에 필요한 수리개소의 일람표도 작성되어야 하며, 이상의 작성된 모든 일람표는 선장에게 제출되어야 한다.

Before giving orders to any shore workshops for any repairs to engine, etc., the chief engineer will first consult with the captain; and no stores are at any time to be purchased in a foreign port unless absolutely necessary. Before reaching a home port should be ready a complete list of new stores required, also a list of stores consumed on voyage, together with a list of stores on hand as well as what repairs may then be necessary, all of which are to be submitted to the captain.

(10) 당직에 임하는 기관사는 선교로부터 오는 모든 명령에 민첩하게 응할 수 있도록 항상 준비한다.

Smartness in response to all orders form the bridge is very strongly urged upon all engineers on watch.

(11) 연료 적재시에는 어떠한 경우에도 기관장은 항상 이를 스스로

감독하고, 또한 수량이 충분한지 특별히 주의하여야 한다. 선장의 승인 없이 절대로 연료를 주문하여서는 안된다. 그리고 가급적이면 연료를 수령하기 전에 시험해 보아야 한다. 연료 수급과 저장은 기관장의 직무 중 가장 중요한 것의 하나로서 하급자가 능력이 우수하더라도 절대로 이를 위임하여서는 안된다.

The chief engineer will Personally superintend the taking in of oils at all times, and must be most particular in getting full weight and seeing bunkers properly trimmed up. No oils is ever to be ordered without captain's sanction and if possible it should be tested before receiving it. The receipt and stowage, etc., of oils is one of the most important of the chief engineer's duties, and must never be left a junior, however capable.

(12) 소모품 · 동력을 사용한 거리 및 선박의 흘수에 관한 각 란은 주의하여 정확히 기입되어야 한다.

Care must be taken in filling up accurately the columns regarding stores, power distances, and ship's draught.

서 명 ....

Signature ....

1.7 당직 중의 주의사항

일반적 요점—기관실 당직 중 준수하여야 할 점

General Points:—Points to be observed on taking over an engine-room watch;

(1) 모든 베어링류는 통상적으로 주유되고 적당한 온도에 있는지 확

인할 것.

Ascertain that all bearings are at the normal temperature with the ordinary lubrication provided.

(2) 사용 중인 주기 · 보기 및 배기장치계에 주의할 것.

Note the main, auxiliary, and exhaust system in use.

(3) 운전 중인 모든 보기류는 효율적으로 작동하고 있는지, 예비 펌프 등은 즉시 사용할 수 있는지 확인할 것.

See that all running auxiliaries are working efficiently and that stand-by feed pumps, etc., are ready for instant use.

(4) 빌지의 깊이를 확인하고 연료 화로를 사용 중이면 기름 탱크 내의 유량을 확인해 둘 것.

Ascertain depth of water in bilge, and in the case of oil-fired furnaces, amount of oil tanks.

(5) 조타기 · 제빙기 등 외부에 있는 보기류가 충분한 전원을 공급받고 있는지 주의할 것.

Take care that outside auxiliaries, such as steering engines, ice-making machines, etc., are receiving their proper power.

제2장 영문기관일지 기입법

2.1 영문일지의 의의

일지를 반드시 까다로운 외국어(독어, 영어)로 써야 할 의무가 법적으로 규정된 바는 없다. 그러나 다음과 같은 여러 가지 이유가 독자 여러분으로 하여금 영문일지의 필요성을 절감하게 할 것이다.

1. 근대 세계의 해운업은 영국에 의하여 진흥되고 영국이 세계의 해운업을 주도해 왔다.
2. 우리나라의 해운업은 이 영국의 전통과 관습을 직접 간접으로 오늘날까지 이어받아 왔다.
3. 해운이나 조선의 국제적인 이해관계는 주로 런던을 무대로 하여 개정 조정되는 일이 많다.
4. 그러므로 어떤 쟁의가 있을 때에는 영문 Log Book이 필요하게 되는데 만일 Log Book이 국문으로 쓰였을 경우, 지정 번역자가 번역하게 되고 그의 증명이 필요하게 되어 사무 취급상 매우 번잡해지며 오역될 우려도 있다.
5. 해운에 관한 최신 지식은 영어로부터 얻는 일이 많다.
6. 선박의 수리 · 소모품의 주문 등을 국내에서도 영어로 쓰는 일이 있고, 여러 가지 사정으로 영어를 쓰는 편이 더 편리하기도 하다.
7. 외항선의 경우 각종 주문서 · 본사나 대리점으로부터 보내지는 공문 · 사양서 · 각종 계약서 · 광고문 · 견적서 · 보고서 · 통신문 규칙서 · 해양 오염방지에 관한 규칙이나 조약 · 기타 일반 상용문 등도 주로 영문으로 되어 있는 실정이다.
8. 이상과 같은 이유로 영어는 해사관계에 관한 한 적어도 국제 공용어로서의 지위를 획득한 셈이다.

2.2 영문일지의 특성

1. 주어(, We)를 생략한다.

예1) Left Busan for Mokpo.(목포를 향하여 부산을 출항했다.)…… 여기서 주어인 We(우리) 또는 Our ship(본선)이 생략되었다.

예2) Stopped engine.(기관을 정지시켰다.)……주어인 We(기관장 또는 당직 기관사)가 생략되었다.

2. Be 동사를 생략한다.

예1) Sea calm.(바다는 고요하다.)……Sea is calm의 is 동사가 생략되었다.

예2) Ship labouring heavily. (선체 동요가 매우 심했다.)……Ship was labouring의 was가 생략되었다.

예3) Engine stopped.(기관이 정지했다.)……Engine was stopped의 was가 생략되었다.

3. 정관사를 생략하는 일이 많다.

a. 영문법상 이름이 하나 뿐인 고유명사, 즉 대륙 · 해양 · 강 · 선박 · 섬 · 군도 등에는 정관사(the)를 붙여야 하나 Log Book에서는 생략한다.

예1) Atlantic Ocean(대서양)은 the Atlantic Ocean이 옳다.

예2) Thames(템즈강)은 the Thames가 옳다.

예3) South(남)은 the South가 옳다.

예4) President Carter(카터 호)는 the President Carter가 옳다. 다

만, 선명의 앞에는 S.S(汽船) 또는 M.S.(機船)를 쓴다.

b. 일반적으로 서적이나 보통의 문장에서 당연히 정관사를 붙여야 할 곳도 기관사관 누구나가 관용적으로 사용하고 있는 어귀에서는 정관사를 생략한다.

예1) main engine은 the main engine이 맞다.

예2) on portside of No.7 cylinder는 on the portside of ……가 맞다.

즉, 정관사의 생략은 기관 영문일지에서 문장의 간소화를 목적으로 하는 일종의 관습이다.

4. 문장의 요점이 되는 단어 이외에는 생략하는 수가 있다.

예1) 'No smoking'(금연)이 정확한 문장이 되려면
No smoking is allowed.(흡연은 허락되지 않는다)이다.
Safety first(안전제일)→Safety is the first.
Hands off(손대지 말라)→Keep your hands off.
Wet paint(페인트 주의)→Beware of the wet paint.
No admittance(출입금지)→No admittance is allowed.

예2) S/B(Stand by) engine(기관준비)는 Rung S/B engine.(기관준비를 호령했다)의 간략형이다.

예3) Fine weather(맑음)은 We had fine weather(날씨가 맑았다)의 간략형이다.

5. 시제(Tense)는 과거형으로 한다.

Log Book은 선박의 행동이나 기관의 상태 및 작업 상황 등을 기록하는 것이므로 '었다' '했다'와 같이 과거형으로 써야 한다.

예1) Took in 100 K.L. of fuel oil. (연료유 100 킬로리터를 적재했다.)
예2) Stopped main engine.(주기를 정지시켰다.)

6. 조동사에 대하여

조동사에는 be, have, do, shall, will, can, may, must, ought, dared, need, used 등이 있다.

이 가운데에서 be는 수동태, 진행형 등에 사용되고 have는 완료형, 부정사(to-Infinitive)와 결합하여 must 대신으로, do는 강세, 부정, 의문 등에 사용되며 일지에 흔히 쓰인다.

그러나 일지는 과거를 기입하는 것이므로 shall, will, can, may 등은 거의 사용되지 않으며, must, ought, dare 등은 사용되는 일이 적다.

7. and의 생략

Measured roundness of No.3 crank pin and polished and made it round with polishing powder.(No.3 크랭크 핀의 진원도를 계측하고 연마분을 사용하여 연마해서 둥글게 했다.)

a. 이 글과 같이 and가 접근하여 중복되는 경우 가능하면 어느 하나를 삭제해야 한다. 즉 이 글에서는 최초의 and를 삭제하고 대신 콜론(colon)을 넣으면 문장이 산뜻해진다.
   Measured rondness of No.3 crank pin : polished and made it round with polishing powder.

b. and를 여러번 써서 문장을 공연히 길게 만드는 일은 좋지 않다. 긴 문장은 마침표(period)로 둘 또는 그 이상으로 가른다. 혹은 쉼표(comma)로 끊고 최후에 and 하나만을 사용토록 한다.

c. and 대신 to를 대치하게 할 수 있다. 예를 들면, 위의 polished and made it round를 polished to make it round로 한다.

d. and 대신 also 또는 then을 사용할 수 있다. 위의 글을 고쳐 쓰면 다음과 같이 전혀 and를 쓰지 않고도 문장이 된다.
Measured roundness of No.3 crank pin : also (또는 then) polished to make it round.

8. up의 사용에 대하여

faced up, tightened up, skimmed up과 같이 up이 자주 쓰이는데 그 목적어가 it 또는 them과 같이 가볍고 짧은 대명사인 경우에는 대명사를 동사 up의 중간에 두면 된다. 즉, faced it up, tightened them up과 같다. 다만 대명사가 아닌 경우에는 물론 Faced up the valve seat.로 한다.

9. 약자나 기호를 사용한다.

날짜, 요일, 날씨, 기타를 다음과 같이 약자나 기호를 사용하여 Log Book에 기입한다.

예1) Second engineer (2등 기관사)→2/E
예2) Slow astern(후진서속)→S/S
예3) Steam ship→S.S : Motor ship→M.S.
예4) Commenced(개시했다)→*Comced* (Com'ced)
예5) All is well.(이상 없음)→All's well
예6) and (그리고)→&
예7) brake horse power(제동마력, 축마력)→B.H.P.

10. 선박의 대명사는 She(그녀)이다.

예1) Pilot left her. (도선사가 하선했다.)

예2) Signalled her name. (선명을 신호했다.)

제3장 보일러 관계 작업 예문

3.1 보일러의 점화 · 기화 및 증기조성(蒸氣造成)

1. 5시에 점화하고 통기(通汽)했다.
2. 4시에 양쪽 주 보일러의 모든 화로에 점화했다.
3. 6시에 모든 주 보일러의 양쪽 옆 화로에 점화했다.
4. 10시에 보일러의 양쪽 옆 화로에 정화했다.
5. 10시에 2, 3 및 4호 보일러에 기화하고 서서히 기압을 상승시켰다.
6. 8시에 1, 2 및 3호 보일러의 화로에 점화했다.
7. 1, 2호 보일러에 증기조성 : 자정에 모든 화로에 점화하고 1시에 하이드로카이네터(보일러 물 순환기)를 정지시켰다.
8. 1, 2호 보일러에 증기조성 : 정오에 하이드로카이네터를 운전하고 14시에 양쪽 옆 화로에 점화했다.
9. 모든 보일러의 중앙 화로에 점화하고 에어 콕과 드레인 콕을 열었다.
10. 서서히 증기압을 올려서 자정에는 30kg/cm^{2}가 되게 했다.
11. 잡용으로 2호 보일러의 증기압을 6kg/cm^{2}으로 유지했다.
12. 10시간 내지 14시간으로 증기를 발생했다.
13. 정오에 충분하게 연소하고 있었으므로 좌현 및 중앙 보일러의 하이드로카이네터를 사용하기 시작했다. 그리고 22시에 압력이 15파운드가 될 때까지 사용했다.
14. 웨어식 급수 펌프로 보일러 물의 계속 순환을 시작했다.
15. 5시부터 2호 보일러를 보조 보일러로 사용했다.

3.1 Lighting fire, Spreading fire & Steaming.

1. Set (Laid) fires & opened steam at 0500.
2. Set all fires on both main boilers at 0400.
3. Set away wing fires on all main boilers at 0600
4. Set fires on the wing furnace of boilers at 1000.
5. Spread fires on No. 2,3 & 4 boliers at 1000, raising steam slowly.
6. Laid the fires in furnaces of No. 1,2 & 3 boilers at 0800.
7. Steaming up No. 1 & 2 boilers : Set all fires at midnight, stopped hydrokineters at 0100.
8. Steaming up No. 1 & 2 boilers : put hydrokineters in use at noon. Set wing fires at 1400.
9. Lighted up all boilers, in center furnaces, & opened air cocks & drains.
10. Raised steam slowly, 30kg/cm^2 pressure at midnight.
11. Kept 6kg/cm^2 steam on No. 2 boiler for general service.
12. Raised steam in ten to fourteen hours.
13. Put hydrokineters of port & center boilers on use as the fires were "well away" at Noon, & kept the hydrokineters until 15 lbs, pressure was raised at 2200.
14. Commenced constant circulation of the boiler water by Weir's feed pump.
15. No.2 boiler used for donkey purpose from 0500.

3.2 보일러의 방수 · 기화 및 소화등

1. 1, 2 및 3호 보일러를 16시에 소화했다.
2. 22시에 우현 보일러를 소화했다.
3. 9시에 증기를 닫고 소화했다.
4. 10시에 보조 보일러를 소화하고 증기를 닫았다.
5. 1시에 1. 2호 보일러의 증기를 닫고 보조 보일러의 증기를 열었다.
6. 6시에 평상시와 같이 표면방수(表面放水)를 했다.
7. 평상시와 같이 주 보일러의 표면방수와 수저방수(水底放水)를 했다.
8. 잡용으로 사용하고 있는 3호 보일러를 제외한 모든 보일러의 표면방수를 했다.
9. 1호 보일러를 표면방수하고 수면계높이의 3/4까지 펌프로 급수했다.
10. 주 보일러의 전부를 자연 소화하고 보일러 물 약 4인치를 방출하여 수면계의 3/4까지 송수(送水)했다.
11. 회전수를 감소시키기 위하여 4호 보일러의 사용을 중지하고 그 불은 정오부터 자연 소화되게 했다
12. 회전수를 감소시키기 위하여 3호 보일러의 증기를 닫았다.
13. 2호 보일러의 스톱 밸브 등을 닫고 회전수를 감소시키기 위하여 8시에 자연 소화되게 했다.
14. 1,2 및 3호 보일러를 표면 방수하고 모두 자연 소화되게 했다.
15. 16시 30분에 스톱 밸브를 닫고 2호 보일러의 표면방수와 수저방수를 했다.
16. 2호 및 3호 보일러 : 불은 자연 소멸케 하고, 19시 30분 증기압이 100파운드로 하강하기까지 이들 보일러의 증기를 잡용으로 사용했다.

3.2 Blowing down boiler, Putting out fires & etc.,

1. Put out fires on No. 1,2,& 3 boilers at 1600.
2. Starboard boiler-fires banked at 2200.
3. Shut off steam & put out fires at 0900.
4. Put out fires & shut off steam of donkey boiler at 1000.
5. Shut off steam of No. 1 & 2 boilers & opened steam of donkey boiler at 0100.
6. Surface blow as usual at 0600.
7. Surface blow & blow down main boiler as usual.
8. Surface blow all boilers except No.3 boiler (which was) in use for general service.
9. Surface blow No.1 boiler & pumped in water to 3/4 height of the gauge glass.
10. Fires on all main boilers allowed to die out & blow down about 4" of water & pumped in to 3/4 glass.
11. Knocked off No.4 boiler to reduce the revolutions & fires allowed to die out at Noon.
12. Shut off steam of No.3 boiler on account of reducing the revolutions.
13. No 2 boiler stop valves, check valves & etc. were shut, & fires allowed to die out at 0800 on account of the revolutions being reduced .
14. surface blow No. 1,2 & 3 boilers & allowed all fires die out.
15. At 1630 shut the stop valves & surface blow & blow down No. 2 boiler.
16. No. 2 & 3 boilers : Fires allowed to die out & supplied steam for general service from those boilers until 1930 when the pressure reduced to 100 lbs.

3.3 증기공급

1. 6시에 잡용으로 쓰기 위하여 1호 보일러의 증기를 보냈다.
2. 6시 30분에 윈치로 증기를 보냈다.
3. 7시에 윈치의 증기를 닫았다.
4. 5시에 보조 보일러의 증기 스톱 밸브를 열었다. 그리고 9시에 닫았다.

3.4 보일러의 소제(掃除)

1. 1호 및 2호 보일러를 방수하고 소제하기 위하여 모든 문을 개방했다.
2. 사용 중인 보일러의 모든 연실을 정비했다.
3. 공기 가열관과 연관을 쓸어내고 연실과 연소실을 정비했다.
4. 2호 보조 보일러의 공기 가열관과 연관을 공기로 불어서 통하게 하고 그 연소실을 정비했다.
5. 연소실과 화로의 촉화면(燭火面)을 정비했다
6. 1호 및 2호 보일러 : 연소실과 화로를 정비하고 화로의 변형을 계측했다.
7. 2호 보조 보일러의 연소실과 화로의 촉화면을 정비하고 화로의 변형을 검사했다.
8. 보일러의 수측을 청소했다.
9. 보일러의 수측을 솔질하고 씻었다.
10. 1호 및 2호 보일러의 보일러 관을 정비하고 연상(煙箱)과 연소실을 깨끗이 했다.
11. 사용했던 보일러의 모든 연실을 깨끗이 했다.
12. 2호 보일러를 씻고 맨홀을 닫았다. 그리고 수면계의 3/4까지 청수를 넣었다.

3.3 Supply of steam

1. Steam on No.1 boiler for general service at 0600.
2. Steam to winches at 0630.
3. Winch steam shut off at 0700.
4. Opened the steam stop valve of AUX. boiler at 0500, & shut off at 0900.

3.4 Cleaning of boiler

1. Blew down No.1 & 2 boilers & opened all doors for cleaning.
2. Cleaned all smoke boxes of boilers in use.
3. Swept air heating & smoke tubes, & cleaned smoke boxes & combustion chambers.
4. Blasted through air-heating & smoke tubes of No.2 AUX. boiler & cleaned its combustion chambers.
5. Cleaned fire-side of combustion chambers & furnaces.
6. No.1 & 2 boilers : Cleaned combustion chambers & furnaces, & measured diameter of furnaces for deformation.
7. Cleaned fire-side combustion chambers & furnaces of No.2 AUX. boiler, & examined deformation of furnaces.
8. Cleaned water-side of the boiler.
9. Brushed & washed down water-side of the boiler.
10. Swept boiler tubes & cleaned smoke box & combustion chambers of No.1 & 2 boilers.
11. Cleaned all smoke boxes of boilers in use.
12. Washed down No.2 boiler & closed manhole doors & poured in fresh water to 3/4 height of the gauge glass.

13. 모든 주 보일러의 촉화면과 내부를 충분히 문질러 닦고 파내거나 찍어낸 다음 정비했다.
14. 화로면 위에 건조한 흑연 혹은 그래파이트를 비벼대고 문질렀다.
15. 녹슨 표면을 닦고 또 긁어냈다.
16. 모든 주 보일러의 보일러 관을 쓸어내고 연소실 바닥을 청소했다.
17. 양쪽 주 보일러의 물 전부를 펌프로 배출하고 청소하기 위하여 모든 맨홀을 개방했다.

3.5 보일러의 검사와 수리

1. 1호 보일러의 중앙 화로에 보호 링을 달았다.
2. 연소실 주위의 파손된 5장의 내화벽돌과 단열벽돌 및 2개의 앵커볼트를 신품과 교환했다.
3. 배기 가스 입구 케이싱에 연접한 화로 전면의 석면패킹을 신품과 교환했다.
4. 연소실과 화로를 정비하고 화로의 변형을 계측했다.
5. 1호 보일러의 좌현 화로 전면의 벽돌 전부를 예비품과 교환했다.
6. 1호 보일러 중앙 버너의 에어 코운을 신품과 교환했다.
7. 1차 공기 감쇠기를 수리했다.
8. 1호 보일러 중앙 화로의 2차 공기 디퓨저를 수리하고 조정했다.
9. 공기 감쇠기와 에어 덕트(풍로)의 샌 기름과 남은 찌꺼기를 정비했다.
10. 1호 보일러 중앙 화로에 점식(黏埴)·층판 부식(層板腐蝕)이 생긴 것을 발견했다.
11. 천공법으로 좌현 화로의 쇠약과 마모를 조사 확인했다.
12. 구멍을 뚫어 계측한 후 가느다란 나사 플러그로 시험공에 마개를 했다.

13. Scrubbed, pecked or chipped & cleaned well the fireside & inside of all main boilers.
14. Rubbed in & polished with dry black-lead or graphite on the surface of furnaces.
15. Cleaned & scraped the surface where corrosion existed.
16. Swept boiler tubes & cleaned out combustion chamber bottoms of all main boilers, but swept only boiler tubes of donkey boiler.
17. Pumped out all water of both main boilers & opened all manhole for cleaning.

3.5 Boiler Test & Repairs

1. Set (a) guard ring on the center furnace of No. 1 boiler.
2. Renewed 5 broken fire bricks & insulation bricks at the end of (the) combustion chamber, & 2 anchor bolts.
3. Renewed asbestos packings of furnace fronts next to exhaust gas inlet casing.
4. Cleaned combustion chambers & furnaces, & measured deformation of furnaces.
6. Renewed the air cone of the center burner of No.1 boiler.
7. Repaired primary air dampers.
8. Repaired & adjusted the secondary air diffuser of the center furnace of No.1 boiler.
9. Cleaned away leaked oil & deposit from (the)air damper & air duct.
10. Found that pitting, lamination & grooving occurred in the center furnace of No.1 boiler.
11. Examined & ascertained wear & waste of the port wing furnace in No.1 boiler by drill test.
12. After drilling & gauging, plugged the test holes using fine thread plugs.

14. 1호 보일러의 수관(水管) 1곳이 누설하는 것을 발견했으므로 스토퍼를 넣었다.
15. 1호 보일러의 연관 끝에서 물이 새는 것을 발견하여 확장기를 사용하여 수리했다.
16. 1호 보일러 연실 입구의 파손된 석면 패킹을 신품과 교환했다.
17. 1호 보일러 과열기의 새는 관을 마개로 막았다.
18. 1호 보일러 과열기 코일의 누설되는 조인트를 죄었다.
19. 1호 보일러 과열기 코일의 헤더를 개방 검사하고 정비한 후 복구했다.
20. 1호 보일러 동판의 수선에 보일러 페인트를 칠했다.
21. 1호 보일러 맨홀 문의 거더 스테이 2개를 보강했다.
22. 1호 보일러 맨홀 문의 굽은 거더 스테이를 수리했다.
23. 1호 보일러의 기수 분리기(氣水分離器)를 떼어내고 검사했다.
24. 1호 보일러의 주 증기 스톱밸브와 보일러 동판 사이의 조인트 패킹을 신품과 교환했다.
25. 1호 보일러의 증기드럼의 래깅(보온재)을 수리했다.
26. 청관제(淸罐劑) 2kg을 넣고 모든 맨홀 문의 조인트 패킹 교체후 맨홀 문을 닫고 청수를 채웠다.
27. 1호 보일러의 수압시험 (30kg/cm2)을 시행했다.
28. 보일러의 규정된 수압시험을 한 후 1호 보일러 좌현 연소실의 접합부에서 누설을 발견하였으므로 코킹을 하였다.
29. 1호 및 2호 보일러를 규정된 30kg/cm2 의 수압시험을 시행했던 바 모두 양호한 상태였다.
30. 1호 보일러의 수저 방출용 내관(水底放出用 內管)을 신품과 교환했다.

13. Found 2 leaky smoke tubes in No.1 boiler, & put out fires of the boiler. Shut off the main & auxiliary stop valves of No.1 boiler. Repaired temporarily using patent stoppers.
14. Found 1 leaky water tube in No.1 boiler & then put a stopper on the tube (or plugged up the tube).
15. Found leakage of water at (the) end of smoke tubes in No.1 boiler, & repaired the leaky parts using expanders.
16. Renewed broken asbestos packings on the smoke box door of No.1 boiler.
17. Plugged up leaky tubes of superheater on No.1 boiler.
18. Tightened up leaky joints of the superheater coil on No.1 boiler.
19. Overhauled the headers of the superheater coil on No.1 boiler & replaced them, after cleaning.
20. Applied boiler point to water lines of No.1 boiler shell.
21. Reinforced 2 girder stays of the man hole door of No.1 boiler.
22. Repaired the bent girder stay of the man hole door of No.1 boiler.
23. Removed & examined the steam separator of No.1 boiler.
24. Renewed the joint packing between (the)main steam stop valve & boiler shell of No.1 boiler.
25. Repaired the lagging near the steam drum of No.1 boiler.
26. Put in 2kg of boiler compound. Renewed joint packings of all man hole doors & closed up the doors then filled up with fresh water.
27. Applied water-pressure test (30kg/cm^2) to No.1 boiler.
28. Affer the official water test of the boiler, found the steam of the port wing combustion chamber in No.1 boiler leaky, & caulked.
29. Tested officially Nos.1 & 2 boilers with water pressure of 30kg/cm^2, & found them in good condition.
30. Renewed the interal bottom blow pipe in No.1 boiler.

31. 1호 보일러의 스컴 팬을 수관의 10cm 위에까지 낮추었다.
32. 1호 보일러의 테스트 콕을 반반하게 다듬었다.
33. 1호 보일러의 좌현측 수면계를 신품과 교환했다.
34. 2호 보일러 수면계의 패킹을 신품과 교환했다.
35. 1호 보일러의 수면계의 스톱 밸브용 밸브 스핀들의 패킹을 교체하고 잘 움직이게 했다.
36. 1호 보일러 수면계용 좌현 스탠드 파이프의 증기측 출입콕을 반듯하게 다듬고 패킹을 교환했다.
37. 보일러에 부속된 다음 여러 밸브를 개방 검사하고 반듯하게 다듬었다.

    1호 보일러 :

    a) 주증기 스톱 밸브 b) 보조 증기 스톱 밸브 c) 주급수 체크 밸브와 보조 급수 체크 밸브 d) 수면계용 마스터 밸브 4개 e) 수면 및 수저방출 밸브 f) 검염(檢鹽)밸브 g) 과열기용 증기 스톱 밸브 h) 감열기용 증기 스톱 밸브 I) 에어 밸브
38. 1호 보일러용 수트 블로워의 증기 스톱밸브 3개를 개방 검사하고 반듯하게 다듬었다.
39. 3호 보일러 내의 아연판 12장을 교환하고 20파운드의 청관제 (또는 소다, 석회)를 넣었으며, 맨홀 문은 조인트를 교환한 후 모두 닫고 청수를 가득 채웠다.
40. 4호 보일러 외포판(外包板)의 부식부분을 교환했다. 여기에 폭 5피트, 길이 8피트, 두께 1/32인치의 판을 2장 붙였다.
41. 보일러실 주증기관의 모든 신축 파이프 조인트의 패킹 1부를 교환했다.
42. 남양사 업체 : 모든 보일러 내부의 스케일을 떼어내어 쪼우며 긁어내고 소제한 후 필요한 부분에 페인트를 칠했다.

31. Lowered down the scum pan 10cm above the top of water tubes in No.1 boiler.
32. Faced up one test cock on No.1 boiler.
33. Renewed the port side water gauge glass on No.1 boiler.
34. Renewed the joint packings of the water gauge glass on No.2 boiler.
35. Repacked & made easy the valve spindle of the water stop valve for the water gauge on No.1 boiler.
36. Faced up & repacked the steam side communication cock of the port stand pipe for the gauge glass on No.1 boiler.
37. Overhauld & faced up the following valves of boiler mountings. No.1 boiler :—

    a) main steam stop valve, b) auxiliary steam stop valve, c) main & auxiliary feed check valves, d) master valve for gauge glasses, e) surface & bottom blow valves, f) salinometer valve, g) steam stop valve of superheater, h) steam stop valves for desuperheater, i) air valve.
38. Overhauled & faced up 3 steam stop valves of the soot blower for No.1 boiler.
39. Renewed 12 zinc plates in No.3 boiler & put in 20 lbs of boiler compound (or soda, or lime) & closed all man hole doors renewing their joints & filled up with fresh water.
40. Renewed the corroded part of lagging plates of No.4 boiler, two 5′-00″×8′-00″×1/32″ sheet plates applied.
41. Partly repacked all expansion joints on main steam pipes in boiler room.
42. By Namyang-Sa Contractor:— Scaled, chipped, scraped, & cleaned all boilers internally & painted where required.

43. 화교(火橋)를 축조하고 1호 및 2호 보일러에 파이어 바를 수리했다.
44. 보조 보일러의 내부를 화학세정 했다.
45. 1호 보일러의 관수시험을 하여 다음과 같은 결과를 얻었다.

PH

염분

알칼리 도(M)

(P)

인산근(燐酸根)

용해 고형분

46. 주보일러를 개방하여 다음 사항을 점점했다.
   a) 드럼 내의 오손과 부착물의 유무 및 상태
   b) 드럼 내부의 부속품(특히 급수내관, 대시 플레이트 등)의 상태
   c) 드럼 수부(水部)의 스케일과 진흙 상태
   d) 과열로 인한 팽출・굴곡・변형 및 변색 등의 유무
   e) 드럼 수부의 점식・구식 및 균열의 유무
   f) 수관의 부식 여부
47. 주 보일러 과열기와 드럼의 안전 밸브를 K.R. 검사원 김씨의 입회아래 봉쇄 했다. 봉쇄 압력은 다음과 같다.

과열기 a kg/cm^2

드 럼 b kg/cm^2

48. 정부 및 로이드 검사관의 수검준비를 위하여 안전 밸브의 스프링을 $30kg/cm^2$에서 분출하도록 조정했다.
49. 보일러 내부를 충분히 손질하고 보일러의 모든 부속품은 검사되어 필요에 따라 조정되었으며 양호한 상태에서 복구했다.

43. Rebuilt fire bridges & repaired fire bars of No. 1 & 2 boilers
44. Practised the chemical cleaning to the AUX. boiler.
45. Tested boiler water of No. 1 boiler & got following results.

    PH

    cl-

    alkali (M)

    (P)

    PO_4-

    Sol.

46. Opened the main boiler & inspected the following matters:

    a) existence & condition of dirt & adhesion in the drum.

    b) condition of inside attachments of the drum (the dash plate, the inner pipe etc.,).

    c) condition of scale & mud at the water spaces of the drum.

    d) whether or not there was any bulge, bending, deformation & discoloration caused by over-heating.

    e) whether or not there was any pitting, grooving & crack at the water spaces of the drum.

    f) if the water tubes were corroded or not.

47. Scaled the safety valves of the superheaters & the drums of main boilers in the presence of K.R inspector, Mr.Kim. The sealing pressure were following;

    superheater a kg/cm^2 drum b kg/cm^2

48. Adjusted all safety valves so as to blow at $30kg/cm^2$ in preparation for Government & Lloyd's Surveyor's inspection.
49. The boilers were throughly cleaned internally & all boiler mountings examined & adjusted where necessary & closed up in good order & condition.

3.6 연료유의 사용

1. 연료유를 사용하기 위하여 모든 화로로부터 화가(火架) · 화교 및 받침대를 떼어냈다.
2. 화로 내 하부에 벽돌층을 깔았다.
3. 사용 중인 버너 4개를 교환하고 정비했다.
4. 버너의 팁과 여과망을 청소했다.
5. 모든 오일 버너에 점화했다.
6. 기압을 서서히 상승시키기 위하여 작은 노즐을 사용했다.
7. 침전 탱크 내의 기름으로부터 수분을 드레인 하였다.
8. 증기 가열기를 통하여 기름 온도를 화씨 220도로 올렸다.
9. 좌현 측의 모든 기름 여과기와 가열기 1개를 소제했다.
10. 적절한 연소를 위하여 기름과 공기의 압력을 조절했다.
11. 예비 여과기를 정비 해 두었다.
12. 사용 중인 여과기가 막혔음을 보고 즉시 교환했다.
13. 보일러실의 빌지를 호스로 씻고 즉시 이물을 선외로 배출했다.
14. 2호 보일러의 모든 오일 버너를 소화하고 이를 떼어 냈다.

3.6 Burning fuel oil

1. Removed fire bars, fire bridges & bearers from all furnaces for burning fuel oil.
2. Covered the foundation inside the furnace with a layer of bricwork.
3. Exchanged & cleaned 4 burners in use.
4. Cleaned tips & strainers of oil burners.
5. Lighted up all oil burners.
6. Used the small sized nozzles to raise steam slowly.
7. Drained off the water from the oil in the settling tanks.
8. Raised the oil temperature through a steam heater to 220°F.
9. Cleaned all oil filters & a heater of port side.
10. Adjusted the oil & air pressure to suit the fire.
11. Kept the stand by filters clean.
12. Found the working filters clogged & quickly changed over.
13. Washed out the bilges in the stokehold with a hose & immediately pumped overboard such water.
14. Extinguished & removed all oil burners of No.2 boiler.

제4장 발전기 관계 작업 예문

발전기	generator
교류 발전기	alternator, A.C. generator
직류 발전기	dynamo, D.C. generator
양호한 결과를 얻다	get a good result
결과가 ~ 으로 되었다 ~의 결과로 되었다	result(end) in~
~의 결과(~ 때문에)~이다	~with the result that~
~의 일부분	a part of~
~의 결과 ~ 때문에	in consequence of~ owing to~

형용사에 too를 붙이면 「너무~하다」라는 표현이 된다.

너무 높다	too high
너무 낮다	too low
너무 적다	too short
너무 많다	too much
너무 단단하다	too hard
너무 무르다	too soft
너무 빡빡하다	too tight
너무 헐겁다	too loose
원인을 조사하다	inquire into the cause
양호한 상태임을 알았다	found in good condition
양호한 상태로 복구했다	refitted back in good order
약간, 조금	slightly

내다. 발하다(빛, 열, 냄새 · 소리 따위)	emit
교환하다	change~ for—
신품과 교환하다	change~ for new one
꺼내다. 뽑아내다.	draw out
주기적으로	periodically
주기적인	periodical
규정전압보다 조금 부족하다	The voltage was not enough.
규정전압보다 매우 낮다	The voltage was very low.
점검하다	inspect, check, investigate
	examine, test, search.

renew의 뜻에는 「새롭게 하다」 「갱생시키다」 「신품과 교환하다」 「재생하다」 「양호한 상태로 회복시키다」등이 있고 녹슬어서 움직이지 않는 기계를 손질하여 사용 가능하게 하는 뜻도 있으며, 또 너무 높은 온도를 조정하여 적당한 온도로 한다는 뜻도 있다. 「신품과 교환하다」를 renew 란 단어로 쓰면 오해 받을 우려가 있으므로 change~ for new one 이라고 명확히 써야 한다.

4.1 디젤 발전기

1. 1 호 발전기의 비상용 정지장치를 개방검사하고 상태가 양호함을 알아냈다.
2. 1호 발전기의 크랭크 케이스와 윤활유 드레인 탱크를 소제하고 윤활유 200리터를 신품과 교환했다.
3. 1호 발전기 시동공기 분배 밸브를 개방 점검하여 동(銷)패킹을 신품과 교환하고 소제한 후 양호한 상태로 복구했다.
4. 1호 발전기 조속기 장치의 스러스트 베어링과 스프링을 검사하고 신품과 교환했다.
5. 1호 발전기 1호 실린더의 냉각수 출구 조정 밸브를 반반하게 다듬었다.
6. 1호 발전기의 냉각수 펌프를 개방 검사하고 소제한 후 양호한 상태로 복구했다.
7. 1호 발전기의 1호 피스톤을 뽑아냈다. 실린더 커버, 피스톤, 피스톤 링 및 실린더 라이너를 소제했다. 실린더 라이너, 피스톤 링 및 링 흠의 마모량을 계측하고 피스톤 링을 모두 신품과 교환했다. 모든 오일 스크래퍼 링을 다듬었다. 거전 핀 베어링을 개방하여 거전 핀과 베어링의 마모량을 계측하고 거전판을 신품과 교환한 다음 양호한 상태로 다시 조립했다.
8. 1호 발전기 1호 실린더의 푸시 로드 1개가 굽혀진 것을 다시 바로 잡았다.
9. 1호 발전기에 있는 모든 연료 펌프의 타이밍을 계측하고 검사했다.
10. 1호, 2호 및 3호 발전기의 조속장치에 있는 센터 로드의 스러스트 볼 베어링을 검사하고 그리스를 주입했다.

4.1 Diesel Dynamo Engine

1. Overhauled the emergency stop apparatus for No.1 dynamo engine & found in good condition.
2. Cleaned the crank case & lub. oil drain tank of No.1 dynamo engine & renewed 200 liters of lubricating oil.
3. Overhauled the starting air distributor of No.1 dynamo engine, renewed their copper packings, & refitted back in good order after cleaning.
4. Inspected & renewed the thrust bearing & spring of the governor device on No.1 dynamo engine.
5. Faced up the delivery control valve for cooling water for No.1 cylinder on No.1 dynamo engine.
6. Overhauled the cooling water pump for No.1 dynamo engine & refitted back in good order after cleaning.
7. Drew out No.1 piston of No.1 dynamo engine. Cleaned cylinder cover, piston, piston rings, & cylinder liner. Measured wear down of the cylinder liner, piston rings & ring grooves, & renewed all piston rings. Machined up all oil scraper rings. Overhauled (the) gudgeon pin bearings. Measured wear down of (the) gudgeon pin & bearings & renewed (the) gudgeon pin : then reassembled in good order.
8. Restraightened up one push rod of No. 1 cylinder on No.1 dynamo engine.
9. Measured & examined timing of all fuel pumps on No.1 dynamo engine.
10. Examined thrust ball bearings of center rods in the governor device on Nos. 1,2 & 3 dynamo engines & supplied grease for them.

11. 1호 발전기의 비상용 보호장치 및 시동공기 회천 밸브를 검사하고 동 발전기의 시동공기 밸브 2개를 조정했다

4.2 직류(直流) 발전기

1. 직류 발전기의 전압이 상승하지 않았다. 원인을 조사해 보니 계자저항기의 접촉이 불량했었다. 사포로 그 부분을 반반하게 다듬고 양호한 결과를 얻었다 .
2. 자기여자 발전기가 여자하지 못했으므로 정류자를 연마석으로 반듯하게 다듬고 브러시 압력을 증가했다.

4.3 터빈 발전기

1. 1호 발전기 터빈의 기계식 과속도 차단장치를 개방 점검 하고 매분 회전수 1980으로 작동점을 조정했다.
2. 2호 발전기 터빈의 배압 상승경보및 자동 차단장치를 시험하고 경보 압력을 양호한 상태로 조정했다.
3. 1호 발전기 터빈 글랜드 실링 증기 공급밸브를 개방하고 다이어프램과 밸브 스템 글랜드 패킹을 신품과 교환했다.
4. 2호 터빈 발전기의 조속 밸브 서보 실린더를 개방하고 소제한 후 양호한 상태로 복구했다.
5. 1호 터빈 발전기의 스러스트 베어링의 간극을 계측하고 조정했다.
6. 터빈 케이싱의 상반부를 개방하고 각 래버린드 패킹을 점검했다.
7. 1호 터빈 발전기의 노즐 밸브의 리프트(揚程)을 계측하고 검사했다.

11. Examined the emergency protecting gear & starting air rotary valve of No.1 dynamo engine, & adjusted two sets of starting-air valves of the same.

4.2 D. C Generator

1. The voltage of the D.C. motor did not rise. Inquired into the cause & found the contact condition of its field rheostat was not good. Faced up the part with sand papers & got a good result
2. Faced up the commutator of the self-excite generator with a commutator stone & increased pressure of the brushes. Because it could not excite itself.

4.3 Turbo Generator

1. Overhauled & inspected the mechanical over speed trip device on No.1 generator turbine & adjusted working point to 1980 R/M.
2. Tested the exhaust pressure alarming & automatic shutting down device on No.2 generator turbine, & adjusted alarming pressure in good order.
3. Overhauled the make up valve for gland sealing steam on No.1 generator turbine, & renewed diaphram & valve stem gland packings.
4. Overhauled the servo cylinder for governing valve on No.2 Turbo generator & refitted in good order after cleaning.
5. Measured & adjusted clearance of the thrust bearing on No.1 Turbo generator.
6. Opened the turbine top half casing & inspected each labyrinth packings.
7. Measured & examined lift of nozzle valves on No.1 Turbo generator.

4.4 교류(交流)발전기

1. 교류 발전기의 전압이 매우 낮았다. 원인을 조사해 보니 여자기(勵磁機)의 정류자면이 매우 오손되어 있었다. 그러므로 연마석으로 반듯하게 다듬어서 양호한 결과를 얻었다.
2. 교류 발전기의 전압 변동율이 너무 컸으므로 모든 극(極)으로부터 라이너의 일부를 뽑아내고 공극(空隙)을 증가시켰다.

4.4 A. C. Generator

1. The voltage of the A. C. generator was very low. Inquired into the cause & found its exciter' commutator face was very dirty. Then faced up it with a commutator stone & got a good result.
2. Increased air gaps of the A. C. generator by means of drawing out a part of liners from all poles. Because its voltage regulation was too large.

제5장 냉동기(冷凍機) 관계 작업 예문

고압(高壓)	High pressure : 약자 H. P.
저압(低壓)	Low pressure : 약자 L. P.
윤활유(潤滑油)	lubricating oil : 약자 L. O.
야채고(野菜庫)	vegitable chamber
육류고(肉類庫)	meat chamber
어류고(魚類庫)	fish chamber
탈습장치(脫濕裝置)	dehumidifier
습도조정(濕度調整)	humidity control
습도 조정장치	humidity control apparatus
가스 검지기(檢知器)	gas detector
냉동기(冷凍機)	refrigerating machine, refrigerator
화물창(貨物艙)	cargo chamber
운전시간	working hour, running hour
작동상태	working order, working condition
누설(漏洩)	leakage
누설하다	leak

배제(排除)하다	discharge, eliminate, remove, purge
섭씨(화씨) 3도의 물	water at 3 degrees centigrade (Fahrenheit)
조정(調整)하다	adjust
조절(調節)하다	regulate

1. 냉동기용 1호 압축기의 실린더 커버를 개방하고 모든 흡입 밸브와 토출 밸브를 신품과 교환했다.
2. 냉동기용 1호 압축기의 모든 피스톤을 뽑아내고 모든 피스톤 링과 오일 스크래퍼 링을 신품과 교환했다.
3. 냉동기용 1호 압축기의 고압 피스톤을 뽑아내고 피스톤 핀과 베어링을 개방하고 검사했다.
4. 냉동기용 1호 압축기의 샤프트 실을 개방 검사하고 샤프트 실을 완전품과 교체했다.
5. 냉동기용 1호 응축기의 양단 커버를 개방하여 모든 냉각관을 소제하고 가스의 누설 여부를 조사했으나 모두 양호한 상태임을 확인했다.
6. 1호 브라인 펌프의 여과기를 정비하고 결함이 있는 것을 신품과 교환했다.
7. 브라인 탱크로부터 2개의 드럼에 브라인을 넣었다. 3일간 가라앉힌 후 침전물(沈澱物)을 제거하고 브라인 탱크로 되넣었다.
8. 10kg/cm²의 수압으로 1호 냉동 화물창의 브라인관을 시험했다.
9. 냉동기의 모든 가스 계통에 대하여 가스의 누설 여부를 자세히 조사했다.
10. 가스의 누설을 막기 위하여 1호 냉동기 계통 여러곳을 수리했다.
11. 자동팽창 밸브와 배압조정(背壓調整) 밸브를 다음과 같은 온도를 유지하도록 조정했다.

    1호 냉동 화물창 -16℃

    2호 냉동 화물창 +4℃
12. 1호 공기 냉각기의 서리를 제거했다.
13. 냉동창 내장판(內張板)의 절연재를 수리했다. 불량한 내장판을 신품과 교환하고 또한 갑판의 누설 접합부를 코킹했으며, 필요한 부분에 실리케이트 커튼을 채워 넣었다.

1. Opened cylinder covers of No.l compressor for refrigerating machine, & renewed all suction & delivery valves.
2. Drew out all pistons of No. 1 compressor for refrigerating machine & renewed all piston rings & oil scarper rings.
3. Drew out the H. P. piston of No. l compressor for refrigerating machine & overhauled & inspected the piston pin & bearings
4. Overhauled the shaft seal on No. 1 compressor for refrigerating, & renewed the shaft seal with a complete one.
5. Opened both end covers of No. 1 condenser for refrigerating machine & cleaned all cooling tubes & examined them for leakage of gas & found all in good condition.
6. Cleaned & renewed the defective strainer of No. 1 brine pump.
7. Bailed out brine from the brine tank into two drums, & settled it for three days, & put back the brine except the sediment.
8. Tested brine pipes of No. l cargo chamber at 10kg/cm^2 water pressure.
9. Made close examination for leakage of gas on all gas system for refrigerator.
10. Repaired No. l refrigerator lines at several places to stop leakage of gas.
11. Adjusted automatic expansion valves & back pressure control valves to keep the under the following temperature :

    No. 1 cargo chamber -16℃

    No. 2 cargo chamber +4℃
12. Remove frost No.1 air cooler.
13. Repaired the ceiling insulation of refrigerating chamber. Renewed the defective plankings, caulked thc leaky joints of deck & put silicate cotton where found necessary.

14. 냉동실 : 육류고 내장판의 선수쪽 절연이 불량한 곳에 실리케이트 커튼을 채워 넣었다.
15. 압축기가 기동하지 않았다. 원인을 조사해 보니 기동기의 접촉상태가 불량한 것을 알았다. 사포로 반듯하게 다듬었는데 결과는 양호했다.
16. 1호 냉동기의 실린더가 과열되기 쉬웠다. 원인을 조사해 보니 토출 밸브의 작동상태가 불량하여 고압 가스를 흡입하는 경향이 있음을 알았으므로 토출 밸브를 신품과 교환했다.
17. 1호 냉동기의 오일 펌프 기어를 신품과 교환했다. 윤활유의 압력이 충분하지 않았으므로 원인을 조사해 보니 기어의 사이드와 팁의 간극이 너무 컸었다.
18. 육류고의 온도를 -10℃로 유지하는데 요하는 냉동기의 운전시간이 매우 길었다. 원인을 조사해 보니 V벨트가 너무 느슨해지고 있음을 알았기 때문에 모터를 약 10m/m 이동시켜서 벨트의 장력을 조정했다. 결과는 양호했다.
19. 1호 냉동기에 프레온 가스를 약 10kg 보급했다. 흡입과 토출압력의 양쪽이 모두 낮음으로 원인을 조사해 보니 냉매(冷媒)가 부족했음을 알았다.
20. 냉동기의 압축기 내에 있는 공기를 공기 빼기 밸브로부터 배제했다.
21. 냉동기의 토출압력이 너무 높았다. 원인을 조사해 보니 냉각수가 부족함을 알았다. 냉각수 펌프의 토출압력을 높였더니 결과는 양호했다.
22. 1호 냉동기의 흡입압력이 너무 낮았다. 원인을 조사해 보니 자동 팽창 밸브의 여과기가 먼지로 막혔음을 알았다. 그것을 소제하여 양호한 결과를 얻었다.

14. Refrigerating chamber : Put silicate cotton where found deficient for insulation of the forward end of the ceiling of (the) meat chamber.
15. The compressor did not start. Inquired into the cause & found contact condition of its starter was not good. Then faced up the part with sand papers. The result was good.
16. Changed delivery valve of No.1 refrigerator for new one. Because its cylinder was apt to over-heat. Inquired into the cause & found the valve was not in good working order & the cylinder was apt to breathe in H. P. gas.
17. Changed the gears of the oil pump of No. 1 refrigerator for new ones. Because the L. O. pressure was not enough inquired into the cause & found their side & tip clearance were both too large.
18. The working hours of refrigerator required to keep the meat chamber's temperature at -10℃ were very long. Inquired into the cause & found the V-velts were too loose. Then adjusted their tension by shifting the motor about 10m/m. The result was good
19. Supplied Freon-gas into No. 1 refrigerator about 10kg. Because its suction & delivery pressure were both low. Inquired into the cause & found the refrigerant was short.
20. Discharged air exist in the refrigerator's cylinder from the air purge valve.
21. The delivery pressure of the refrigerator was too high. Inquired into the cause & found its cooling water was not enough. Then raised the delivery pressure of the cooling water pump. The result was good.
22. The suction pressure of No. l refrigerator was too low. Inquired into the cause & found the strainer of its automatic expansion valve was clogged with dirt. Then cleaned it & got a good result.

23. 냉동기의 피스톤링을 신품과 교환했다. 토출 압력이 너무 낮으므로 개방하여 원인을 조사해 보니 피스톤링이 절손되어 있었다.
24. 서모 스탯의 작동온도를 다음과 같이 조정했다.

    육류고 -10℃

    야채고 +4℃
25. 가스 검지기를 사용하여 가스 누설검사를 하여 샤프트실이 약간 누설되고 있음을 알았다. 냉매를 응축기로 회수한 후 그 부분을 분해하고 패킹을 신품과 교환했다. 결과는 양호했다.
26. 탈습장치의 환류(環流) 코일을 신품과 교환했다.
27. 육류고의 단열내장(斷熱內張)을 수리했다.

23. Changed the refrigerator' s piston rings for new ones. Because the delivery pressure was too low. Then inquired into the cause by means of opening it & found they were broken.
24. Adjusted the working temperature of the thermostats as follows :
    meat chamber -10℃
    vegetable chamber +4℃
25. Practised a gas leakage test with the gas detector & found a slight leakage from the shaft-seal. Then disassembled the parts after collected the refrigerant into the condenser & changed packings for new ones . The result was good.
26. Changed the reflex coil of the dehumidifier for new one.
27. Repaired the insulating ceiling of the meat chamber.

제6장 주 기관(主機關) 관계작업 예문

~을 개방하고 ~을 들어냈다.

Opened out ~ & (and) took out

~을 검사하고 소제했다.

Examined & cleaned ~

~의 마모량을 계측했다.

Measured were of~

~의 사점(死點)에서의 간극을 ~으로 계측했다.

Measured the clearance at dead center of ~ with ~

압력 ~ kg/cm²으로 조정했다.

Adjusted pressure at ~ kg/cm²

~을 높이기(낮추기) 위하여 라이너를 ~ 집어 넣었다(빼냈다).

Put in (off) ~foot liners to make higher (lower)~

~을 개방하고, ~이 ~에 잘 맞는지 검사했다.

Overhauled~ascertained that if ~ were in a good fit on ~.

~을 해머로 두드려서 헐겁지 않은지를 검사했다.

Tested hammering ~ for looseness.

~을 확실히 죄었다.

Secured ~ in good condition.

~의 ~을 개방하고

Removed ~ of ~

~으로 ~의 마모를 계측했다.

Measured ~ worn down with ~

~의 기름 간극 ~m/m의 라이너 ~장을 빼내고 (집어넣고) 조정했다.

Adjusted oil clearance of~ with took out(put in)~ sheets of ~ m/m liner.

~을 뽑아내고 그 대신 ~을 넣었다.

Put off ~ & put in ~ instead.

~가 평행한지를 확인하기 위하여 계측했다.

Gauged ~to ascertained that if it was parallele with

~의 마모 정도를 기록했다.

Noted ~ for were down.

~에 주유하여 원활히 작동되도록 했다.

Oiled ~ & put in good working order.

~의 작동이 자유로운지를 확인했다.

Ascertained that if the action of ~ were free.

6.1 대 판(台板)

1. 주 기관의 모든 홀딩 다운 볼트를 검사하고 단단히 죄었다.
2. 주기관의 모든 홀딩 다운 볼트를 점검했으나 모두 상태가 양호했다 (또는 3개의 볼트가 절손되어 있었다) (또는 2개의 볼트가 누설되어 있었다)
3. 주기관의 절손된 홀딩 다운 볼트 2개를 신품과 교환했다(좌현쪽 2호 및 3호).
4. 주기관의 쵸크 라이너를 조정했다.

6.2 가 구(架構)

1. 타이 볼트의 너트를 해머로 두드려 느슨해진 것이 없는지를 검사했다.
2. 주기관의 모든 타이 로드를 점검하고 3호와 7호 타이 로드를 단단히 죄었다.
3. 5호 타이 로드가 절손되었음을 발견하고 전기용접으로 응급수리를 했다.
4. 기관 내부 주요 작동부의 죔 너트가 느슨해지지 않았는지를 검사하고 필요에 따라 확실히 죄었다.

6.3 실린더 재킷

1. 1호 실린더 재킷에 있는 한 개의 오일 스터드의 패킹을 신품과 교환했다.
2. 1호 실린더 재킷 냉각수관의 조인트 패킹을 신품과 교환했다.
3. 4호와 5호 실린더간의 조임 볼트 1개를 신품과 교환했다.
4. 2호 피스톤과 실린더 라이너가 과열되어 2호 실린더 재킷의 좌현쪽에 균열이 생겼음을 발견했다.
5. 2호 실린더 라이너를 빼내고 메탈록의 방법으로 실린더 재킷의 균열된 부분을 수리했다.

6.1 Bed plate

1. Examined & tightened up all holding down bolts of main engine.
2. Inspected all holding-down bolts of main engine & found them in good condition (or found 3 bolts broken) (or found 2 bolts leaking).
3. Renewed 2 broken holding-down bolts of main engine. (Portside Nos.2 & 3)
4. Adjusted chock liners of main engine.

6.2 Column

1. Tested hammering the nuts of tie bolts for looseness.
2. Inspected all tie rods of main engine & tightened up Nos. 3 & 7 tie rods.
3. Found NO.5 tie rod broken; then repaired it temporarily by electric welding.
4. Tested the closed nuts on important working parts for looseness & secured them as necessary.

6.3 Cylinder jacket

1. Renewed packings of an oil stud of No. 1 cylinder jacket.
2. Renewed the joint packing of (the) cooling water pipe on NO. 1 cylinder jacket.
3. Renewed one lacing bolt between Nos.4 & 5 cylinders.
4. Found a crack on portside of NO.2 cylinder jacket caused by overheat of NO. 2 piston & cylinder liner.
5. Drew out NO. 2 cylinder liner & repaired the cracked part of the cylinder jacket by method of metal lock.

6. 실린더 라이너를 빼내고 실린더 재킷과 라이너 외부의 스케일과 퇴적물을 없앤 후 방청용 페인트를 칠했다.

6.4 실린더 커버

1. 1호 실린더 커버를 개방했다.
2. 3호 실린더 커버를 개방하고 피스톤을 뽑아냈다.
3. 주기관의 1호 실린더 커버를 재검사하고 연료 분사 밸브공(孔)의 모퉁이에서 균열을 발견했다. 균열된 부분을 약 2mm 깊이로 다듬질하여 깍아냈다.
4. 1호 실린더 커버를 개방하여 냉각면의 안쪽을 검사하고 안쪽 커버와 바깥쪽 커버 사이의 간극을 조정했다.
5. 주기관 1호 실린더 커버의 접합면을 반듯하게 다듬었다.
6. 주기관 1호 실린더 커버의 연료 분사 밸브공 모퉁이에 큰 균열(길이 50mm, 깊이 5mm)이 있어 신품과 교환했다.
7. 주기관 1호 실린더 커버의 축화면 주위에서 큰 균열을 발견했다.

6.5 실린더 커버 볼트 부속품

1. 실린더 커버의 스터드 볼트 2개를 제거하고 신품과 교환했다.
2. 실린더 커버의 거칠어진 스터드 볼트 2개의 나사 산을 다시 내었다.
3. 주기관 9호 실린더의 배기 밸브 3개를 예비품(豫備品)과 교환했다.

6. Drew out cylinder liner, coated the same with anti-corrosive paint after removed scale & deposit in cooling water jacket & outside of the liner.

6.4 Cylinder cover

1. Opened out NO. 1 cylinder cover,
2. Opened out NO. 3 cylinder cover & took out the piston.
3. Overhauled NO. 1 cylinder cover of main engine & found a crack on the corner of the hole for (the) fuel injection valve & filed off the cracked part to make it about 2mm deep.
4. Overhauled NO. 1 cylinder cover & inspected inside of the cooling surface, & adjusted clearance between the inner & outer covers.
5. Faced up the joint surface of NO. 1 cylinder cover on main engine.
6. Renewed NO. 1 cylinder cover on main engine because of a heavy crack (length 50 mm, depth 5 mm) on the corner of the hole for (the) fuel injection valve.
7. Found a heavy crack around the fire surface of NO. 1 cylinder cover on main engine.

6.5 Accessories of cylinder cover

1. Drew out & renewed 2 cylinder cover studs.
2. Reface 2 roughened screw thread on cylinder cover studs.
3. Changed three exhaust valves of NO. 9 cylinder for spares on main engine.

4. 주기관의 1,2,5 및 6호 연료 밸브와 4호 배기 밸브 (3)을 예비품과 교환했다.
5. 주기관의1호 및 5호 시동공기 밸브를 예비품과 교환했다.
6. 주기관의 모든 배기 밸브의 태핏 간극을 조정했다.
7. 주기관 9호 배기 밸브에 있는 푸시 로드의 오일 쿠션을 검사하고 조정했다.
8. 9호 지압기 (指壓器)의 바깥쪽 밸브를 제거하고 밸브와 밸브 시트를 선반으로 반듯하게 다듬었다.
9. 주기관용 예비 배기 밸브 3개를 반듯하게 다듬었다.
10. 주기관용 예비 연료분사 밸브 2개를 반듯하게 다듬은 다음 이 밸브의 분무를 시험했던 바 그 상태가 양호했다.
11. 1호 연료 밸브의 노즐 팁, 니들 밸브 및 부시를 신품과 교환했다.
12. 연료 밸브의 분사압력을 300kg/cm²로 조정했다.

6.6 피 스 톤

1. 3호 실린더를 개방하고 피스톤을 뽑아냈다.
2. 행정(行程)의 상사점(上死点)에서 피스톤 간극을 계측했다.
3. 소기(掃氣) 펌프의 피스톤 간극을 그 행정의 양단에서 계측했다.
4. 모든 피스톤의 상사점 간극을 납으로 계측했다.
5. 주기관의 4호와 7호 피스톤(4호와 7호 실린더를 개방)을 빼내고 라이너 · 실린더 커버 · 피스톤 · 피스톤 링 및 소제 공기실(空氣室) 등을 검사했다.
6. 주기관 9호 피스톤을 빼내어 각 부분을 정비하고 실린더 라이너 · 피스톤 링 및 피스톤 링 홈의 마모량을 계측했다.

4. Changed Nos. 1. 2. 5 & 6 fuel valves & No.4 exhaust valves (3) for spares on main engine.
5. Changed Nos.1 & 5 starting air valves for spares on main engine.
6. Adjusted tappet clearance of all exhaust valves on main engine.
7. Inspected & adjusted oil cushion of the push rod of No. 9 exhaust valve on main engine.
8. Removed No.9 indicator outside valve, skimmed up the valve & valve seat in lathe & faced them up.
9. Faced up 3 spare exhaust valves for main engine.
10. Faced up 2 spare fuel injection valves for main engine afterwards, tested atomization of ditto valves, & found them in good condition.
11. Renewed the nozzle tip, needle valve, & bush of No.1 fuel injection valve.
12. Adjusted atomization pressure of (the) fuel injection valve to 300kg/cm^2.

6.6. Piston

1. Overhauled No.3 cylinder & took out the piston.
2. Checked piston clearance at top dead center of the stroke.
3. Checked piston clearance of scavenging air pump at ends of the stroke.
4. Measured the top clearance of all pistons with lead.
5. Drew out Nos.4 & 7 pistons (Opened Nos.4 & 7 cylinder units) of main engine & cleaned & examined their liners, cylinder covers, pistons, piston rings & scavenging chambers.
6. Drew out NO.9 piston of main engine, & cleaned & examined every part, & measured wear down of the cylinder liner, piston ring & piston ring grooves.

7. 피스톤 로드와 신축관(伸縮管)의 글랜드 패킹을 예비품과 교환하고 모든 피스톤 링을 신품과 교환한 후 각 부를 양호한 작동상태로 복구했다.
   계측 수치는 다음과 같다.
   1. 실린더 라이너의 마모량
      ………………….. .
   2. 피스톤 링의 마모량
      ………………….. .
   3. 피스톤 링 홈의 마모량
      ………………….. .
8. 9호 피스톤 크라운을 분해 검사하고 피스톤 크라운의 내부를 소제했다. 크라운 내부에 2mm 깊이의 탄소잔사(炭素殘渣)가 있었다. 양호한 상태로 복구하고 6kg/cm² 으로 수압시험을 실시했다.
9. 피스톤 크라운의 정상부에 큰 균열(또는 크라운 정상부의 과열로 인한 큰 균열) 때문에 1호 피스톤 크라운을 신품과 교환했다.
10. 9호 피스톤 크라운, 피스톤 스커트 및 피스톤 로드의 중심을 검사하고 조정했다.
11. 9호 피스톤 크라운을 양륙하여 저온용접으로 수리하고 풀림을 한 후 선반으로 다듬었다.
12. 2호 피스톤 스커트와 피스톤 로드의 스크래퍼 링을 다듬고 조정했다.
13. 1호 피스톤의 모든 패킹 링의 말단(末端)간극을 계측하고 압축 링 2개와 오일 스크레이퍼 링 1개를 신품과 교환했다.
14. 모든 피스톤 링을 들어 올리고 링 홈을 철저히 청소했다.
15. 중압 피스톤 패킹 링 : 완전히 검사하고 조정했으며 재장비를 했다.

7. Changed the gland packings of the piston rod & telescopic tube for spares. Renewed all piston rings; then refitted back every part in good working order.

   Measured data were as under;

   1. wear down of cylinder liner

      ....

   2. wear down of piston rings

      ....

   3. wear down of piston ring grooves

      ....

8. Overhauled NO.9 piston crown. Cleaned inside of the piston crown. Found carbon deposit 2 mm deep in it. Refitted it back in good order & carried out hydraulic pressure test at 6kg/cm².
9. Renewed No. 1 piston crown, because of a heavy crack on the top of crown (or because of heavy damage by overheat on the top of the crown).
10. Examined & adjusted centering of NO.9 piston crown, piston skirt & piston rod.
11. Landed NO.9 piston crown, & repaired it by low temperature welding, & after annealing, skimmed it up in lathe.
12. Machined up & adjusted all scraper rings of NO. 2 piston skirt & piston rod.
13. On gauged the end clearance of No.1 piston all packing rings, & renewed 2 compression rings & 1 oil scraper ring.
14. Lifted all the piston rings & cleaned properly the ring grooves.
15. M. P. piston packing rings : Examined, adjusted & refitted thoroughly.

6.7 실린더 라이너

1. 균열된 실린더 라이너를 신품과 교환했다.
2. 심하게 마모된 3호 실린더 라이너를 신품과 교환했다.
3. 수부(水部)까지 균열된 라이너를 신품과 교환했다.
4. 주기관 1호 실린더 라이너의 내경(內徑)을 계측하고 실린더 벽 상하에 생긴 단(段)을 깎아냈다.
5. 1호 실린더 벽에서 균열을 발견하고 실린더 라이너를 예비품과 교환했다.
6. 모든 실린더 라이너의 기름 홈을 다시 다듬었다.
7. 실린더 라이너의 직경을 계측했다.
8. 실린더 라이너의 마모 정도를 계측하고 기록했다.
9. 라이너 상하에 생긴 단을 줄로 깎아냈다.
10. 연마기로 라이너 상하의 단을 다듬었다.

6.8 슬라이드 밸브 및 링크 장치

1. 저압 슬라이드 커버를 떼어냈다.
2. 고압 슬라이드 로드의 금속 패킹을 떼어내고 정비했다.
3. 우현기(右舷機) 중압 슬라이드 커버용 스터드 1개와 마모된 너트 2개를 신품과 교환했다.
4. 슬라이드 밸브의 모든 납을 계측했다. 그 계측값은 다음과 같다.
5. 저압 평형 슬라이드 밸브를 소제 검사하고 이 밸브와 실린더면 을 삭정 조정했다. 또한 조압(調壓) 커버의 하부로부터 박동판(薄銅板) 라이너 1매를 떼어내고 모두 양호한 위치와 상태로 복구했다.
6. 저압 링크 장치의 모든 핀 · 부시 · 브라스와 기타를 개방 검사했다.

6.7 Cylinder liner

1. Renewed the cylinder liner which was cracked.
2. Renewed thc No.3 cylinder liner which was heavily worn.
3. Renewed the cylinder liner which was cracked through to the water space.
4. Measured No. l cylinder liner on main engine, & ground off ridges on top & bottom of the cylinder wall.
5. Found cracks on No. 1 cylinder wall & renewed the cylinder with a spare.
6. Recut oil grooves of all cylinder liners.
7. Measured diameter of cylinder liner.
8. Measured & noted the cylinder liner for wear down.
9. Filed off the ridges on the top & bottom of the liner.
10. Scraped off the ridges on the top & bottom of the liner with grinder.

6.8 Slide valve & Link gear

1. Removed L. P. slide cover.
2. Took down & cleaned H. P. slide rod metallic packing.
3. Renewed 1 slide cover stud & 2 worn nuts on Starboard M.P.
4. Measured all the slide valve leads & found them as under ~
5. Cleaned & examined L. P. balanced slide valve, filed up & adjusted the valve & the cylinder face, & one copper liner taken off from the foot of relief cover, & closed up all in good working order & condition.
6. Opened out & examined all pins, bushes, brasses & etc. of L. P. link gear.

7. 중압 전진용(前進用) 편심외륜(偏心外輪)을 검사 조정하고 중압 후진용(後進用) 편심봉의 하부에 1/32인치 라이너 1매를 넣었다.
8. 전진용 편심봉의 아래에 있던 주석판 라이너 4매를 떼어내고 대신 5/32 인치 라이너 1매를 넣었다. 그리고 후진용 편심봉 아래에 주석판 라이너 3매를 떼어내고 1/8인치 라이너 1매를 넣었다.
9. 고압 편심외륜을 떼어내고 편심기(偏心器)가 샤프트와 잘 맞는지 조사 했으며, 또한 키가 양호한 상태인지 확인했다.
10. 저압 편심봉과 편심외륜을 떼어내고 편심기의 직경을 계측했다.
11. 필요에 따라 저압 편심외륜을 조정했다.
12. 저압 후진용의 굴곡된 편심봉을 곧게하기 위하여 공장에 보냈다.
13. 우현기 중앙 전진용 편심외륜 : 화이트 메탈로 안을 대기 위하여 공장으로 보냈다.
14. 예비 외륜을 양호한 상태가 되도록 반듯하게 다듬고 조정하여 다시 설치했다.
15. 고압 피스톤 밸브봉을 선반으로 깎고 네크 부시와 글랜드 부시를 신품과 교환했다. 직경은 다음과 같다.

    원경(原徑) 4 인치
    깎기 전 3 15/16 인치
    깎은 후 3 7/8 인치
16. 저압 슬라이드 밸브 : 레드를 측정하고 양현의 전진 편심봉 아래에 1/32 인치 풋 라이너 1매씩을 넣었다.
17. 저압 링크 장치 : 링크 블록 · 밸브 봉 베어링 및 편심봉 상단 베어링을 검사하고 조정했다.

7. Examined & adjusted M. P. ahead eccentric strap & put a 1/32" liner under M. P. astern eccentric rod.
8. Took out 4 pieces of tin liners & put in one 5/32" liner instead under ahead eccentric rod, & took out 3 pieces of tin liners & put in one 1/8" liner under astern eccentric rod.
9. Removed H. P. eccentric straps, & ascertained if the eccentric were in a good fit on the shaft & that keys were in good condition.
10. Overhauled L. P. eccentric rods & straps & gauged the diameters of the eccentrics.
11. Adjusted L. P. ahead straps as necessary.
12. Sent the bent L. P. astern eccentric rod to the work shop to be straightened.
13. Starb'd M. P. ahead eccentric strap : Sent to the work shop to be relined with white metal.
14. Faced up, adjusted, & replaced the spare strap in good working order.
15. Turned up & renewed the neck & gland bushes of H. P. piston valve spindle, diameters as follows:

    Original 4"

    Before turning 3 15/16"

    After turning 3 7/8"
16. L. P. slide valves : Tried the "lead" & one each 1/32" foot liner put in underneath both side ahead eccentric rods.
17. L. P. link gear : Examined & adjusted link block, valve spindle bearing, & eccentric rod top end bearings.

6.9 크랭크 케이스

1. 주 기관의 크랭크 케이스와 기어 케이스 내의 모든 작동 부분을 검사했으며 모두 양호한 상태였다.
2. 주기관의 크랭크 케이스 내부를 검사하고 9호 피스톤 냉각 입구관의 조인트에서 기름의 누설을 발견 했으므로 그 조인트 패킹을 신품과 교환했다.
3. 주기관의 크랭크 케이스와 기어 케이스 내의 모든 작동부분을 검사하고 1호 크랭크 볼트의 세트 1개가 느슨해져 있었음을 발견하여 단단히 죄었다.

6.10 크로스헤드 베어링

1. 주기관 1호 크로스헤드 베어링을 개방 검사하고 선미측 베어링의 화이트 메탈이 균열되고 파손되어 있음을 발견했다. 부품을 교체하고 유간극 (20/100mm)을 조정하여 양호한 상태로 복구했다.
2. 주기관 1호 크로스헤드 펌프를 개방하여 검사하고 플런저와 부시를 예비품과 교환했다.
3. 주기관 1호 크로스헤드 베어링의 유간극을 계측하고 유간극을 조정하기 위하여 두께 10/100mm의 라이너를 빼냈다.
4. 주기관1호 크로스헤드 핀을 양륙하여 다듬었다.
5. 주기관의1호 가이드 슈의 유간극을 계측했다.
6. 고압 후진측 가이드 슈에 주석판 라이너 1매를 삽입했다.
7. 좌현기 고압 전진측 가이드 슈 : - 검사하고 다듬어 중심을 낸 다음 주석판 라이너 1매를 삽입했다.

6.9 Crank case

1. Inspected all working parts in the crank cases & gear cases of main engine & found them in good condition.
2. Inspected inside of the crank case in main engine & found oil leaking from the joint of NO.9 piston cooling inlet pipe : then renewed its joint packing.
3. Inspected all working parts in the crank cases & gear cases of main engine, & found one set bolt of No. 1 crank bolt loosened; then tightened it up.

6.10 Crosshead bearings

1. Overhauled No. 1 crosshead bearings of main engine & found the white metal of (the) after bearing cracked & broken. Changed & faced up the bearing & adjusted oil clearance (20/100mm) & refitted back in good condition.
2. Overhauled & examined NO. 1 crosshead pump of main engine & changed the plunger & bush for spares.
3. Measured oil clearance of NO.1 crosshead bearings on main engine, & took off liners of 10/100mm in thickness for adjusting oil clearance.
4. Landed & machined up No. 1 crosshead pin of main engine.
5. Measured oil clearance of No. 1 guide shoe on main engine.
6. Lined up H. P. astern guide shoe with a tin liner.
7. Port H. P. ahead guide shoe : Examined & scraped & line up, one tin liner put in.

6.11 크랭크 핀 베어링

1. 주기관 1호 크랭크 핀 베어링의 유간극을 10/100mm 조정용 라이너를 뽑아내고 조정했다.
2. 주기관1호 크랭크 핀 베어링을 개방 검사하고 상부 화이트 메탈이 균열되어 있음을 발견하여 베어링을 신품과 교환했다.
3. 주기관 1호 크랭크 핀 베어링의 상부 화이트 메탈을 다듬고 피스톤의 중심선을 조정했다.
4. 주기관1호 크랭크 핀 베어링에(에서) 풋 라이너(두께 1mm) 1매를 넣고(빼어내고) 실린더의 상사점 간극을 조정했다.
5. 주기관1호 크랭크 핀 표면의 반점과 거친 부분을 숫돌로 갈았다.
6. 주기관1호 크랭크 핀의 진원도(眞圓度)를 계측하고 숫돌과 연마분(研磨粉)으로 연마하여 둥글게 했다.
7. 크랭크 핀 베어링 조임 볼트의 너트를 세게 두드려 확인했다.
8. 1, 2 및 4호 크랭크 핀의 직경을 계측했다.
9. 모든 크랭크 핀 베어링을 검사하고 조정했다.
10. 5호 크랭크 베어링의 유간극을 밖에서 계측했다 (25cm 간극 게이지 사용).

6.12 메인 베어링

1. 주기관 2호 메인 베어링의 캡을 개방 검사하고 베어링의 마모량을 계측하여 상태가 양호함을 확인했다 .
2. 모든 메인 베어링의 상반부를 떼어내고 브리지 게이지로 크랭크 축의 침하를 계측했다.

6.11 Crank pin bearing

1. Adjusted oil clearance of NO.1 crank pin bearing on main engine by pulling out (the) adjusting liner of 10/100mm in thickness.
2. Overhauled NO.1 crank pin bearing on main engine & found the upper white metal cracked, so renewed the bearing.
3. Skimmed up the upper white metal of NO.1 crank pin metal on main engine & adjusted centering of the piston.
4. Put (Took off) a foot liner (1mm thick) into (from) NO.1 crank pin bearing on main engine & adjusted to clearance of the cylinder.
5. Stoned down spots & rough parts on NO.1 crank pin of main engine.
6. Measured genuineness of NO. l crank pin on main engine & polished & made it round with stone & polishing powder.
7. Ascertained that nuts of crank pin bearing bolt were hammered hard up.
8. Gauged the diameter of No. 1, 2 & 4 crank pins.
9. Examined & adjusted all crank pin bearings.
10. Gauged the oil clearance in NO.5 crank bearing from outside. (with feeler gauge 25cm in length.)

6.12 Main bearing

1. Opened & inspected the keep of NO.2 main bearing in main engine & measured wear down of the bearing & found it in good condition.
2. Removed top half brasses of all main bearings & measured crank shaft worn down with bridge gauge.

3. 메인 베어링의 상반부를 떼어내지 않고 간극 게이지로 유간극을 계측했다.
4. 주기관의 크랭크 웨브 디플렉션(偏差)을 계측하였으며 계측치는 다음과 같다(단위 1/100mm).

크랭크 번호	1호	2호	3호	4호	5호
상 부	0	0	0	0	0
하 부	5	3	10	0	4

5. 3호 메인 베어링 하부 브라스를 떼어내어 깎아내고 반반하게 다듬은 후 복구했다.
6. 2호, 4호 및 5호 메인 베어링 : 상반부를 개방하고 유도(油道)를 소제하며 손질했다. “레드”를 떼고 조정한 후 모두 순서대로 양호한 상태가 되도록 복구했다.
7. 주기관의 3호와 5호 메인 베어링을 개방 검사하고 화이트 메탈이 소손(燒損) 되어 있음을 발견했다. 3호 메인 베어링을 예비품과 교환하여 양호한 상태로 했다.
8. 주기관의 7호와 8호 메인 베어링을 개방 검사하여 화이트 메탈의 접촉면을 다듬고 저널의 거친 부분은 숫돌로 갈았다. 그리고 양호한 상태로 복구했다.
9. 크랭크 웹 디플렉션을 조정했다. 2호 메인 베어링을 높이고(10/100mm) 5호 메인 베어링은 낮추었다(20/100mm).

6.13 피스톤 로드 · 신축관(伸縮管) 및 커넥팅 로드

1. 1호 피스톤 로드를 양륙하여 직경이 260mm가 되도록 선반으로 다듬었다(두께 20/100mm).

3. Gauged the oil clearance of main bearing without remove the cap by feeler.
4. Measured crank web deflection of main engine. Measured data as under : (unit : 1/100mm)

Crank No.	No.1	NO.2	No.3	NO.4	NO.5
Top	0	0	0	0	0
Bottom	5	13	10	0	4

5. Took out the bottom half of No.3 main bearing & refitted after scraping & faced up.
6. Nos. 2, 4 & 5 main bearings : Opened top half brasses, cleaned & dressed up the oil ways, & took "lead" ; & adjusted & closed up all in good working order & conditions.
7. Overhauled Nos.3 & 5 main bearings of main engine & found a white metal in No.3 main bearing overheated; Then renewed No.3 main bearing with a spare, & put it in good order.
8. Overhauled Nos.7 & 8 main bearings of main engine & skimmed up the contact face of (the) white metal & stoned down the rough parts of the journals, & then refitted (put) back in good order.
9. Adjusted crank web deflections. Lifted up NO.2 main bearing (10/100mm), lowered down NO.5 main bearing (20/100mm).

6.13 Piston rod. Telescopic tude, & Connecting rod

1. Landed & skimmed up No.1 piston rod in lathe (20/100mm thick) to make it attain diameter of 260mm.

2. 주기관 1호 스터핑 박스를 개방 검사했다. 소제한 후 글랜드 패킹 링의 간극을 조정했다.
3. 신축관을 조정하여 패킹을 갈아끼웠다.
4. 1호 신축 입구관의 글랜드 패킹을 개방 검사하고 모든 패킹을 예비품과 교환했다.
5. 저압 피스톤 로드가 곧은지 검사했다.
6. 고압 피스톤 로드를 다듬고 네크 및 글랜드 부시를 신품과 교환했다. 그리고 4권(뭉치)의 금속 패킹과 대거 패킹 2권을 교체했다.
7. 저압 피스톤 로드에 아마존 패킹 1권을 더 넣었다.
8. 우현기 고압 및 중압 피스톤 로드의 양편에 금속 패킹과 연질 패킹을 신품과 교환했다. 몇 개의 금속 패킹은 여러 조각으로 파괴되고 있었다.
9. 좌현 저압 피스톤 로드용 글랜드의 너트는 각각1회씩 틀어박았다.
10. 고압 피스톤 로드의 스터핑 박스에 유동을 넣고 모두 새 패킹으로 그 로드를 끼워 넣었다.
11. 커네팅 로드의 하부에 흠이나 작은 금이 없는지 자세히 검사했다.

6.14 캠 축(軸) 및 캠 케이싱

1. 주기관의 캠 축 조종장치를 개방 검사했다.
2. 지압기(指壓器) 구동장치의 캠을 검사하고 조정했다.
3. 전진용 캠에 생긴 미세한 흠을 깎아낸 후 숫돌로 갈았다.
4. 주기관 캠 축의 모든 베어링을 개방 검사하고 베어링 2개를 교체했다.
5. 주기관 연료 캠과 롤러를 검사하고 연료 분사시기(燃料 噴射時期) (캠 각도 1도)를 전진(후진) 시켰다.

2. Overhauled No.1 stuffing box of main engine. Cleaned them & adjusted the gaps of gland packing rings.
3. Adjusted & repacked telescopic tubes.
4. Overhauled gland packings of NO.1 telescopic inlet pipe & renewed all packings with spares.
5. Tested L. P. piston rod for trueness.
6. Skimmed up H. P. piston rod & renewed the neck & gland bushes & repacked with 4 turns of metallic & 2 turns of dagger packings.
7. Added one turn of "Amazon" packing for L. P. piston rod.
8. Renewed both metallic & soft packings of both H. P. & M. P. piston rods of starboard engine, some metallic ones were found broken into pieces.
9. Screwed up port L. P. piston rod gland one turn on each of the nut.
10. Put in a floating ring to H. P. piston rod stuffing box & repacked the rod with all new packings.
11. Examined carefully the feet of all connecting rods for flaws or minute cracks.

6.14 Cam shaft, & Cam casing

1. Overhauled maneuvering gears of the cam shaft on main engine.
2. Inspected & adjusted cams for indicator driving gears.
3. Scraped off hair cracks occured on cam ring for ahead & stoned down there.
4. Overhauled all bearings of the cam shaft of main engine & changed 2 bearings.
5. Inspected fuel cams & rollers, & advanced (turned back) timing of fuel injection (cam angle 1 degree) on main engine.

6. 캠 케이싱의 기름을 빼내고 내부의 슬러지와 먼지를 제거한 후 깨끗한 기름을 넣었다.

6.15 연료분사 펌프

1. 분사압력을 280kg/cm²로 조정했다.
2. 기관의 속도가 저하되었으므로 즉시 기관을 정지시키고 원인을 조사하였더니 연료 펌프가 누설하고 있음을 발견했다.
3. 매우 심하게 분사가 진행(지연)되었으므로 연료 펌프의 타이밍을 수정했다.
4. 1호 연료 펌프의 플런저와 부시를 개방 검사하고 모두 예비품과 교환했다.
5. 주기관1호 연료 펌프의 흡입 밸브와 토출 밸브를 반듯하게 다듬고 흡입 밸브의 세팅(調整値)을 조정했다.
6. 주기관 1호 연료 펌프의 스필 밸브를 반듯하게 다듬고 스필 밸브의 세팅을 조정했다.
7. 주기관의 1호 연료 펌프를 차단했다.
8. 모든 연료 펌프의 0점을 검사하였더니 상태가 양호했다.
9. 1호 연료 펌프로부터 연료유가 누설되고 있음을 발견했다. 개방 검사를 하여 연료 펌프 본체에 균열이 있음을 발견하고 펌프 본체와 플런저를 완전히 신품과 교환했다.
10. 주기관 1호 연료 펌프가 고착되어 있음을 알아내고 그 연료 펌프를 완전한 예비품과 교환했다.
11. 고착된 연료 펌프를 개방 검사하여 플런저에 탄화잔사와 미세한 금속분이 점착되어 있음을 발견했다. 소제한 다음 플런저와 부시를 양호한 상태로 래핑 마무리를 했다.

6. Drained out oil in the cam casing, extracted all sludge & dirt from casing & refilled with pure oil.

6.15 Fuel oil injection pump

1. Adjusted injection pressure at 280kg/cm^2.
2. Stopped the engine immediately & checked for causes as the engine speed dropped, & found a fuel pump leaky.
3. Corrected timing of a fuel pump. Because there was heavily advanced (or retarded) injection.
4. Overhauled the plunger & bush of No.1 fuel pump, & renewed them completely with spares.
5. Faced up suction & delivery valves of No.1 fuel pump on main engine, & adjusted setting of (the) suction valve.
6. Faced up the spill valve of No.1 fuel pump on main engine, & adjusted setting of the spill valve.
7. Cut off No.1 fuel pump on main engine.
8. Examined 0 points of all fuel pumps & found them in good condition.
9. Found fuel oil leaking from No.1 fuel pump. Overhauled & noticed a crack on the fuel pump body. Therefore renewed entirely the pump body & plunger.
10. Found No.1 fuel oil pump on main engine stuck & changed the fuel pump for a spare one completely.
11. Overhauled the stuck fuel pump & found carbon deposit & fine metallic dust clung to the plunger, (and) then cleaned them & lapped the plunger & bush in good order.

12. 1호 연료 펌프의 로울러와 가이드를 검사하고 가이드와 가이드 부시 사이의 틈이 15/100mm 이상임을 발견했다. 가이드와 가이드 부시를 모두 신품과 교환했다.
13. 연료 펌프의 연료 조정용 편심축 저널이 마모되어 있었으므로 편심축을 신품과 교환했다.
14. 주기관 연료 펌프의 흡입 밸브 양정 제어용(揚程制御用) 지점축(支點軸)의 모든 다우얼 핀(맞춤 못)을 신품과 교환하고 밸브 조정을 검사했다.

6.16 조 속 기(調速器)

1. 조속기의 스프링을 조정했다.
2. 주기관 조속기의 모든 부품을 개방 검사하고 수직축을 신품과 교환했다.
3. 주기관 조속기의 모든 부품을 개방 검사하고 구동기어의 백래시(齒車齒間) 스프링의 강도를 조정했다.
4. 주기판 조속기의 오일 서보 모터를 개방 검사했다.

6.17 조종장치(操維裝置)

1. 주기관 조종장치의 시동공기 밸브를 개방 검사하고 반듯하게 다듬었다.
2. 자동 시동 밸브를 개방 검사하고 양호한 상태로 복구했다.
3. 조종용 공기관의 감압 밸브를 떼어내서 수리하고 그 드레인 밸브와 여과기를 정비했다.
4. 조종장치와 플랫폼을 정비하고 닦았다.

12. Inspected the roller & guide of No.1 fuel pump & found a gap of more than 15/100mm between the guide & the guide bush, therefore renewed both of them.
13. Renewed the eccentric shaft for adjusting fuel pump, because of wear down of the journal of the shaft.
14. Renewed all dowel pins of the fulcrum shaft for lift control of the suction valve on the fuel pump of main engine, & examined their valve settings.

6.16 Governor

1. Adjusted governor spring.
2. Overhauled all parts of the governor for main engine, & renewed (the) vertical shaft.
3. Overhauled all parts of the governor for main engine & adjusted the backlash of driving gears & the strength of the springs.
4. Overhauled the oil servo-moter of the governor for main engine.

6.17 Maneuvering gears

1. Overhauled & faced up the starting air valve in maneuvering gears for main engine.
2. Overhauled (the) automatic starting valve, & refitted back in good order.
3. Removed & repaired the reducing valve of maneuver ing air line & cleaned its drain valve & strainer.
4. Cleaned & dried the maneuvering gear & platform.

5. 역전장치(逆轉裝置)를 수동으로 작동하고 각 부분이 정상적으로 작동하는지 검사했다. 리버싱 오일 용기에 기름을 보급했다.
6. 컨트롤 박스의 제어 밸브가 정상적으로 작동하는지 조사했다.
7. 핸드 휠이 스톱 위치에서 공기 탱크의 시동 밸브를 열고 밸브가 누설되지 않고 있음을 확인했다.
8. 수동으로 반전기구(反轉機構)를 조사할 때에 슬라이드 밸브의 기계적 반전이 정상적으로 이루어지고 있는지 검사했다.

6.18 과급기(過給機) 및 소기장치(掃氣裝置)

1. 1호 터보 과급기를 분해하여 터빈과 송풍기의 블레이드를 정비하고 송풍기의 베인을 칼러 첵으로 검사했다.
2. 주기관 1 호 터보 과급기의 케이싱을 개방하고 터빈로터와 송풍기를 떼어내서 다음과 같이 수리했다.
   a) 송풍기의 베인을 다이첵으로 검사했다.
   b) 볼 베어링과 롤러 베어링을 예비품과 교환하고 스러스트 베어링을 조정했다.
   c) 냉각용 재킷 플레이트의 두께를 계측했다.
   d) 축방향의 간극을 조정했다.
   e) 격벽용(隔壁用) 래버린드 패킹을 떼어내고 수리했다.
   f) 터빈과 송풍기의 블레이드를 정비했다.
3. 1호 터보 과급기용 공기흡입 여과기를 정비했다.
4. 주기판 1호 과급기의 스러스트 베어링 간극을 조정했다.
5. 1호 터보 과급기의 배기 스크린을 떼어내고 정비했다.
6. 주기판 1호 터보 과급기의 윤활유 펌프를 개방 검사했다.

5. Operated gear by hand, & checked parts for easy operation. Refilled oil for reversing oil containers.
6. Examined control valves in the control box for easy operation.
7. Opened starting valves on the air tank with hand wheel in stop position & made sure that the valves were tight.
8. At the examination of the reversing mechanism by hand, checked whether the mechanical reversal of the slide valve worked properly.

6.18 Super charger, & Scavenging equipment

1. Overhauled No. 1 turbo charger & cleaned the blades of turbine & blower & then checked the vanes of blower by color check.
2. Opened the casing of No. 1 turbo charger for main engine, & removed (the) turbine rotor & blower, & repaired as under.
   a) Examined the vane of the blower by dye check.
   b) Renewed ball & roller bearings with spares, & adjusted thrust bearings.
   c) Measured thickness of the jacket plate for cooling.
   d) Adjusted axial clearance.
   e) Removed & repaired labyrinth packings for partition.
   f) Cleaned the blade of (the) turbine & blower.
3. Cleaned the suction strainer of fresh air for No. 1 turbo charger.
4. Adjusted clearance of thrust bearings of No. 1 turbo charger for main engine.
5. Removed & cleaned the exhaust screen of No. 1 turbo charger.
6. Overhauled the lub. oil pump of No. 1 turbo charger for main engine.

7. 배기관의 파손된 래깅(外被, 防熱裝置)을 수리했다.
8. 주기관 1호 터보 과급기의 윤활유 냉각기를 정비했다. (윤활유측과 냉각수측)
9. 주기관 1호 공기 냉각기의 공기측과 수측(水側)을 정비했다.
10. 1호 공기 냉각기의 누설부분을 수리했다.
11. 주기판 1호 공기 냉각기의 누설관 1개를 막았다.
12. 1호, 3호 및 9호 실린더의 소기실(掃氣室)을 정비했다.
13. 1호 소기공기 펌프의 흡입 밸브와 토출 밸브를 개방 검사하고 정비한 후 파손된 밸브 3개를 신품과 교환했다.
14. 소기 펌프의 피스톤 간극을 그 행정의 양단에서 계측했다.
15. 배기 매니폴드와 과급기에 소음기, 소음기에서 연돌까지의 파이프를 완전히 정비하고 유성잔재(油性殘滓)를 제거했다.

6.19 스러스트 베어링 · 중간축 · 선미축 · 추진기

1. 주 스러스트 베어링 을 개방 검사하고 축방향의 간극을 조정했다.
2. 전진측의 모든 스러스트 패드를 신품과 교환했다.
3. 1호, 2호, 3호 및 4호 중간축 베어링의(플러머 블록) 상부 케이싱을 떼어내고 이들의 오일 링과 저널을 검사했다.
4. 3호 중간축 베어링의 초크 라이너를 조정하고 축계의 중심을 바로 잡았다.
5. 토우잉 베어링을 개방 검사했다.
6. 선미관의 모든 글랜드 패킹을 필러 패킹으로 교체했다.
7. 선미관의 간극을 계측했다.
8. 선미관의 리그넘바이티(유창목)를 계측하여 선미관의 측단에서 2.5mm가 마모되어 있음을 발견했다.
9. 프로펠러의 피치를 계측했다.

7. Repaired the broken lagging of (the) exhaust pipe.
8. Cleaned the lub. oil cooler of No. 1 turbo charger for main engine (lub. oil & cooling water sides).
9. Cleaned water & air sides of No. 1 air cooler for main engine.
10. Repaired leaky parts of No. 1 air cooler.
11. Plugged up one leaky tube of No. 1 air cooler for main engine.
12. Cleaned scavenging air chambers of Nos. 1,3 & 9 cylinders.
13. Overhauled suction & delivery valves of No. 1 scavenging air pump. After cleaning them, renewed 3 broken valves.
14. Checked piston clearance of scavenging air pump at ends of the stroke.
15. Cleaned exhaust gas manifolds & pipes from super charger to silencers, & from silencers to funnel thoroughly & swept away oil residues.

6.19 Thrust bearing, Intermediate shaft, Tail shaft, & Propeller

1. Overhauled main thrust bearings & adjusted their axial clearance.
2. Renewed all thrust pads on ahead side.
3. Removed upper casings of Nos. 1, 2, 3 & 4 plumber blocks, & inspected their oil rings & journals.
4. Adjusted chock liners of No. 3 plumber block (intermediate shaft bearing) & corrected the centering of the shaft line.
5. Overhauled towing bearings.
6. Renewed all gland packings of stern tube with pillar packings.
7. Measured clearance of stern tube.
8. Measured & found the lignum vitae of stern tube worn down by 2.5mm at the outer ends of stern tube.
9. Measured the pitch of propeller.

10. 프로펠러 축을 빼내기 위하여 분리하였다.
11. 프로펠러 보스를 떼어내서 축의 원추부를 검사하고 양호한 상태임을 알았다.
12. 선미축을 축로(軸路)안으로 빼냈다.
13. 선미관의 리그넘바이티를 두드려서 검사하였고 모두 양호한 상태임을 확인했다.
14. 선미관을 빼내고 모든 리그넘바이티를 신품과 교환했다.
15. 선미축을 검사하고 슬리브에 생긴 점식을 몇 군데 보았다.
16. 선미축을 원위치로 복구하고 프로펠러를 죄었다. 프로펠러 너트를 해머로 두드려서 그것을 구표지(舊標識)에 복구시켰다. (또는 구표지보다 2mm 더 전진시켰다.)
17. 추진기 장치 · 선미관 · 축계의 마모 및 보호아연을 검사했다.
18. 과거의 사용표지를 지날 때까지 너트를 해머로 두드려서 죄었다.
19. 새 그리스 패킹(1 3/4 인치) 3권과 사용한 그리스 패킹 3권을 선미관의 스터핑 박스에 넣었다.
20. 프로펠러 보스를 다시 시멘트 했다.
21. 3호 및 4호의 터널 베어링을 조정하고 홀딩 다운 볼트를 죄었다.

6.20 주기관 관계 기타 예문

1. 누설하는 밸브와 파이프 니플 등을 다시 패킹하는 것과 같은 주기관에 관계되는 여러 가지 일을 했다.
2. 쓰고난 연료 밸브를 개방 검사했다. 노즐 팁 · 니들 밸브 및 부시를 신품과 교환하고 조정하여 양호한 상태로 복구했다.
3. 베어링의 기름 홈을 다시 절삭했다.
4. 주기관 실린더의 모든 주유기를 정비했다.

10. Disconnected the propeller shaft to with draw it.
11. Removed the propeller boss & examined the shaft cone & found it in good condition.
12. Drew tail shaft into shaft tunnel.
13. Sounded & examined the lignum vitae of stern tube & found all in good condition.
14. Drew out stern tube, & renewed all lignum vitae.
15. Examined tail shaft & observed several pitting on the sleeve.
16. Replaced the tail shaft & tightened up the propeller. After hammering up the propeller nut, replaced the nut to the old mark. (or advanced the nut 2mm beyond the old mark.)
17. Examined propeller & gear, stem tube, wear down of shafting, & protection zincs.
18. Hammered the nut so hard as to go past the old working mark.
19. Put 3 turns of new grease packings (1 3/4") & 3 turns of used grease packings into the stuffing box of stem tube.
20. Cemented (the) propeller boss again.
21. Adjusted Nos. 3 & 4 tunnel bearings & tightened up holding down bolts.

6.20 Miscellaneous on main engine

1. Did miscellaneous jobs on main engine such as repacking leaky valves & pipe nipples, etc.
2. Overhauled the used fuel valve. Renewed the nozzle tip, needle valve & bush, & adjusted & replaced in good order.
3. Recut oil grooves of bearing.
4. Cleaned all lubricators for the cylinder on main engine.

5. 모든 사이트 글라스(透視窓)를 정비하고 1호 실린더용 펌프 1개를 신품과 교환한 후 토출 유량을 조정했다.
6. 밸브 개폐시기를 기관을 운전하기 전에 검사하고 조정했다.
7. 슬러지 탱크 바닥으로부터 폐유를 퍼냈다.
8. 정기적으로 기름 여과기를 정비했다.
9. 드레인 탱크를 정비하고 바닥의 모든 슬러지와 오물을 제거했다.
10. 갑판으로 파손된 라이너를 운반했다.
11. 상갑판으로부터 기관실로 라이너 2개를 옮겼다.

6.21 주 터빈

1. 기어 케이스의 검사창을 떼어내고 기어의 치면(齒面)과 각 분유기(噴油器)를 검사했다.
2. 검사를 위하여 고압 터빈의 케이싱 상부를 열었다.
3. 고압 터빈 각 단의 축방향 간극과 블레이드 선단 간극을 계측했다.
4. 고압 1단 감속 피니언의 양쪽 베어링 하부 브라스를 빼내 긁고 반듯하게 다듬기를 한 후 다시 끼웠다.
5. 브리지 게이지로 저압 터빈 로터 베어링의 마모량을 계측했다.
6. 고압 1단 피니언의 신축 커플링을 개방하고 칼러 체킹으로 모든 톱니를 검사했다.
7. 고압 터빈 각 단 격벽판의 레러린드 패킹을 검사하였고, 제 2 단에서 손상을 발견하여 예비품과 교환했다.
8. 모든 펌프를 정지시키고 터닝 기어를 넣었다.
9. 추기(抽氣) 펌프를 사용하여 터빈을 건조시켰다.

5. Cleaned all sight glasses, renewed one unit of pump for No. 1 cylinder, & adjusted amount of delivery oil
6. Examined & adjusted the opening of the valves, before running the engine.
7. Ladled out thick oil from the bottom of sludge tank.
8. Cleaned the oil strainers periodically.
9. Cleaned drain tank & extracted all sludge & dirt from the bottom .
10. Carried out the broken liner on deck.
11. Shifted 2 liners from upper deck to engine room.

6.21 Main turbine

1. Removed the gear case access doors & inspected the gear faces & each oil sprayers.
2. Opened H. P. turbine top half casing for examination.
3. Calibrated the axial clearances & the blade tip clearances of each stage on H.P. turbine.
4. Took out the lower brasses of both bearings on H. P. first (1st) reduction pinion, & refitted after scraping & facing up.
5. Measured wear of the rotor bearings on L. P. turbine with bridge gauges.
6. Overhauled the flexible coupling of H. P. first pinion & inspected all teeth with color checking.
7. Inspected the diaphragm labyrinth packing of each stage on H. P. turbine, & found a damage on second(2nd) stage & renewed for spare one.
8. Stopped all pumps & put in turning gear.
9. Dried the turbines by means of the air pump.

10. 매일 평소와 같이 로터를 1/4 회전마다 움직였다.
11. 증기 스트레이너와 유냉각관을 검사하고 정비했다.
12. 모든 윤활유 여과기를 검사하고 정비했다.
13. 기어용 분유기를 떼어내고 정비했다.
14. 베어링용 기름 괴기를 검사하고 정비했다.
15. 기어 케이스의 검사창을 떼어내고 치차면(齒車面)의 마모 정도를 검사했다.
16. 치차의 톱니 마모량을 계측했다.
17. 고압 및 저압 제 1 피니언을 분해하기 위하여 떼어내고 검사한 후 정상 위치에 복구했다.
18. 조종 밸브의 증기 스트레이너를 개방 검사하고 정비한 후 이를 폐쇄했다.
19. 기어 케이스(터빈 케이싱 · 베어링 · 관접속 · 터빈 부속품 · 조종 밸브 등)를 검사하기 위하여 개방 분해하고 적당한 위치(양호한 상태)로 복구했다.
20. 터빈과 치차 베어링의 브리지 게이지를 사용했다.
21. 터빈과 치차 베어링의 실제 마모량을 상세히 조사하고 앞으로의 참고와 지침으로 하기 위하여 기록했다.
22. 포커 게이지를 써서 로터 베어링의 마모량을 계측했다.
23. 저압 터빈 스러스트 블록의 유간극을 검사했다.
24. 주추력 지지장치를 계측하고 조정용 라이너를 넣어서 그 위치를 바로 잡았다.
25. 신축 커플링의 슬리브 이동유극(移動遊隙)을 검사했다.
26. 보조 복수기(復水器)의 드레인 탱크에 정비용 구멍을 뚫고 그 커버에 드레인 콕을 달았다.

10. Turned the rotors at one-quarter revolution as usual daily.
11. Examined & cleaned steam strainers & oil cooling service pipes.
12. Examined & cleaned all lubricating oil strainers.
13. Removed & cleaned the gearing oil sprayers.
14. Examined & cleaned oil wells in way of bearings.
15. Removed thc gear case access doors & examined the gearing faces for deterioration .
16. Gauged the gear teeth for wear.
17. Removed H. P. & L. P. first pinions for overhauling & replaced in their correct positions after examination.
18. Opened out & examined steam strainer on manoeuvring valve, & closed it after ascertained clear.
19. Opened the gear case (turbine casings, bearings, pipe connections, fittings on the turbines, manoeuvring valves & etc.) for examination, & overhauled & replaced in good order.
20. Used bridge gauges of the turbine & gearing bearings.
21. Inspected actual wear & particulars of turbine & gearing bearings, & noted for future reference & guidance.
22. Measured wear of the rotor bearings with poker gauges.
23. Examined oil clearance in L. P. turbine thrust block.
24. Gauged the main thrust block & took correct position with refitting of adjusting liners.
25. Examined the moving play of sleeves of the flexible coupling.
26. Made a cleaning hole on the drain tank of aux. condenser, & fitted a drain cock on its cover.

27. 정부 검사관의 명령에 의하여 터빈 로터 베어링용 볼트와 너트를 각각 1세트씩 예비품으로서 비치했다.
28 존 브라운씨의 기술자 5명이 승선하여 감속장치의 톱니를 깎으려 준비했다.
29. 모든 피니언 톱니의 깎기를 끝냈다. 휠과 케이싱을 검사하고 살펴보았다.
30. 기어 케이싱 커버를 닫고 모든 부속품을 복구했다.
31. 건조공기 펌프의 버킷 패킹 링을 신품과 교환했다.
32. 검사(청소 또는 수리)하기 위하여 터빈 케이싱의 상반부를 들어 올렸다.
33. 복구하기 전에 해머나 끌 등과 같은 물건이 남아 있는지 세밀하게 검사했다.
34. 블레이드 선단의 간극 · 블레이드 축부의 간극 및 더미 간극의 기록을 작성했다.
35. 단락 격벽판의 횡단 수평 접합부에서 증기 누설의 증후를 검사했다.
36. 격벽판 글랜드의 마모와 누설도 역시 검사했다.
37. 녹과 반점 등의 발생을 방지하기 위하여 1주일에 1회씩 모든 장치에 기름을 순환시켰다.
38. 베어링 캡을 들어 올려서 마찰면을 검사했다.

27. supplied one set of spare bolts & nuts for each size of the turbine rotor bearings by order of the Government Surveyor.
28. John Brown's five workmen came on board & set to scrape the reduction gear teeth.
29. Finished scraping on all pinion teeth, examined & searched wheels & casings.
30. Closed the gear casing cover & repaced a1 l fittings.
31. Renewed the bucket packing rings for the dry air pump.
32. Lifted turbine top half casings for examination. (cleaning or repair.)
33. Made careful examination for any articles left behind, such as hammers or chisels, etc. before replacing.
34. Kept a record of the blade tip clearances, the blade side clearances, & the dummy clearance.
35. Examined the cross horizontal joints of the stage diaphragms for signs of steam leakage.
36. Examined also the diaphragm glands for signs of wear & leakage.
37. Circulated oil through the entire system once a week for ensuring removal of any rust, water marks, etc.
38. Lifted the bearing caps & examined the journals.

제7장 보조기관 관계 작업 예문

[보조기관]

~의 파손부분을 수리했다.

Repaired broken part of---

수리하기 위하여 ~의 안에 있는 물(기름)을 모두 배출했다.

Drained out all water (oil) ~for repairing.

~m/m의 ~판으로 누설부(파손부분) ~부분을 수리했다(쇳조각을 대었다.)

Replaced~ in reverse upside down.

[펌 프]

~을 다듬었다. Skimmed up~

~에 패킹 ~권을 더 넣었다(갈아 넣었다).

Added (Renewed) ~ turns of packing for~

~을 평탄하게 깎아내었다.

Scraped & lined up~

~의 단을 줄로 깎아내었다.

Filed off the ridges on~

~의 양정(揚程) ~m/m에 달했다.

Set lift ~ m/m for ~

~의 하나가 파손된 것을 발견했다.

Found one of ~ broken.

~에 플러그를 박아 넣었다.

Screwed a plug in ~

~에 ~을 채웠다.

Put (Filled up) ~ into ~

~의 축계의 중심을 바로잡기 위하여

to be lined up ~ shafting.

~에 관한 작업

Jobs in connection with~

~으로부터 탄화(炭化)된 윤활유를 깨끗이 닦아냈다.

Cleaned carbonized L. O. away from~.

~의 상하의 방향을 바꿔 붙였다.

Replaced~in reverse upside down.

~을 예비품과 교체했다.

Replaced ~ with a spare one.

~의 보온재를 수리했다.

Recovered(Repaired) the lagging on ~

~을 금속접합이 되게 평탄하게 했다.

Faced ~ to metal.

~이 부식 마모했으므로 부분적으로 잘라 이었다.

Partly renewed for ~ corroded & worn.

~을 수압 ~kg/㎠으로 시험했다.

Tested ~ with ~ kg/㎠ water press.

[열 교환기]

~으로 누설관을 조사했다.

Tested leaky tubes by ~

수(유)압 ~kg/㎠으로 누설검사를 했다.

Tested for a leak of ~ with ~ kg/㎠ water(oil) pressure.

필요하다고 인정되는 ~을 죄었다.

Tightened up ~ where required.

~에 대하여 수압시험을 실시했다.

Applied a water pressure test for ~

~의 누설부분을 ~으로 수리했다.

Repaired leaky parts of ~ by(with) ~

[밸브·콕 및 파이프]

~의 파손을 발견했으므로 다른 ~으로 임시로 대용했다.

Temporarily replaced it with another~

~을 개방 검사하고 고장난 ~을 신품과 교환했다.

Overhauled~ & renewed defective~ of them.

양호한 상태로 수리되었다.

Repaired with satisfactory results.

모두 양호한 상태로 설치했다.

All put in good working order & condition.

보냈다.	send
송기(送氣)했다.	send steam
송전(送電)했다.	send electricity
송수(送水)했다.	send water
송유(送油)했다.	send fuel oil

~을 개방하고 내부 상태를 확인했다.

Opened ~ & inspected inside condition.

[전기기기]

~전로(電路)중에서 접지(接地)를 떼어냈다.

Removed the “earth” from ~ circuits.

~의 회로(回路)를 ~으로 검사했다.

Examined~ circuit with ~

A와 B를 교환했다.

Exchanged A for B.

~으로부터 ~으로 이르는 ~을 검사했다.

Inspected ~ from ~ to ~

냉각하다	cool
냉각수	cooling water
냉각청수	cooling fresh water
냉각해수	cooling sea water
냉각기	cooler
냉각수 펌프	cooling water pump
급수 펌프	feed (water) pump
급수 가감기	feed (water) regulator
급수 가열기	feed (water) heater
급수 탱크	feed (water) tank
급수 밸브	feed (water) valve
급수 첵 밸브	feed (water) check valve

7.1 냉각기 · 복수기(復水器) 및 가열기(加熱器)

1. 청수 냉각기의 문을 열었다.
2. 수두(水頑, 揚程)로 누설관을 조사했다.
3. 수압 8kg/㎠로 윤활유 냉각기의 누설을 검사했다.
4. 2개의 불완전한 관을 발견했다.
5. 2군데의 누설을 발견했다.
6. 윤활유 냉각기의 양단커버를 개방하고 해수측을 정비했다.
7. 2개의 관이 약간 누설되는 것을 발견했다.
8. 누설되는 2개의 관을 마개로 막았다.
9. 필요하다고 인정되는 관의 패킹을 죄었다.
10. 누설되는 관을 확관(擴管)하고 그 관의 입구 죔쇠를 더 죄었다.
11. 3개의 누설관을 떼어내고 예비관을 그 곳에 넣었다.
12. 검사공(檢査孔) 문을 열고 윤활유 냉각기의 유측(油側)을 검사하여 매우 더러워져 있음을 발견했다.
13. 윤활유 냉각기의 유측을 화학용제 (化學溶劑)로 정비했다.
14. 청수 냉각기를 수압 3kg/㎠로 시험하여 누설관 1개를 발견했다.
15. 보조 복수기의 관을 검사하고 관 패킹의 필요한 부분을 조인 후 양호한 상태로 복구했다.
16. 보조 복수기의 양단 커버를 개방하고 복수기의 해수측을 정비한 후 모든 아연판을 신품과 교환했다. 선미측 하부의 모든 입구 죔쇠와 패킹을 신품과 교환하고 복수기를 수압 3kg/㎠로 시험했다.
17. 선미측 수실(水室)의 불량한 구획판(區劃板)을 가스 용접(혹은 코드 본드 컴파운드)으로 수리했다.
18. 냉각면적을 감소시키기 위하여 주복수기의 저부측에 있는 16개의 관을 빼내고 나무 마개로 관공(管孔)을 막았다.

7.1. Cooler, Condenser, & Heater

1. Opened end doors of fresh water.
2. Tested leaky tubes by water head.
3. Tested for a leak of the L. O. cooler with 8 kg/㎠ water pressure.
4. Found two defective tubes.
5. Found two leaks.
6. Opened both end covers of L. O. cooler & cleaned its sea water side.
7. Found two tubes slightly leaky.
8. Plugged two leaky tubes.
9. Tightened up the packing of the tubes where required.
10. Expanded the tubes & screwed up the ferrules where leaked.
11. Took out three leaky tubes & put the spares into there.
12. Opened peep hole doors & inspected the oil side of L. O. cooler & found very dirty.
13. Cleaned oil side of L. O. cooler with chemical solution.
14. Tested fresh water cooler with water pressure of 3kg/㎠ & found one leaky tube.
15. Examined the tubes of auxiliary condenser & tightened up the packings of tubes where required, & closed up in good order.
16. Opened both end covers of auxiliary condenser & cleaned sea water side of the condenser & renewed all zinc plates. Renewed all ferrules & packings of (the) aft lower section, & tested the condenser at 3kg/㎠ water pressure.
17. Repaired the defective division plate in (the) aft water box by gas welding (or by cord bond compound).
18. Drew out 16 tubes in the bottom side of main condenser for thc purpose of decreasing the cooling surface & chocked up the tube holes with wooden plugs.

19. 1호 발전기의 윤활유 냉각기를 개방 검사하고 그 내부를 화학용제(소다 용제)로 정비한 후 복구했다.
20. 주기관용 1호 공기 냉각기의 수측과 공기측을 검사하고 정비했다.
21. 윤활유 냉각기의 양단 커버를 열고 관을 브러시로 정비하고 유측을 소다 용제로 청소했다.
22. 윤활유 냉각기의 관판지주(管板支柱) 주변으로부터의 기름 누설을 막았다.
23. 냉각기의 누설시험을 실시하고 필요하다고 인정된 관 패킹을 죄었으며 확관(擴管)하고 그 중 3개의 관에 마개하여 순서대로 양호한 상태로 복구했다.
24. 낡은 분수기의 아연판 4매를 신품과 교환했다.
25. 설치용 스터드 볼트 4개와 록 너트 5개를 신품과 교환 했다.

7.2 급수 펌프 및 왕복동(往復動) 펌프

1. 1호 급수 펌프의 피스톤·버킷 및 그릅 밸브를 개방 검사하고 수통(水筒)의 에보나이트 패킹 링을 신품파 교환하여 피스톤 패킹 링을 조정한 후 양호한 상태로 복구했다.
2. 실린더·피스톤·펌프실·버킷·흡입 밸브 및 토출밸브를 검사하고 1개의 불량한 토출밸브를 신품과 교환한 후 양호한 작동상태로 복구했다.
3. 1호 주급수 펌프의 상부 케이싱을 개방하고 임펠러·밸런싱 디스크 등을 검사하여 스테이지 다이어프램의 조인트가 소량 누설하고 있음을 발견했다. 그들을 반듯하게 다듬고 양호한 상태로 복구했다.
4. 1호 급수 펌프의 피스튼 펌프에 글랜드 패킹을 더 넣었다.
5. 흡입 및 토출 그릅 밸브를 반듯하게 다듬고 흡입측을 2mm , 토출측을 3mm의 양정으로 정했다.

19. Overhauled the L. O. cooler for No. 1 dynamo engine & cleaned inside of it with chemical solution (soda solution) & replaced it.
20. Inspected water & air side of No. 1 air cooler for main engine.
21. Opened end covers of L. O. cooler & cleaned the inside of tubes with brushes & the oil side in a soda solution.
22. Corrected leaking of oil from around the stay of L. O. cooler.
23. Tested for a leak of the cooler & tightened up the tube packings, expanded tubes, plugged 3 tubes of them where required, & closed up in good order & condition.
24. Renewed 4 worn out zinc plates on the condenser cover.
25. Renewed 4 securing studs & 5 lock nuts to zincs.

7.2 Feed water pump & Reciprocating pump

1. Overhauled pistons, buckets, & group valves of No. 1 feed pump, & renewed the ebonite packing rings of water bucket & adjusted the piston packing rings & closed up in good order.
2. Examined cylinders, pistons, pump chamber, bucket & suction & delivery valves & refitted in good working order & condition.
3. Opened the upper casing of No. 1 main feed pump. Inspected impellers, balancing disc, etc. , & found the joint of stage diaphragm slightly leaky & after facing them up refitted in good order.
4. Added the gland packing of the piston rod on No. 1 feed pump.
5. Faced up suction & delivery group valves & set lifts 2mm for suction & 3mm for delvery.

6. 1호 급수 펌프의 주 및 보조 슬라이드 밸브를 반듯하게 다듬고 보조 슬라이드 밸브의 백 라이너를 조정했다.
7. 잡용 펌프의 양 슬라이드 밸브를 반듯하게 다듬고 로스트 모션을 조정했다.
8. 웨어즈 급수 펌프의 피스톤 로드와 버킷 로드를 정비했다.
9. 실린더 냉각수 펌프의 임펠러 축에 4개의 신품과 3구 회전 반금속제 패킹을 다시 넣었다.
10. 잡용 워딩턴 펌프의 벨 크랭크 장치의 모든 핀과 부시 등을 개방 검사했다.
11. 웨어즈 급수 펌프를 개방 검사하여 다음과 같이 수리했다.
    a) 슬라이드 밸브를 검사하고 보조 슬라이드 밸브를 평탄하게 깎아 내었다.
    b) 보조 슬라이드 밸브에 2m/m의 백 라이너를 넣었다.
    c) 수측 피스톤의 에보나이트 링 2개를 갈아 넣었다 .
    d) 증기 실린더의 상부와 하부의 단을 줄로 깎아낸 후 숫돌로 갈았다.
    e) 흡입 및 토출 그룹 밸브를 반듯하게 다듬었다.
    f) 5개의 절손되었거나 망가진 밸브 가드 스프링을 갈아 넣었다.
    g) 흡입 및 토출밸브의 양정을 검사하고 흡입측 5m/m, 토출측 lm/m로 양정을 정했다.

7.3 수직형 원심 펌프

1. 청수 냉각 펌프를 개방 검사하고 볼 베어링 1개를 신품과 교환했다. 임펠러와 임펠러 케이싱의 내부를 정비하고 양호한 상태로 다시 조립하여 결합시켰다.
2. 1호 청수 냉각 펌프의 진공 펌프를 개방 검사하고 정비한 후 양호한 상태로 조정했다.

6. Faced up the main & auxiliary slide valves of No. 1 feed pump & adjusted the back liners of (the) auxiliary slide valve.
7. Faced up both slide valves of G. S. pump & adjusted lost motion.
8. Skimmed up piston & bucket rod of Weir's feed water pump.
9. Repacked 4 new & 3 old turns of semi-metallic packing for impeller shaft of cylinder cooling water pump.
10. Overhauled (Opened out & examined) all pins, bushes and etc. of all crank gear on Worthington pump for general service.
11. Overhauled Weir's feed water pump & repaired as under:
    a) Examined slide valves & scraped to lined up the auxiliary slide valve.
    b) Put it one 2m/m back liner on the auxiliary slide valve.
    c) Renewed 2 ebonite rings of the water side piston.
    d) Filed off the ridges on the top & bottom of the steam cylinder & after stoned down there.
    e) Faced up suction & delivery group valves.
    f) Renewed 5 broken or worn down valve guard springs.
    s) Examined the lift of pump suction & delivery valves & set lifts 5m/m for suction & 1m/m delivery.

7.3 Vertical centrifugal pump

1. Overhauled fresh water cooling pump. Renewed one ball bearing. Cleaned the impeller & inside of the impeller casing & afterwards reassembled & coupled up in good order.
2. Overhauled the vacuum pump of No. 1 fresh water cooling pump. Cleaned & adjusted them in good condition.

3. 잡용 펌프를 개방 검사하고 임펠러 축과 마우스 링을 신품과 교환했다.
4. 해수 냉각 펌프 임펠러 보스의 구멍을 다시 깍아내고 임펠러 축에 맞추었다.
5. 임펠러 보스에 맞도록 임펠러 축을 다듬었다.
6. 임펠러 축의 글랜드 패킹 부분에 금속을 분무하고 그 부분을 다듬었다.
7. 청수냉각 펌프를 개방하고 정비한 후 조립하여 커플링을 다시 결합시켰다.

7.4 수평형 원심 펌프

1. 위생펌프의 임펠러를 개방 검사하고 임펠러를 정비한 후 양호한 상태로 복구했다.
2. 청수 펌프의 모터와 임펠러 축의 중심을 조정했다. 그리고 커플링 볼트의 고무 심블 4개를 신품과 교환했다.
3. 해수 펌프(원심 펌프)를 개방 검사하고 다음과 같이 검사하고 손질했다.
   a) 임펠러의 록 너트가 이완된 것을 발견했다.
   b) 임펠러용 키와 커플링용 키가 양호한 상태에 있는 지 확인했다.
   c) 2개의 볼 베어링(No.6305)과 마우스 링 및 편향장치(偏向裝置)를 신품과 교환했다.
   d) 케이싱의 점식된 부분에 플러그를 조여 넣었다.
   e) 커플링 볼트의 고무 링 3개를 신품과 교환했다.
   f) 그리스를 그리스 컵에 채워 넣었다.
   g) 임펠러 축계의 중심을 바로잡기 위하여 케이싱 프레임 아래에 주석 라이너를 넣고 조정했다.
   h) 임펠러 케이싱 내부를 와이어 브러시로 문지르고 긁어서 깨끗이 정비한 후 방청 페인트를 칠했다.
   i) 봉수용 관(封水用管)의 누설부분을 가스 용접으로 수리했다.

3. Overhauled G. S. pump & renewed (the) impeller shaft & mouth rings.
4. Rebored the impeller boss of sea water cooling pump & suited it to the impeller shaft.
5. Skimmed up (the) impeller shaft to suit to the impeller boss.
6. Sprayed metal to the gland part of the impeller shaft & machined up ditto.
7. Fresh water cooling pump opened up, cleaned & afterwards reassembled, coupled up & rejointed.

7.4 Horizontal centrifugal pump

1. Overhauled (the) impeller of sanitary pump. Cleaned the impeller & refitted back in good order.
2. Adjusted centering of the motor & impeller shaft on fresh water pump, & renewed 4 rubber thimbles of the coupling bolts.
3. Overhauled the sea water pump (centrifugal pump) & repaired & inspected as follows,
   a) Found the impeller lock nut loose.
   b) Ascertained that if impeller & coupling keys were in good condition.
   c) Renewed 2 ball bearings (No. 6305) , mouth ring & deflector.
   d) Screwed a plug in the pitting part of the impeller casing.
   e) Renewed 3 rubber rings of shaft coupling bolt.
   f) Filled up (Put) grease into the cup.
   g) Adjusted & put in tin liners underneath the casing frame to be lined up impeller shafting.
   h) Scraped & scrubbed with wire brushes & cleaned well the inside of impeller casing, & coated there with anti corrosive paint.
   i) Repaired leaky parts of seal pipe by gas welding.

7.5 기어(齒車) 펌프

1. 윤활유 펌프의 흡입측과 토출측 여과기를 정비했다.
2. 윤활유 펌프의 토출 밸브를 개방하여 반듯하게 다듬고 밸브 인상압력(引上壓力)을 조정했다.
3. 윤활유 이송(移送) 펌프의 기어를 개방 검사하고 백 래시와 사이드 클리어런스를 조정했다.
4. 윤활유 펌프의 비상용 장치를 개방 검사하고 동장치의 스프링을 예비품과 교환했다.
5. 기어 펌프를 개방 검사하고 종동(從動)기어의 치가 1개 절손되었음을 발견했다.

7.6 주순환수(主循環水) 펌프

1. 주순환수 펌프 임펠러축의 부시 1개를 신품과 교환하고 임펠러의 사이드 클리어런스를 조정했다.
2. 주순환수 펌프의 터빈과 임펠러 케이싱을 떼어내고 터빈 블레이드·임펠러·축 및 카본 패킹을 검사하여 그들 전부를 재조립한 후 그 펌프를 8kg/㎠의 보조증기로 시운전했다.
3. 주순환수 펌프의 임펠러가 심하게 부식되었으므로 신품과 교환했다.

7.7 빌지 펌프

1. 플런저 빌지 펌프의 패킹을 다시 넣었다.
2. 빌지 펌프의 버킷 라이너와 모든 버킷 링을 신품과 교환하고 조정했다.
3. 빌지 펌프의 흡입밸브와 토출밸브를 반듯하게 다듬었다.
4. 빌지 펌프의 버킷 패킹 링을 신품과 교환했다.

7.5 Gear pump

1. Cleaned suction & delivery strainers of lubricating oil pump.
2. Opened & faced up the escape valve of L. O. pump, & adjusted lifting pressure.
3. Overhauled the gears of fuel oil shifting pump & adjusted backlash & side clearance.
4. Overhauled the emergency gear of L. O. pump, & renewed ditto spring with a spare.
5. Overhauled the gear pump & found one of teeth in the gear of follower broken.

7.6 Main circulating pump

1. Renewed one bush for the impeller shaft of main circulating pump & adjusted side clearance of the impeller.
2. Took out turbine & impeller casings of main circulating pump & inspected turbine blade, impeller, shaft, & carbon packings & refitted them all & tried ditto pump with 8kg/㎠ auxiliary steam.
3. Renewed the impeller of main circulating pump, because of its heavy corrosion.

7.7 Bi1ge pump

1. Repacked plunger bilge pump.
2. Rebored the bucket liner of bilge pump. Renewed & adjusted all bucket rings.
3. Faced up suction & delivery valves of bilge pump.
4. Renewed the bucket packing rings for the bilge pump.

7.8 밸브 및 콕

1. 밸브와 콕을 개방 검사하고 반듯하게 다듬었다.
2. 급기밸브를 개방 검사하고 밸브가 파손되었음을 발견했다.
3. 밸브가 파손되었음을 발견하여 다른 것으로 일시 대용했다.
4. 보조 증기관계의 모든 스톱 밸브를 개방 검사하고 그 중 고장난 3개의 밸브를 신품과 교환했다.
5. 금이 간 밸브를 예비품과 교환했다.
6. 헐거운 밸브 시트를 발견했다.
7. 배기 밸브 시트가 느슨해진 것을 발견하여 신품과 교환하기 위하여 떼어냈다.
8. 다음 증기 밸브를 반듯하게 다듬었다.
   a) 1호 터보 발전기용 증기 스톱 밸브
   b) 1호 급수 펌프용 증기 스톱 밸브
   c) 주순환수 펌프용 배기 스톱 밸브
9. 다음 밸브와 콕을 개방 검사하고 반듯하게 다듬었다.

a) 안전 밸브	4개
b) 기동 밸브	6개
c) 지압기 밸브	6개
d) 윤활유 압력조정 밸브	1개
e) 기름 여과기 절환 콕	2개
f) 냉각수 가감 콕	3개
g) 냉각수관 통기(通氣) 콕	5개

10. 주기관 중간 증기 스톱 밸브의 스핀들 황동 너트 1개를 신품과 교환했다.
11. 연료유 가열용 증기 마스터 스톱 밸브를 반듯하게 다듬었다.

7.8 Valves & Cocks

1. Overhauled, faced up valve & cock. Overhauled valve & cock, faced up them.
2. Overhauled air charging valve & found the valve broken.
3. Temporarily replaced it with another one, as found the valve broken.
4. Overhauled all stop valves on auxiliary steam piping & renewed 3 defective valves of them.
5. Replaced the cracked valve with a spare one.
6. Found valve seat loose.
7. As found exhaust valve seat loose, took off its for renewing.
8. Faced up the following steam valves.
   a) Steam stop valve for No. 1 turbo generator.
   b) Steam stop valve for No. 1 feed pump.
   c) Exhaust steam stop valve for main circulating pump.
9. Overhauled following valves & cocks faced up.
   a) 4 safety valves.
   b) 6 starting valves.
   c) 6 indicator valves.
   d) 1 pressure regulating valve to L. O.
   e) 2 change cocks of oil strainer.
   f) 3 cocks to cooling water piping.
   g) 5 vent cocks to cooling water.
10. Renewed 1 brass nut on the spindle of the intermediate steam stop valve for main engine.
11. Faced up the master steam stop valve for fuel oil heating.

12. 양화기용(揚貨機用) 증기 마스터 스톱 밸브의 밸브 시트를 신품과 교환했다.
13. 연료유 연소 펌프의 증기 스톱 밸브를 예비품과 교환했다.
14. 잡용 증기 강압 밸브(7kg/㎠로부터 4kg/㎠까지)를 개방 검사하고 황동 디스크를 신품과 교환한 후 양호한 작동 상태로 조정했다.
15. 급수 펌프용 증기 스톱 밸브의 좸쇠를 신품과 교환했다.
16. 다음과 같은 해수 밸브와 콕을 개방하고 반듯하게 다듬었다.
    a) 주흡입 밸브 및 배출 밸브
    b) 냉각수 펌프용 흡입 밸브 빛 배출 밸브
    c) 밸러스트 펌프용 흡입 밸브 및 배출 밸브
    d) 위생 펌프용 흡입 밸브
    e) 냉동기 냉각수 펌프용 흡입 밸브 및 배출 밸브
    f) 빌지 펌프용 배출 밸브
    g) 보조 복수기용 냉각수 펌프의 배출 밸브
    h) 보일러용 방수 콕
17. 청수 냉각기용 해수 측 밸브를 개방하고 슬루스 밸브의 파손된 밸브 서포터를 철판으로 수리했다.
18. 청수 냉각기용 냉각수 입구 밸브를 개방하여 다듬고 패킹을 교체한 후 복구했다.
19. 청수 펌프 의 흡입 밸브를 반듯하게 다듬고 흡입관에 물을 부어넣어 밸브 시트의 누설시험을 했고 양호한 상태로 복구했다.
20. 윤활유 토출 밸브의 굽은 밸브 스핀들을 곧게 폈다.
21. 연료유 세틀링 탱크의 저부 드레인 콕을 열고 물만 흘려보냈다

12. Renewed the valve seat of the master steam stop valve for cargo winches.
13. Renewed the steam stop valve for fuel oil burning pump with a spare.
14. Overhauled the reducing valve (from 7kg/㎠ to 4kg/㎠) for general use, renewed the brass disc & adjusted in good working condition.
15. Renewed the valve fastener of the steam stop valve for feed water pump.
16. Opened & faced up the following sea connection valves & cock
    a) main injection & discharge valves.
    b) injection & discharge valves for cooling water pump.
    c) injection & discharge valves for ballast pump.
    d) injection valve for sanitary pump.
    e) injection & discharge valve for cooling pump of refrigerator.
    f) discharge valve for bilge pump.
    g) discharge valve of cooling water for auxiliary condenser.
    h) blow off cock for boiler.
17. Opened the by-pass valve of sea water for fresh water cooler, & repaired the broken valve supporter of sluice valve with iron plate.
18. Opened the cooling water inlet valve for fresh water cooler & faced up , repacked & replaced (it).
19. Opened & faced up the suction valve of fresh water pump & tested the valve seat for leakage by filling the suction pipe with water , & closed up in good order.
20. Straightened the bent valve spindle of (the) L. O. delivery valve.
21. Opened the bottom drain cock of F. O. settling tank & took out only water.

7.9 파 이 프(管)

1. 증기관(蒸氣管)의 보온재 (保溫材(6 m)) 를 수리했다.
2. 배기관에 석면과 범포(帆布)를 감고 페인트를 칠했다.
3. 연료 분사관의 2군데 누설하는 조인트를 개조했다.
4. 플랜지의 접촉면을 평탄하게 다듬었다.
5. 증기관 플랜지의 접촉면을 금속접촉이 되도록 평탄하게 다듬었다.
6. 막힌 빌지관을 플랜지로부터 떼어내고 그 내부를 정비했다.
7. 연료 유관계의 보온재의 파손된 부분을 수리했다.
8. 재킷 냉각수 탱크의 증기 가열관을 수리했다(탱크와 접합된 것).
9. 감압증기 분배함의 증기관 1개의 조인트를 교체했다.
10. 모든 주증기관을 확인하고 모든 팽창(秘!展) 조인트의 패킹을 교체했다.
11. 3개의 보조 증기관을 양륙하고 30kg/㎠의 수압시험을 했다. 관의 내경과 두께를 계측하고 원 위치에 양호한 상태로 복구했다.
12. 권양기(捲揚機) 증기관의 보온재를 새 범포와 바꾸고 여기에 페인트를 칠했다.
13. A 조선소는 갑판상의 양화기 증기관과 가열 증기관의 보온재를 수리했다.
14. 보조 증기관에 새 석면 보온재를 장비했다(15m).
15. 카고 히팅 코일(3호 탱크와 6호 중앙 탱크 사이로 둘러싸인 관)을 신품과 교환했다.
16. 갑판 증기관 1개를 수리하고 접합면을 반듯하게 다듬었다.
17. 갑판 증기 신축곡관(伸縮曲管)을 풀림 했다.

7.9 Pipes

1. Recovered the lagging on the steam pipe(6m).
2. Recovered exhaust steam pipe with asbestos & canvas, & painted the same.
3. Remade 2 leaky joints on fuel injection pipe.
4. Faced the joint of flange.
5. Faced the joint of steam pipe flanges to metal to meal.
6. Disconnected the flanges of choked bilge pipe & cleaned inside of them.
7. Repaired broken parts of lagging on F. O. piping.
8. Repaired the steam heating pipe in jacket cooling water tank (jointed to the tank).
9. Rejointed one steam pipe of (the) reduced steam distribution chest.
10. Connected all main steam pipes & repacked all expansion joints.
11. Landed 3 auxiliary steam pipes, & tested water pressure to 30kg/㎠ & measured inside diameter & thickness of the pipes & replaced (& refitted) them as original in good order.
12. Renewed the lagging of (the) capstan steam pipe with new canvas & painted the same.
13. A dockyard repaired the lagging of winch steam & heater steam pipes on deck.
14. Fitted new asbestos lagging to auxiliary steam pipes(15m).
15. Renewed cargo heating coils (pipes clipped between No. 3 tank & No. 6 center tanks).
16. Repaired 1 length of the deck steam pipe & faced up the joint face.
17. Annealed deck steam expansion bends.

18. 갑판을 코킹하기 위하여 선수측 양화기의 모든 증기관과 배기관을 떼어냈다.
19. 선미격벽으로부터 갑판 배기관계의 첫 번째 1개를 수리했다.
20. 기관실 연료 유관 계통의 벌크헤드 피스의 조인트 패킹을 신품과 교환했다.
21. 선측(船側)으로부터의 고위(高位) 해수 흡입관 계통의 첫번째 1개를 수리했다.
22. 증발기 배수관을 신품과 교환했다.
23. 주기관의 윤활유관을 충분히 정비하고 압축공기로 내부를 불어냈다.
24. 밸러스트 흡입관 1개를 수리하기 위하여 양륙 했다.
25. (복수기에 부착된) 보조 복수기의 냉각수 입구관을 수리했다.
26. 선미 급수 펌프의 토출관을 정비했다.
27. 선측으로부터의 냉각해수 펌프의 흡입관을 신품과 교환해야 하는지 검사했다.
28. 선미 위생 탱크의 보급수 계통에 있는 T자관을 신품과 교환했다.
29. 1호 냉동기용 냉각수 캠프의 냉각수관 1개가 부식 하였으므로 신품과 교환했다.
30. 빌지 펌프의 토출관(크기 6" x 길이 16")을 신품과 교환하고 조립한 후 새 부분에 아연도금을 했다.
31. 주기관용 윤활유관의 누설하는 조인트를 수리했다.
32. 윤활유 · 연료유 및 해수 흡입계통의 모든 여파기를 정비했다.
33. 해수 입구함의 스케일을 떨어내고 에펙셔를 2회 칠하고 다시 오염방지제를 1회 칠했다.

18. Disconnected all steam & exhausted pipes of forward winches for caulking deck.
19. Repaired first length of the deck exhaust pipe line from poop bulkhead.
20. Renewed the joint packing of bulkhead piece of the fuel oil pipe line in engine room.
21. Renewed the first length of (the) high sea injection pipe line from ship's side.
22. Renewed evaporator scupper pipe.
23. Cleaned the L. O. pipe of main engine throughly & blew through it with compressed air.
24. Took a ballast suction pipe ashore to repair.
25. Repaired (the) cooling water inlet pipe to auxiliary condenser (attached to condenser).
26. Repaired the discharge pipe of aft feed pump.
27. Examined the suction pipe of cooling sea water pump from ship's side as for renewal.
28. Renewed the tee(T)-piece on the filling line to aft sanitary tank.
29. Renewed 1 length of the cooling water pipe for No. 1 refrigerator cooling pump, because of its corrosion.
30. Renewed the discharge pipe of bilge pump (size 6", length 16"), & galvanized the new section after fabrication.
31. Repaired the leaky joint of the L. O. pipe for main engine.
32. Cleaned all strainers on L. O. , F. O. & sea water injection lines.
33. Scaled sea chests & applied 2 coats of Apexior plus 1 coat of Anti-fouling.

34. 시동공기 밸브 위에 있는 배기관의 누설부분을 땜질했다.
35. 관 장치의 수리
    a) 오수 흡입관 플랜지의 이완된 2군데를 납땜질했다.
    b) 주시동 공기관 플랜지의 누설되는 기부를 용접 수리했다.
    c) 냉각수 입구관이 부식 마모했으므로 부분적으로 신품과 교환했다.
    d) 기관실 바닥 아래에 있는 관 장치 표면을 와이어 브러시로 문지르고 정비하여 다시 페인트칠을 했다.
    e) 고압 연료유관을 750kg/㎠의 수압으로 시험했다.

7.10 원심분리기

1. 1호 윤활유 청정기(淸伊機)의 상부 케이싱을 떼어내고 회전체(回轉體) 커버를 개방하여 내부의 기름 찌꺼기를 정비 했다. 그 기름 찌꺼기의 중량은 연료유 15kg당 500gr이었다.
2. 1호 윤활유 청정기의 기어 케이싱 검사공 커버를 개방하여 나선(螺旋) 기어를 검사하고 수평 축의 나선 기어가 심하게 마모된 것을 발견했다.
3. 1호 윤활유 청정기의 나선 기어를 개방 검사하고 수평축의 나선 기어 1개를 신품과 교환했다.
4. 1호 연료유 청징기(淸澄機) 마찰 클러치의 마찰 라이닝 4개를 신품과 교환했다 .
5. 1호 윤활유 청정기의 분리판을 개방 검사하고 정비했다.
6. 1호 연료유 청정기의 회전체를 개방 검사하고 기름 찌꺼기를 닦아 냈다.

34. Brazed a leaky part of the exhaust pipe on (the) starting-air valve.
35. Attentions for piping (Repaired to piping)
    a) Rebrazed 2 loose flanges of bilge suction pipe.
    b) Repaired by welding for leaky the neck of starting air main piping flange.
    c) Partly renewed the cooling water inlet piping for corroded & worn.
    d) Cleaned, scrubbed with wire brushes, & repainted piping surfaces of under the engine room floor.
    e) Tested F. O. piping to high pressure with 750kg/㎠ water pressure.

7.10 Centrifugal separator

1. Removed the upper casing of No. 1 fuel oil purifier & opened the cover of the rotary drum & cleaned away oil deposit in it. The deposit weighed 500gr per 15 kl of fuel oil.
2. Opened the peep hole door of the gear casing on No. 1 L. O. purifier & inspected spiral gears & found the spiral gear of horizontal shaft very much abraded.
3. Overhauled the spiral gears of No. 1 L. O. purifier & renewed one spiral gear on the horizontal shaft.
4. Renewed 4 friction linings of the friction clutch on No.1 F. O. clarifier.
5. Overhauled & cleanded separation discs in No. 1 L. O. purifier.
6. Overhauled the rotary drum of NO. 1 F. O. purifier & wiped out oil deposit.

7. 1호 연료유 청정기의 조절판을 직경 116mm로 부터 113mm로 교환했다.
8. 회전체의 고무 패킹을 신품과 교환했다.
9. 1호 연료유 청정기의 수직축을 개방 검사하고 상부 볼 베어링을 신품과 교환했다.
10. 3호 자동 방사기의 회전통축 및 구동장치를 개방 검사하고 회전통축 하부의 불량한 볼 베어링 2개를 신품과 교환한 후 중심선과 평형을 조정했다.

(주) : ① 6번은 샤플레스(Sharples)현의 경우이며, 기타 1~9번은 드라발(De Laval)형의 경우임.

② 7번에서 조절판이 드라발형에서는 gravity disc이고, 샤플레스형에서는 discharge screw임.

7.11 전기 기계

7.11.1. 전열, 배전반, 스위치 박스 및 시동기

1. 1호 화물 윈치의 모터 권선의 절연저항을 500V 메가로 측정했다.
2. 1호 윈치의 모터가 침수 되었으므로 전기 건조법으로 건조시켰다.
3. 모터의 권선이 손상되었으므로 수리하기 위하여 도크에 양륙했다.
4. 유도 전동기의 고정자 권선이 단락하여 심한 소음과 함께 진동을 일으켰으므로 정지시켰다.
5. 직류 전동기가 시동하지 않았다. 저항 측정법으로 원인을 조사하니 전기자(電機子)권선이 단락했음을 발견했다.
6. 모든 배선을 메가로 시험했다.
7. 발전기, 전동기 및 전등선(電燈線)의 모든 전기회로를 메가로 시험했다.

7. Changed the gravity disc of NO. 1 F. O. purifier, from 116mm to 113mm in diameter.
8. Renewed the rubber packing of rotary drum.
9. Overhauled the vertical shaft of No. 1 F. O. purifier, & renewed the upper ball bearing.
10. Overhauled the rotor shaft & driving gear of NO.3 self-ejector, & renewed 2 sets of defective ball bearings on bottom side of the rotor shaft, & adjusted its center line & balancing.

7.11 Electrical machinery

7.11.1 Insulation, Switch–board, Switch–box, & Starter

1. Measured the insulation resistance of the motor's No. 1 cargo winch's winding with the 500V megger.
2. No. 1 winch's motor was flooded. Dried it by the electrical drying method.
3. The motor's winding was broken. Landed it to the dock to repair.
4. Stopped using the induction motor. It vibrated with heavy groan. Inquired into the cause & found it made a short circuit in its starter winding.
5. The D. C. motor did not start. Inquired into the cause by the measurement resistance method & found it made a short circuit in its armature winding.
6. Tested all wiring with megger.
7. Tested all electrical circuits of generators, motors, & lighting circuits with megger.

8. 다음과 같이 전류계(電流計)를 수리했다.
   a) 공기 압축기, 전동기, 전류계
   b) 터닝(回轉) 기어, 전동기, 전류계
   c) 조타기, 전동기, 전류계
9. 주배전반1호 자동 전압 조정기를 수리했다.
10. 주배전반 1호 주회로 차단기의 역전류 계전기를 수리했다.
11. 주배전반의 모든 퓨즈 접점 및 나이프 스위치의 접점을 정비했다.
12. 주배전반 뒷면의 모든 케이블 및 모선(母線)의 접점을 검사하고 필요한 부분을 죄었다.
13. 냉각수 펌프의 무전압(無電壓) 코일을 다시 감았다.
14. 해수 펌프의 시동기를 검사했다.
15. 주윤활유 펌프의 시동기를 개방 검사하고 불량한 접촉편(接敵片) 5개와 저항기 1개를 신품과 교환했다.
16. 접지(接地)와 단락(短絡)을 제거했다.
17. 항해등(做海燈)의 회로 중에서 접지를 제거했다.
18. 기관실 전선의 파손된 부분을 수리했다(신품과 교환했다).
19. 보조 발전기 전기자의 코일을 다시 감았다.
20. 구분 분전상(區分分電箱)의 퓨즈를 떼어내고 하역등으로의 송전을 중지했다.
21. 단자의 접속이 이완되었으므로 다시 죄었다.
22. 시동 저항기의 저항 조정 다이얼을 떼어내고 잘 닦아서 복구한 후 양호한 상태로 장치했다.
23. 하역등의 코드를 메가로 조사하고 불량한 부분을 수리했다.
24. 정박등(碇泊燈)의 회로를 마그네트 벨로 검사하고 접속 상의 단자를 죈 후 정박등을 신품과 교환했다.

~을 수령했다.	Received~
~을 ~에 적재했다.	Loaded(Took in)~ into~
~을 중지했다.	Stopped~
~을 완료했다.	Finished~

8.1 Fuel oil

1. Took in(Loaded) 210 K. L. of fuel(bunker) oil.
2. Received 200 liters(L.) of system oil.
3. Loaded(Took in) 93 L. T. of F. O. into W. B. T.
4. Received 537, 135 kiloliters of fuel oil from H.K Oil Co., Ltd. Started loading oil at 1300 & finished at 1710.
   Specifications were as under:
   name of fuel oil : marine fuel oil A-933
   specific gravity : ⓐ15℃/4℃ 0.9336
   viscosity : R. W. No. 1 @50℃ 196초
   flash point : 75℃
   power point : -5℃
   carbon residue : 6.8%
   water : nil
   sulpher : 2.0%
5. Received 70,736 kiloliters of diesel oil from H.K Oil Co., Ltd. Started charging oil at 1210 & finished at 1250.
   name of diesel oil : marine fuel oil

6. 화씨온도 108도인 캘리포니아 연료유를 총량 2986배럴 수령했다. 다만, 화씨온도 60도에서의 정미(순)량은 2928.75 배럴에 상당한다. 성상은 다음과 같다.

   보 메 도 : 17.6°

   비 중 : 0.949

   인 화 점 : 196°F

   침전물 및 수분 : 0.2

   점 착 도 : 퓨롤 식으로 계측한 바 122도에서 80초임.

7. 4호 오일 바지선이 오후 2시 30분 선측에 도착하고 오후 3시부터 급유를 시작하여 오후 6시 30분에 종료했다.
8. 2호, 3호 및 7호 양현 이중저 탱크에 연료유를 적재했다.
9. 15시에 H.K 정유회사로부터 적재한 marine fuel oil을 사용하기 시작했다.
10. 13시로부터 14시까지 2호 좌현 탱크에서 3호 우현 탱크로 연료유를 20킬로리터 옮겼다.
11. 3호와 4호 양현 이중저 탱크에 조연제(助燃劑)를 다음과 같이 넣었다 (1/2000의 비율로).

    3호 좌 및 우현 탱크 각 100리터

    4호 좌 및 우현 탱크 각 35리터

12. 3호 좌 및 우현 탱크의 연료유에 해수가 혼입되었음을 발견 했다. 그러므로 그 연료유를 침전 탱크에서 유화방지제로 처리했다.
13. 디젤유 20kl와 조악유(粗惡油) 60kl를 3호 좌현탱크 내에서 (2 : 3의 비율로) 혼합했다. 그리고 유청정기 내부에서 다량의 탄소 찌꺼기를 발견했으므로 조연제 80*l*를 혼합유에 투입했다.

6. Received total gross barrels 2986 of California fuel oil at the temperature 108°F which equal to total net barrels 2928.75 at 60°F, the nature is as under:

   Baume : 17.6°

   Sp. Gravity : 0.949

   Flash point : 196°F

   Bottom sediment & water : 0.2

   Viscosity : Furol @122°-80 sec.

7. No. 4 Oil Barge arrived along side at 2:35 p.m., & delivery started at 3:00 p.m. , & finished at 6:30 p.m.
8. Loaded fuel oil into Nos. 2 P & S, Nos. 3 P & S, & Nos. 7 P & S double bottom tanks.
9. Started using marine fuel oil loaded from H.K Oil Co., Ltd. at 1500.
10. Shifted 20 kiloliters of fuel oil from No. 2 P tank to No. 3 S tank, 1300~1400.
11. Put fuel additive into Nos. 3 & 4 W. B. T. on both sides as under (at the ratio of 1/2000).

    Nos. 3 P & S tanks 100 *l.* each

    Nos. 4 P & S tanks 35 *l.* each

12. Found fuel oil mixed with sea water in Nos. 3 P & S tanks, & then treated it with emulsion breaker in the settling tank.
13. Blended 20 kiloliters of diesel oil & 60 kiloliters of fuel oil in No. 3 P tank(at the ratio of 2 : 3), & found very much carbon deposit in the purifier, & then put 80 liters of fuel additive to the blended fuel oil.

14. 로스앤젤레스에서 적재한 50kl의 연료유(점도 R. W. No. 1ⓐ 50℃에서 340초)와 라스팔마스에서 적재한 80kl의 연료유(점도 R. W. No. 1ⓐ 50℃에서 190초)를 6호 좌 및 우현 탱크 속에서 혼합했다.
15. 홍콩에서 적재한 연료유 50l가 매우 질이 나빠서 사용할 수 없었으므로 텍사코 사의 오일 바지로 양륙했다.
16. 연료의 점도가 변했으므로 주기관 연료 분사온도를 75℃로부터 85℃로 변경시켰다.
17. N석유회사로부터 벙커 유 300kl 를 수령했다. 1100~1300.
18. M 석유회사로부터 C 중유 500kl 및 경유 20통을 수령했다.
    적재 개시시간　　0900
    적재 종료시간　　1130
19. 연료유를 6호 좌 및 우현의 센터 탱크와 7호 좌 및 우현의 윙 탱크에 적재했다.
20. 3등 기관사와 실습 기관사가 연료유의 계량에 임했다.

8.2 윤 활 유

1. 윤활유와 기타 유류를 H.K 석유회사로부터 아래와 같이 수령했다.
    a) 베어링유(명칭)　5,000 산적(散積)
    b) 실린더유(명칭)　8,000 산적
    c) 냉동기유(명칭)　54 통
    d) 석유　400 드럼
    e) 윈치유(명칭)　400 드럼
    f) 터빈유(명칭)　200 드럼

14. Blended 50 kiloliters of fuel oil loaded at Los Angeles (viscosity 340", R. W. No. 1 at 50℃) & 80 kiloliters of fuel oil loaded at Las Palmas (viscosity 190", R. W. No. 1 at 50℃) in Nos. 6 P & S tanks.
15. Discharged 50 kiloliters of fuel oil loaded at Hong Kong into the oil barge of TEXACO Co., Ltd. on account of their too bad quality to be used.
16. Changed fuel injection temperature of main engine from 75℃ to 85℃, on account of fuel viscosity having changed.
17. Received bunker fuel, 300kl from N Oil Co., Ltd. 1100~1300.
18. Took in 500kl of C heavy oil & 20 cans of light oil from M Oil Co., Ltd.

    The time delivery started 0900.

    The time delivery finished 1130.
19. Loaded fuel oil in to Nos. 6 P(c)& S(c) & Nos.7P(w) & S(w) tanks.
20. Tallied fuel oil by the third engineer & the apprentice engineer.

8.2 Lubricating oil

1. Received lubricating & other oils from H.K Oil Co., Ltd. as under:
    a) bearing oil (name) 5,000 liters in bulk
    b) cylinder oil (name) 8,000 liters in bulk
    c) refrigerator oil (name) 54 liters in cans
    d) kerosene 400 liters in drums
    e) winch oil (name) 400 liters in drums
    f) turbine oil (name) 200 liters in drums

2. 500*l*의 베어링유를 주 드레인 탱크에 보급했다.
3. 모든 윤활유를 주 드레인 탱크에서 세틀링 탱크로 이적하고 80℃로 가열한 후 가열을 중지하고 그대로 두었다.
4. 주 드레인 탱크의 밑바닥 기름을 퍼내고 그 내부를 정비했다.
5. 세틀링 탱크 내부의 윤활유를 저부 잔재유를 제외하고는 맑게 걸러서 주 드레인 탱크로 흘려 넣었다.
6. 세틀링 탱크 저부의 잔재유를 화학 세정법으로 처리하여 청정기로 걸러서 주 드레인 탱크로 흘려 넣었다.
7. 주기관 순환유의 일부분을 8시간(혹은 온 종일) 연속하여 청정했다.
8. 1호 발전기의 순환유가 C. J. C. 측로 여과기를 24시간 흘러갔다.
9. 수집된 2,000*l*의 폐유(주기관의 랜턴 및 다른 누설유 등)를 H.K 석유회사에 재생시키기 위하여 양륙했다.
10. H.K 석유회사로부터 재생유(再生油) 1,600*l*를 수령했다.

2. Supplied 500 liters of bearing oil into main drain tank.
3. Shifted all lubricating oil from main drain tank to (the) settling tank, & heated up to 80℃ & stopped heating, & left it as it was.
4. Bailed out the bottom oil of main drain tank & cleaned its inside.
5. Purified the lubricating oil in (the) settling tank except the residual bottom oil & poured it into main drain tank.
6. Treated the residual bottom oil in (the) settling tank by the chemical cleaning system, & purified & poured it into main drain tank.
7. Purified continuously a part of main engine's system oil for eight hours (or for the whole day).
8. Let the system oil of No. 1 dynamo engine run through the C. J. C. by-pass filter for 24 hours.
9. Discharged 2,000 liters of gathered oil (main engine lantern & other leaked oil, etc.) to reclaim it at H.K Oil Co., Ltd.
10. Received 1,600 liters of reclaimed oil from H.K Oil Co., Ltd.

※ 참고사항 : 연료 보유량의 확인

외국항에서 연료유를 보급 받을 경우 특히 청구한 중유(重油)의 양과 품질을 확인하여 수령할 필요가 있다. 중유의 품질에 대하여 확인하는데 반응(反應)・비중(比量) 및 점도(粘度) 등은 비교적 용이하나 기타는 어려워서 생략하고 있다. 청구량의 확인은 실제의 탱크를 계측하거나 유량계 (流量計)로 산출하게 된다.

중유를 보급 받을 때에는 먼저 보급되는 중유의 온도와 비중을 알아야 한다. 중유는 중량이 일정하더라도 용적(容積)이 온도에 따라 변화하기 때문이며, 비중은 그 자체가 기술적으로는 거의 변화가 없지만 이 비중에 의하여 용적으로 나타낸 기름의 양을 중량으로 또한 중량을 용적으로 용이하게 환산할 수 있기 때문이다.

보급지에 따라 사용단위가 상이하는 수가 많으므로 ① 단위환산 ② 온도와 용적과의 관계 ③ 중량과 용적과의 환산 등을 하여 정확한 적재량을 계산하고 청구량에 오차가 없음을 확인해야 한다.

[예제]

(1) 온도(섭씨 ℃와 화씨 °F)의 환산

온도 30℃는 °F로, 95°F는 ℃로 환산하라.

환산식 $℃=(°F-32)\times\frac{5}{9}$

$°F=(℃\times\frac{9}{5})+32$

를 이용하여 각각 대입하면,

30℃→°F

$°F=(30\times\frac{9}{5})+32=86(°F)$

95°F→℃

$$℃=(95-32)\times\frac{5}{9}=35(℃)$$

(2) 비중과 A. P. I. (American Petroleum Institute. 미국 석유협회)도와 의 관계

A. P. I. 32°인 기름의 비중은 얼마인가. 비중이 0.8156인 기름을 A. P. I. 도로는 몇 도인가

제 2 표(중량용적 환산승수표)로부터 A. P. I. 32°는 비중이 0.8654, 비중 0.8156은 A. P. I. 42°임 을 알 수 있다. A. P. I. 도와 비중과의 관계식은 다음 식을 이용하여 A.P.I. 도에 상당하는 비중 및 비중에 상당하는 A. P. I. 도를 구할 수 있다.

$$\text{A. P. I. 도}=\frac{141.5}{\text{비중}}-131.5$$

A. P. I. 32°→비 중

$$32=\frac{141.5}{\text{비중}}-131.5$$

$$163.5=\frac{141.5}{\text{비중}}$$

$$\text{비중}=\frac{141.5}{163.5}=0.8654$$

비중 0.8156→A. P. I. 도

$$\text{A. P. I. 도}=\frac{141.5}{0.8156}-131.5 ≒ 42$$

(3) A. P. I. 32°의 연료유 30 L. T. 을 보급 받았다. 용적으로 몇 리터가 되는가. 또한 배럴(bbl)로는 얼마나 되는가.
다만 보급 중인 기름 온도는 95°F.

30 L. T. 를 K. T. 으로 환산하면(제 1 표에 의하여)

30 x 1.016 = 30.48 K. T.

A. P. I. 32°안 기름 30.48K. T. (중량)를 리터(용적)로 구하면 제 3 표를 이용하여 A. P. I. 32°로 1 K. T. 당 K. L. 수를 구하는 승수(承數)는 1.1582이므로

30.48 x 1.1582 = 35.3116896 (K. L.)

이상은 표준상태(60°F)에서의 용적이며, 실제로는 60°F보다 높은 95°F일 때의 용적을 구해야 한다. 온도가 높을 수록 기름은 팽창하므로 용적은 표준상태보다 당연히 많아진다.

A. P. I. 32°의 기름 35.31K. L. 은 온도 95°F에서는 제 2 표로부터 95°F-A. P. I. 15.0°~34.9°에서 0.9861을 얻는다.

어느 온도의 용적으로 환산하는 경우, 이 계수는 제수(除數)로 되므로

35,3116896 K. L. ÷ 0.9861 = 35.80944…

즉 35.809K. L. 이다. 배럴로는 제 1 표에 의하여 1배럴=158.984 리터이므로

35809 ÷ 158.984 = 225.2365(배럴)

(4) 어느 항구에서 기항하여 연료유를 보급받았다. 선박측 청구량 50 K. T. 을 기름회사에서는 적재 종료시의 양이 49.6L.T 였다고 한다. 선박측에서 적재량을 확인하는 경우 기름 탱크에 몇 리터가 있으면 되는가. 다만, 이 기름의 A. P. I. 38°에서 보급시의 기름 온도는 80°F였다.

49.6L. T. = (1.016 x 49.6)K. T. = 50.39 K. T.

A. P. I. 38°의 기름 중량(K. T.)을 용적(*l*)으로 환산하는 승수는 제3 표로부터

50.39 x 1.20099 = 60.5178 K. L.

80°F일 때의 용적은 A. P. I. 38°이므로 제 2 표에 의하여 용적 환산제수 0.9901을 얻는다.

60.5178 ÷ 0.9901 ≒ 61.123K.L.

기름 탱크를 계측하여 61.123 K. L. 이 있으면 된다.

(5) A. P. I 42°의 기름 372배럴을 공급받았다. 다만, 보급유 온도는 21℃였다. 이 경우의 보급유 용적과 표준상태에서의 용적을 리터로 구하라. 또한 중량으로는 몇 K. T. 가 되는가.

제2표에 의하여 1배럴 = 158.984리터이므로

158.984 x 372 = 59.142 K. L. …21℃인 경우 21℃를 °F로 환산하면 70°F, 이 70°F의 용적을 60°F의 용적으로 환산하는 경우에는 제3표에 의하여 승수 0.9951을 얻는다.

59.142 x 0.9951 = 58.852 K. L. …15℃(60°F)인 경우 58.852

K. L.(용적)을 K. T.(중량)으로 환산하려면 제3표에 의하여 승수 0.813618을 얻는다.

58.852 x 0.813618 = 47.88 K. T.

[제 1표] 중량·용적 비교표

중 량		용 적	
L.T.(롱톤)	2240 Pound	U.S. Barrel	42.0 U.S. Gallons 34.9726 Imp Gallons 5.6146 Ft^3
L.T.	1016 K.T.		
K.T.	0.9842 L.T.		
Pound	0.45359 kg		158.984*l*
kg	2.2046 Pound	*l*	0.264178U.S. Gallons
g	0.03527 oz	m^3	1000 *l* 6.2898 U.S. Barrels
Pound	160 oz		
K.T.	1000 kg	U.S. Gallon	0.0238U.S Barrels

[제 2표] 온도별 중유의 용적 환산 승수표

온도 °F	60°F일 때의 용적에 환산한 경우의 승수 이 승수를 제수로써 사용하면 60°F 기준의 용적을 다른 온도에서의 용적으로 환산할 수 있다.		
	A.P.I. 0~14.9°	A.P.I 15.0~34.9°	A.P.I 35.0~50.9°
25	1.0123	1.0140	1.0174
30	1.0106	1.0120	1.0149
35	1.0088	1.0100	1.0124
40	1.0070	1.0080	1.0099
45	1.0052	1.0060	1.0074
50	1.0035	1.0040	1.0049
55	1.0017	1.0020	1.0025
60	1.0000	1.0000	1.0000
65	0.9982	0.9980	0.9975
70	0.9965	0.9960	0.9951
75	0.9948	0.9940	0.9925
80	0.9931	0.9921	0.9901
85	0.9914	0.9901	0.9876
90	0.9896	0.9881	0.9851
95	0.9879	0.9861	0.9826
100	0.9862	0.9841	0.9802
105	0.9844	0.9822	0.9776
110	0.9827	0.9803	0.9752
120	0.9792	0.9763	0.9702
130	0.9758	0.9724	0.9652
140	0.9724	0.9686	0.9603
150	0.9691	0.9647	0.9553

[제 3표] 중량·용적환산 승수표

Degrees A.P.I	60°F Spec. Gr	Pound per Gallon	Gallons per Pound	Gallons per L.T.	Gallons per K.L.
A.P.I	비 중	1갤론 당 파운드 수	1파운드 당 갤론 수	1롱톤 당 갤론 수	1킬로리터 당 갤론 수
10	.0000	8.328	.1201	269.024	264.776
11	.9930	8.270	.1209	270.816	266.539
12	.9861	8.212	.1218	272.832	268.523
13	.9792	8.155	.1226	274.624	270.287
14	.9725	8.099	.1235	276.640	272.271
15	.9659	8.044	.1243	278.432	274.035
16	.9892	7.989	.1252	280.443	276.019
17	.9529	7.935	.1260	282.240	277.782
18	.9465	7.882	.1269	284.256	279.767
19	.9402	7.830	.1277	286.048	281.531
20	.9340	7.778	.1286	288.064	283.515
21	.9279	7.727	.1294	289.856	285.279
22	.9218	7.676	.1303	291.872	287.263
23	.9159	7.627	.1311	293.664	289.026
24	.9100	7.578	.1320	295.680	291.011
25	.9042	7.529	.1328	297.472	292.774
26	.8984	7.481	.1387	299.588	294.759
27	.8927	7.434	.1345	301.280	296.522
28	.8871	7.387	.1354	303.296	298.506
29	.8816	7.341	.1362	305.088	300.270
30	.8762	7.296	.1371	307.104	302.254
31	.8708	7.251	.1379	308.896	304.018
32	.8651	7.206	.1388	310.912	306.002
33	.8602	7.163	.1396	312.704	307.765
34	.8550	7.119	.1405	314.720	309.750
35	.8499	7.076	.1413	316.512	311.513
36	.8448	7.034	.1422	318.528	313.497
37	.8398	6.993	.1430	320.320	315.261
38	.8348	6.951	.1439	322.336	317.245
39	.8299	6.910	.1448	324.928	319.009
40	.8251	6.870	.1456	326.144	320.993
41	.8203	6.830	.1464	327.936	322.757
42	.8156	6.790	.1473	329.952	324.741
43	.8109	6.752	.1481	331.744	326.506
44	.8063	6.713	.1490	333.760	328.489
45	.8017	6.075	.1498	335.552	330.253
46	.7972	6.637	.1507	337.568	332.237
47	.7927	6.600	.1515	339.360	334.000
48	.7883	6.563	.1524	341.376	335.995
49	.7839	6.526	.1532	343.168	337.748
50	.7796	6.490	.1541	345.184	339.732

L.T. per Gallon 1갤론 당 롱톤 수	Ballers per L.T. 1롱톤 당 배럴 수	K.T. per L.T. 1롱톤 당 킬로톤 수	K.L. per K.T. 1킬로톤당 킬로리터수	L.T. per K.L. 1킬로리터 당 롱톤 수	K.T. per K.L. 1킬로리터 당 킬로톤 수
.003717	6.4040	1.01837	1.00228	.981919	.997711
.003691	6.4490	1.02515	1.00896	.975051	.991111
.003666	6.4946	1.03278	1.01647	.968447	.983789
.003640	6.5399	1.03957	1.02315	.961578	.977368
.003615	6.5851	1.04720	1.03066	.954974	.970246
.003591	6.6302	1.05398	1.03734	.948634	.963990
.003567	6.6758	1.06160	1.04485	.942294	.956859
.003542	6.7212	1.06840	1.05152	.935690	.950997
.003518	6.7664	1.07603	1.05903	.929359	.944250
.003495	6.8114	1.08281	1.06571	.923277	.938333
.003472	6.8569	1.09044	1.07322	.917198	.931767
.003449	6.9022	1.09723	1.07880	.911122	.926003
.003426	6.9480	1.10486	1.08741	.905046	.919610
.003404	6.9927	1.11164	1.09408	.899234	.914000
.003383	7.0379	1.11927	1.12159	.893687	.907766
.003361	7.0837	1.12606	1.10827	.887875	.902300
.003339	7.1297	1.13407	1.11616	.882063	.896223
.003319	7.1742	1.14059	1.12263	.876774	.890745
.003298	7.2198	1.14791	1.13014	.871226	.885200
.003277	7.2651	1.15506	1.13682	.865679	.879653
.003257	7.3099	1.16222	1.14517	.860395	.874106
.003237	7.3553	1.16937	1.15101	.855112	.868822
.003217	7.4012	1.17668	1.15852	.849829	.863539
.003197	7.4456	1.18385	1.16520	.844545	.857992
.003178	7.4916	1.19115	1.17271	.839526	.852983
.003159	7.5372	1.19831	1.17939	.834508	.847954
.003140	7.5822	1.20546	1.18690	.829489	.842935
.003121	7.6266	1.21262	1.19356	.824469	.867651
.003103	7.673	1.21993	1.20099	.819714	.832896
.003085	7.710	1.22508	1.20777	.814959	.828142
.003067	7.763	1.23424	1.21527	.810203	.823387
.003049	7.809	1.24155	1.22196	.805448	.818368
.003031	7.855	1.24887	1.22947	.800693	.813618
.003014	7.899	1.25586	1.23615	.796202	.808858
.002997	7.945	1.26318	1.24366	.791711	.804631
.002980	7.990	1.27033	1.25034	.787221	.800076
.002963	8.036	1.27764	1.25804	.782730	.759386
.002946	8.081	1.28480	1.26452	.778239	.790631
.002930	8.126	1.29195	1.27204	.773192	.786404
.002913	8.172	1.29927	1.27871	.769520	.781914
.002897	8.218	1.30658	1.28623	.765295	.777587

제9장 증기(蒸氣) 터빈 관계 작업 예문

~을 시동하고 ~을 확인했다.

Started~& assured (ascertained)~

~을 시동하고 ~을 ~kg/㎠으로 유지했다.

Started~& kept~at~kg/㎠.

~을 시동하고 ~을 냉각시키기 시작했다.

Started~& commenced to cool~.

~을 시동하여 ~을 연속적으로(서서히) 회전시켰다.

Started~& rotated~continuously(slowly).

~을 계측하고 기록했다.

Measured & noted down~.

~을 시험했다. Tried~.

~의 진공을 ~mmHg로 유지했다.

Kept(Maintained) the vacuum of~in~mmHg.

~의 진공을 mmHg까지 올렸다.

Raised ~vacuum to mmHg.

~을 점검했다.

Checked(Inspected)~.

~을 닫고 ~을 풀었다.

Closed~& disengaged~.

~에 펌프로 기름을 보냈다.

Pumped out the oil through(over)~.

~하기 위하여 so as to~

~제거하라 get rid of~, remove~.

~과 비교하다 compare with~

~과 일치하다 agree with~

9.1 난기준비(暖機準備)

1. 윤활유 드레인 탱크 안의 윤활유 수준을 점검했다.
2. 윤활유 펌프를 시동하고 터빈 입구에서 정규의 유압(1.0kg/㎠)이 되는지 확인했다.
3. (보일러의 스톱 밸브를 열기 전에 고장 유무를 살피기 위하여) 전후진 핸들을 회전하여 조종 밸브의 작동을 조사했다.
4. 윤활유 펌프를 시동하고 L. O. 압력을 0.8kg/㎠으로 유지했다.
5. 조종 밸브가 확실히 닫히는지를 살피기 위하여 수동 조속장치(手動調速裝置)를 작동시켰다.
6. 터빈 및 관계되는 증기관에 부착된 모든 드레인 밸브를 개방했다.
7. 먼저 순환수 펌프를, 그리고 복수 펌프를 시동하고 이어 추기(抽氣) 이젝터를 작동시켰다.
8. 복수 펌프를 시동하고 추기 이젝터를 냉각시키기 시작했다.

9.2 난 기(暖機)

1. 회전 기어의 클러치를 맞물리게 하여 회전 모터를 시동하고 터빈축을 연속적으로 회전시켰다.
2. 회전 기어를 맞물리게 하고 로터(回轉子)를 10시부터 13시까지 서서히 회전시켰다. 이유는 모든 부분을 고루 난기시키기 위해서이다.
3. 터빈에 글랜드 증기가 공급되도록 메인 밸브를 열고 실 제어기를 작동상태로 했다.
4. 글랜드 증기의 밸브를 열어 글랜드에 패킹 증기를 보내고 추기 이젝터를 작동상태로 했다.
5. 터빈 및 전후진 증기관을 난기하기 시작했다.
6. 난기 중 변화하고 있는 간극을 주의깊게 계측하고 기록했다.

9.1 Preparation for warming up

1. Checked the level of lubricating oil in the lubricating oil drain tank.
2. Started lubricating oil pump & assured the normal oil pressure (1.0kg/㎠) at turbine inlet.
3. Checked the action of maneuvering valve by turning the ahead & astern hand wheels (to see if there are any trouble before opening the boiler stop valve).
4. Started the L. O. pump & kept L. O. pressure at about O. 8kg/㎠.
5. Operated manual trip about speed governing system by hand, to see if the maneuvering valve can be surely closed.
6. Opened all the drain valve attached to the turbine & steam lines concerned.
7. Started the circulating water pump first, then the condensate pump & then operated the air ejector.
8. Started the condensate pump & commenced to cool the air ejector.

9.2 Warming up

1. Engaged the clutch of the turning gear & started the turning motor & rotated the turbine shafts continuously.
2. Engaged turning gear & moved the rotor round slowly for 1000~1300(from 1000 to 1300), because uniform heating of all parts should be aimed at.
3. Set the gland seal regulator in operation by opening the main valve so as to supply gland steam to the turbine.
4. Opened gland steam valves & gave packing steam to the gland & started air ejectors.
5. Commenced to warm up the turbine & the steam pipe line ahead & astern.
6. Measured & noted down the changing clearances carefully during warming up.

7. 복수를 제거하기 위하여 드레인 밸브를 열었다. 만일 남아있게 되면 시동할 때 날개가 손상될 수도 있다.
8. 난기중 주복수기의 진공을 약 200mmHg로 유지했다.
9. 기관장 명령부에 따라 다음과 같이 주 터빈을 난기했다.

(난기 밸브 개도)	(증기압력)	(진 공)	(시간)
1/16	1kg/㎠	150mmHg	0시
1/16	2kg/㎠	150mmHg	0시-25분
1/8	2kg/㎠	200mmHg	0시-50분
1/4	3kg/㎠	200mmHg	1시-15분
1/2	4kg/㎠	200mmHg	1시-40분
4/4	5kg/㎠	200mmHg	2시-05분
4/4	5kg/㎠	200mmHg	2시-30분
4/4	5kg/㎠	200mmHg	3시

10. 난기 밸브를 닫고 회전기어를 풀었다.
11. 정기적으로 고압 터빈 차실(車室)의 팽창을 점검했다.

9.3 시 운 전(試運轉)

1. 모든 노즐 밸브를 닫았다.
2. 후진 드레인 밸브로부터 복수를 일소한 후 후진 가드 밸브를 열었다.
3. 복수기 진공을 720 mmHg까지 서서히 올렸다.
4. 복수 펌프의 속도를 증가시키고 추기 이젝터를 강하게 하고 진공을 높였다.
5. 강압 윤활유 펌프를 규정 회전수까지 올리고 유냉각기에 냉각수를 보냈다.
6. 비상장치(의 작동)를 시험했다.
7. 증기를 보내고 터빈을 수회전 전후진 시키면서 시험했다.
8. 터빈에 증기를 보내고 터빈을 서서히, 전후진 교대로 회전시켰다.

7. Opened drain valves to get rid of condensed water, which if allowed to remain, might result in blade stripping when starting up.
8. Kept the vacuum of the main condenser in about 200 mmHg while warming up.
9. Warmed up the main turbine, as follows according to the chief engineer's order book.

Opening of valve.	Steam pressure,	Vacuum,	Time
1/16	1kg/㎠	150mmHg	0000
1/16	2kg/㎠	150mmHg	0025
1/8	2kg/㎠	200mmHg	0050
1/4	3kg/㎠	200mmHg	0115
1/2	4kg/㎠	200mmHg	0140
4/4	5kg/㎠	200mmHg	0205
4/4	5kg/㎠	200mmHg	0230
4/4	5kg/㎠	200mmHg	0300

10. Closed warming valves & disengaged the turning gear.
11. Checked the expansion of the H. P. turbine casing periodically.

9.3 Trial

1. Closed all nozzle valves.
2. Opened astern guard valve after fully purged condensed steam through astern drain valve.
3. Raised the condenser vacuum slowly to 720mmHg.
4. Speeded up the circulating pump & intensified air ejectors & increased the vacuum.
5. Speeded up the forced L. O. pump till the normal rpm & sent cooling water to oil cooler.
6. Tried the emergency apparatus.
7. Tested the turbine by giving steam to ahead & astern for a few revolutions.
8. Supplied steam to the turbine & rotated the turbine slowly in ahead & astern alternately.

9. 터빈이 시동되지 않았으므로 관계 각 부분을 주의 깊게 조사하여 원인을 발견했다.
10. 출항준비 완료 후 약 10분간에 걸쳐 1~2분씩 번갈아 전후진 터빈을 돌렸다.
11. 시운전후 대기시 작동부분이 냉각하여 수축하지 않도록 때때로 증기로 보내어 로터를 전후진으로 수회 계속 회전 시켰다.
12. 복수기의 진공을 양호한 상태로 유지하기 위하여 글랜드 증기의 공급이 중단되지 않도록 주의했다.

9.4 시 동(始動)

1. 증기실 압력을 점차로 올리고 (터빈의) 속력을 서서히 상승시켰다.
2. 글랜드 패킹의 증기 누설을 막기 위하여 글랜드 증기의 상태를 조사했다.
3. 주 윤활유관의 유압과 모든 베어링의 온도를 매시간마다 조사했다.
4. 시험관 속에 윤활유를 넣고 기름 속에 물이나 이물(異物)이 혼입되지 않았는지 당직 때마다 조사했다.
5. 터빈 운전 중 가끔씩 팽창계로 고압 터빈 차실의 팽창을 조사했다.
6. 복수기 진공이 720mmHg보다 극도로 낮아졌기 때문에 이젝터의 작동을 증가시켰다.
7. 복수기 속의 증기온도보다 복수온도가 훨씬 낮아졌으므로 복수기로의 냉각수량을 감소시켰다.
8. 터빈의 진동이 보였으므로 즉시(어떠한 상황 아래에서도) 터빈을 정지시키고 원인을 규명했다.
9. 요구된 속력에 도달했으므로 터빈의 드레인 콕을 닫았다.
10. 노즐의 개수를 13개에서 16개로(16개에서 13개로) 증가시켰다(감소시켰다).

9. Inspected carefully the parts concerned & found out the cause. Because the turbine did not start.
10. Turned the ahead & astern turbines alternately for every one or two minutes for about ten minutes after all ready for starting.
11. Gave a few revolutions ahead & astern to rotors under steam at intervals, when standing by after the trial, to prevent cooling down & contraction of the working parts.
12. Watched not to stop the supply of gland steam to keep the vacuum in condenser under good condition.

9.4 Starting

1. Raised the steam chest pressure slowly & accelerated the speed of turbine gradually.
2. Checked the gland steam condition in order to prevent unaccountable steam leakage of gland packing.
3. Checked the oil pressure in the main L. O. pipe & all bearing temperatures at every one hour.
4. At every watch, took the L. O. in the test tube & checked if any water or foreign substance was included in the oil.
5. Checked the expansion of H. P. casing by means of expansion gauge at times during the operation of turbine.
6. Increased in power of the air ejector. Because the vacuum in the main condenser was extremely lower than 720mmHg.
7. Reduced the cooling water for the condenser in quantity. Because the temperature of the condensate water was far lower than that of steam in the condenser.
8. Shut down the turbine instantly(under any circumstance), & detected the cause. Because the vibration of the turbine was observed.
9. Closed drain cocks of the turbine when running up to speed required.
10. Increased (Decreased) numbers of nozzles 13→16(16→13).

9.5 정 지(停土)

1. 조종 밸브를 완전히 닫고 드레인을 철저히 유출시키기 위하여 드레인 밸브를 전개(全開)했다.
2. 터빈을 정지한 후 터빈 내부를 건조시키기 위하여 연속적으로 약 30 분간 글랜드 증기를 공급했다.
3. 증기공급을 중단함으로써 글랜드 증기 제어기를 정지했다. 그리고 순환수 펌프 이젝터를 정지했다.

9.6 주 이젝터의 작동

1. 제 2 단 증기 노즐 밸브만 열고 탈수기(脫水器) 내부의 진공을 100~150mmHg로 유지했다(한편 제 1 단 증기 노즐 밸브는 완전히 닫아 두었다)
2. 제 2 단 증기 노즐 밸브를 먼저 열고난 후 제 1 단을 열었다.
3. 먼저 제 1 단 증기 노즐밸브를 닫고 이어서 제 2 단의 밸브를 닫았다.
4. 1기(基)로부터 2기의 병렬운전으로 변경했다.

9.7 증기 터빈의 보수

1. 커버를 열기 전에 온도계를 떼어내고 개방할 때에 기어 톱니의 표면・축・베어링 및 날개를 손상하지 않도록 주의했다.
2. 볼트를 풀어낼 때 조립시의 참고로서 쌍으로 된 볼트와 구멍에 표시했다.
3. 조립하기 전에 각 부분의 내부를 공기분사로 정비하고 내부에 도구나 이물이 남아있지 않은지를 확인했다.
4. 로터를 주의 깊게 검사하여 정비하고 베어링의 배빗 메탈(白色合金)의 표면을 기름으로 잘 닦아서 이들을 장치했다.

9.5 Stopping

1. Closed maneuvering valves completely & opened the drain valves fully to drain thoroughly.
2. Supplied gland steam continuously for about 30 minutes in order to dry the interior of the turbine after stopping the turbine.
3. Shut down the gland steam regulator by closing the steam supply & then stopped the circulating pump & the ejectors.

9.6 Operation of main ejector

1. Maintained vacuum of 100 to 500 mmHg in the condenser by opening steam nozzle valves on the 2nd stage only(While kept the 1st stage steam valves completely close).
2. Operated the 2nd stage steam nozzle valves first & then the 1st stage.
3. Closed the 1st stage steam nozzle valve first & then the 2nd stage.
4. Changed to parallel operation of twin element from single element.

9.7 Maintenance of the steam turbine

1. Removed thermometers before lifting covers, & took care in overhauling to avoid bruising the surfaces of the gear teeth, journals, bearings & blades.
2. Marked the bolts & holes in which they paired with, for guidance in assembling, when took out the bolts.
3. Cleaned the interior of the parts by air blast & made sure that no tool or no foreign matter stayed inside, before assembling them.
4. Inspected carefully & cleaned the rotors & oiled well the babbit surfaces of the bearings & installed them.

5. 먼저 수평 조인트의 재킷을 분리하고 볼트나 터빈 파이프의 접속을 떼어내 차실을 개방 검사했다.
6. 토치 램프를 사용하여 볼트를 가열하고 나서 스패너와 망치로 너트를 풀었다.
7. 차실에 상반부를 들어 올릴 때 흔들림을 막기 위하여 차실 하반부 위에 안내주(案內柱)를 세우고 체인 블록으로 상반부를 서서히 균등하게 들어 올렸다.
8. 수평 조인트의 표면에 기밀용(氣密用) 페인트를 골고루 칠했다.
9. 차실의 내측으로부터 폭 10mm만큼(칠하지 않을 곳을) 남겨서 표면에 기밀제(氣密劑)를 칠했다.
10. 접촉면에 소량의 그래파이트를 칠했다.
11. 너트를 죄고 각 볼트의 길이를 계측하여 앞서 계측기록과 비교했다.
12. 신축 커플링을 풀어서 베어링 받침대에 로터의 가이드를 고정하고 그 눈금을 주시하면서 로터를 서서히 들어올렸다.
13. 로터 축 지지대에 안내주를 장치하여 로트를 그 위에 지탱했다.
14. 비치된 래핑 도구를 노즐 제어 밸브와 밸브 시트를 함께 래핑하여 밸브 시트를 수리했다.
15. 축 글랜드 패킹에 있는 판(板) 스프링이 매우 심하게 녹슬었으므로 신품과 교환했다.
16. 추력 (推力, 스러스트) 베어링의 축방향 유극(遊隙)을 다음과 같이 조정했다.
17. 터빈 운전 중 유압 안전장치 파일로트의 실린더 문(공)이 4mm까지 열려 있도록 그 레버 장치를 조정했다.
18. 차실 상반부를 떼어내고 회전체(로터)와 고정날개 또는 노즐판과의 실제 유극을 검사했다.
19. 먼지가 들어가지 않도록 캔버스로 로터 축을 덮었다.
20. 노즐 판이 이물에 의하여 손상되지 않았는지를 조사했다.

5. Detached the jacket on the horizontal joint first & removed the bolts & all connections of pipes of the turbine & then overhauled the turbine casing.
6. Heated the bolts by using the heating torch & then relaxed the nuts with a spanner & one hand hammer.
7. Set up guide columns on the lower casing to prevent the upper casing from swinging when lifting it & then lifted slowly the upper casing with a chain block evenly.
8. Spreaded evenly airtight paint on the horizontal joint surface.
9. Applied a sealing compound on the surface, leaving unapplied for about 10mm in width from inside of the casing.
10. Applied small quantity of graphite on the contact surface.
11. Tightened nuts & measured length of each bolt & compared with the record of original measurement.
12. Disengaged the flexible coupling & fixed the rotor guide columns to bearing brackets, & then lifted the rotor slowly, while watching the graduation on the guide columns.
13. Set up the rotor shaft supporters to the guide columns & supported the rotor upon them.
14. Repaired thc nozzle control valve seat by lapping the valve & seat together, with the lapping device furnished.
15. Renewed the plate springs in shaft gland packings as extremely rusty.
16. Adjusted the axial play of the thrust bearing as follows : Replaced shims by the spares in order to reduce the axial play to between 0.25mm & 0.35mm.
17. Adjusted the lever device of oil trip pilot, so as to keep the ports of the cylinder of oil trip pilot open to 4mm in operation of turbine.
18. Removed the upper half of casing & checked the actual clearance between the rotor & the stationary blade or nozzle diaphragm.
19. Covered the rotor shaft with canvas in order to prevent dust coming in.
20. Checked the nozzle plates if they were damaged by foreign matters.

21. 날개 표면의 침식과 부식을 조사했다.
22. 신축 커플링과 베어링과의 윤활상태를 조사했다.
23. 모든 종류의 밸브와 콕을 조사했다.
24. 증기 여과망을 검사하고 정비했다.
25. 차실의 상반부를 들어 올리고 날개를 검사 · 정비했다.
26. 차실을 복구하기 전에 끌이나 망치 등과 같은 것이 남아 있지 않은지 주의 깊게 검사했다.
27. 로터를 서서히 돌리고 날개 위의 바인딩 와이어가 느슨하지 않은지를 조사했다.
28. 날개의 선단유극(先端遊隙)이나 날개의 측극(側隙)을 계측하고 검사했다.
29. 래비린드 패킹 링이 녹슬었는지 검사했다.

9.8 감속장치의 보수

1. 슬리브와 각 플랜지를 연결하는 조립 볼트를 떼어내고 신축 커플링을 분해했다.
2. 제 1 피니언 베어링의 쪼개진 부분이 치실의 수평 조인트와 일치되도록 베어링을 돌린 후 베어링 메탈의 상반부를 떼어냈다.
3. 베어링 온도가 갑자기 올라간 원인을 조사하고 온도상승이 그칠 때까지 터빈의 속도를 낮추었다.
4. 기어의 소음이 정상보다 커졌으므로 치형(齒型)게이지로 주의 깊게 치형을 검사했다.
5. 이물의 퇴적으로 분유기(噴油器)의 노즐이 막혔는지 검사공을 통하여 검사했다.
6. 베어링이나 기어의 톱니가 녹슬지 않도록 매일 펌프로 기름을 보냈다.

21. Inspected the erosion & corrosion of the blade surfaces.
22. Inspected the oiling condition of the flexible coupling & bearings.
23. Inspected all sort of valves & cocks.
24. Examined & cleaned the steam strainers.
25. Lifted the top half casing & examined & cleaned the blades.
26. Made careful examination for any articles left behind, such as chisels, hammers, etc. before replacing casing.
27. Turned the rotor round slowly & examined closely for loose binding wires on the blading.
28. Measured & checked the blade tip clearances & the blade side clearance.
29. Inspected labyrinth packing rings if rusted.

9.8 Maintenance of reduction gear

1. Disconnected the fitted bolts engaging the sleeves with each flange, & then disassembled the flexible coupling.
2. Removed the upper half of 1st pinion bearing metal after rolling the bearing until its split parts agreed with the horizontal joint of casing.
3. Investigated the cause which bearing temperature rose suddenly, & slowed the turbine down till temperature rise stopped.
4. Checked the teeth profile carefully by means of profile guage. Because the gear noise increased beyond the normal.
5. Inspected the nozzles of the oil sprayers through peep holes to see if they are blocked by deposition of foreign matters.
6. Pumped out the oil through the bearings & over the gear teeth every day to prevent rusting.

7. 모든 기어 톱니에 기름을 보내고 로터를 새 정지위치로 두기 위하여 기름을 순환시켜서 축을 회전기어로 11/14 회전시켰다.

9.9 주복수기(主復水器)의 보수

1. 복수기 커버 위의 맨홀을 떼어내고 냉각관의 오손 · 이물의 퇴석 및 부식 진행도를 조사했다.
2. 복수기에 소다 용액을 주입하고 그 용액을 증기로 끓여서 복수기 내부를 정비했다.
3. 누설되고 있는 관의 양단에 목재 플러그를 끼우고 관을 막았다.

7. Circulated the oil & turned the shaft by turning gear through one & one quarter revolution in order to oil all of the gear teeth & to leave the rotor in a new stationary position.

9.9 Maintenance of main condenser

1. Inspected the contamination, accumulation of foreign substance & corrosion proceeding degree for the cooling tubes by uncovering the man-hole on the cover of the condenser.
2. Poured the soda solution into the condenser & then boiled the solution by means of steam & cleaned the interior of the condenser.
3. Inserted wooden plugs in the leaky tube at the both ends & chocked the tube.

제10장 선박 기기(機器)의 운전 등에 관한 예문

~에 (로부터)~을 시작했다.	Started ~ at(from)~.
온도를 ~℃로 유지했다.	Kept the temperature at ~ ℃.
기관의 ~을 점검했다.	Examined (Inspected) ~ of engine.
~을 ~과 같이 조정했다.	Adjusted ~ as ~
~에 주유했다.	Oiled (Lubricated)~.
~으로 ~을 채웠다.	Filled up (Primed) with ~ into~.
~을 떼어냈다.	Removed(Took off) ~.

~을 복구했다.

Replaced (Repacked, Refitted, Closed up)~.

~이 준비되었음을 ~에게 보고했다.

Reported ready for ~to~.

~을 ~시에 시운전했다.	Tried ~at~.
~을 ~하기 전에 검사했다.	Examined(Inspected) ~ before ~.

엔진 모션 (Engine motion)

전진전속 : full ahead	F /H
전진반속 : half ahead	H /H
전진서속 : slow ahead	S/H
전진미속 : dead slow ahead	D/H
후진전속 : full astern	F/S
후진반속 : half astern	H/S
후진서속 : slow astern	S/S
후진미속 : dead slow astern	D/S

전속전진 Ring(Rung) up engine.

기관 사용 종료

Ring(Rung) off, Finished with engine.

기관을 여러가지로 사용했다.

Used engine variously, Used engine in many ways.

~을 ~으로 돌렸다. Turned ~ with~.

부산 출항 스탠바이

Leaving, Busan, stand by (S/B)

Left at Busan, S/B.

Departed from, Busan S/B.

부산 입항 스탠바이

Arriving, Busan, S/B.

Arrived at Busan, S/B.

Arrival at Busan, S/B.

~시에 스탠드바이 했다. Put engine, S/B at ~.

~으로(하기 위하여) 스탠바이 S/B for~.

~에 투표했다. Anchored at~.

~으로(때문에) 출항이 연기되었다.

Postponed be departure, owing to~.

~을 ~으로 변경했다. Exchanged ~for~.

어장 도착 스탠바이!

Arrived (Arrival Arriving) at fishing banks, S/B.

묘박지 변경 스탠바이 Shifting berth, S/B.

도킹 (入渠) 스탠바이 Entering the dock, S/B.

10.1 출항준비(出港準備) 및 시운전(試運轉)

1. 13시부터 항해당직을 시작했다.
2. 12시부터 주기관을 난기(暖機)하기 시작했다.
3. 오후 3시 15분에 주기관의 난기를 중지했다.
4. 주기관을 2시간 난기 했다.
5. 난기용 증기 밸브를 닫았다.
6. 난기 중 냉각수 온도를 70℃로 유지했다.
7. 주 드레인 탱크의 난유(暖油)를 오전 6시에 시작했다.
8. 주기관 순환유를 25℃까지 난유하고 오전 8시에 가열을 중지했다.
9. 오전 6시에 주기관 냉각청수를 가열하기 시작하고 1호 냉각청수 펌프를 시동했다.
10. 주기관 냉각수를 40℃까지 가열하고 오전 8시 30분에 가열을 중지했다.
11. 주기관의 회전장치를 맞물리고 오전 6시 30분에 터닝을 시작했다.
12. 공기실에 압축공기를 보급했다.
13. 주기관의 모든 연료 분사관 계통을 프라이밍했다.
14. 오전 8시 30분에 주기관의 터닝장치를 이탈시켰다.
15. 오전 8시에 1호 발전기를 시동하고 1호와 2호 발전기를 병렬운전했다.
16. 오전 8시에 1호와 2호 공기 압축기를 시동하고 1호와 2호 공기탱크로 보급했다.
17. 1호와 2호 공기 압축기의 작동을 자동으로 전환했다.
18. 공기 및 연료운전으로 주기관을 시운전했다. 오전 9시에 항해준비를 완료했다.
19. 브리지(船橋)와 기관실 간의 텔레그래프를 시운전하고 양호한 상태임을 확인했다.

10.1 Sailing preparation & Try engines

1. Commenced navigation watch at 1300(13 00).
2. Started warming up main engine at 1200.
3. Stopped warming up main engine at 1515.
4. Warmed up main engine for two hours.
5. Shut off the warming steam valves.
6. Kept the cooling water temperature at 70℃ during warming up.
7. Started heating up main drain tank at 0600.
8. Heated main engine system oil up to 25℃ & stopped heating at 0800.
9. Started heating up cooling fresh water for main engine & started No. 1 cooling fresh water pump at 0600.
10. Heated main engine cooling water up to 40℃ & stopped heating at 0830.
11. Set turning gears for main engine & started turning at 0630.
12. Charged compressed air into all air vessels.
13. Primed up all fuel injection lines of main engine.
14. Kept main engine turning gears off at 0830.
15. Started No.1 dynamo engine at 0800 & set Nos. 1 & 2 generators in parallel running.
16. Started Nos.1 & 2 air compressor at 0800 & charged compressed air into Nos. 1 & 2 air tank.
17. Changed working of Nos. 1 & 2 air compressors to automatic action.
18. Tried main engine by air & fuel running. All ready for sea at 0900.
19. Tried bridge to engine room telegraphs & ascertained that they were in good condition.

20. 비상용 텔레그래프를 시험하고 양호한 상태임을 확인했다.
21. 오전 10시에 보조 보일러의 열원(熱源)을 버너로부터 주기관 배기 가스로 바꾸었다.
22. 오전 9시 30분에 주기관 배기 가스를 이코노마이저(節炭器)로 통하기 시작하고 오전 10시에 보조 보일러의 버너를 소화했다.
23. 냉각수관, 윤활유관 및 연료유관의 모든 콕과 밸브를 작동위치로 두었다.
24. 전동 윤활유 펌프를 시동하고 베어링으로의 유압을 1.5~2.0kg/㎠로 유지했다.
25. 로터와 캠과의 간극을 조정표와 같이 조정했다.
26. 회전장치로 주기관을 수회 회전시켜서 각 부에 장해가 없음을 확인했다.
27. 정오에 모든 출항준비를 마쳤다.
28. 1등 기관사에게 주기관의 시동준비가 완료되었음을 보고했다.
29. 연료로 시운전하기 전에 시동공기만으로 수회전 기관을 운전했다.
30. 주기관 및 보조기관을 시운전하여 양호한 상태임을 알았으므로 항해준비 완료를 기관장에게 보고했다.

10.2 항해 및 입항

1. 기관을 시동한 후 즉시 시동 공기실을 채웠다.
2. 윤활유 압력계가 실제 상태에 일치하지 않는 압력을 가리켰으므로 기관을 가급적 신속히 정지하고 원인을 조사했다.
3. 냉각수 출구온도가 대략 같은 온도로 되기까지 온도가 낮은 냉각수를 조여서 온도를 조절했다(실린더로부터 되돌아 오는 냉각수는 대략 같은 온도이어야 한다).

20. Tested emergency telegraph & found it in good condition.
21. Changed the heat source of donkey boiler from burner to main engine exhaust gas at 1000.
22. Commenced to let main engine exhaust gas pass through the economizer at 0930 & turned off the burner of donkey boiler at 1000.
23. Put all cocks & valves in the cooling water, lubricating oil & fuel oil lines into working position.
24. Started electrically driven L. O. pump, & kept oil pressure for lubrication of bearings at 1.5~2.0kg/㎠.
25. Adjusted clearance between roller & cams as adjusting table.
26. Turned main engine a few revolution & ascertained that everything was free.
27. All ready for sea going at noon.
28. Reported ready for main engine before starting to the first engineer (l/E).
29. Ran the engine several revolution with starting air alone before trial on F. O.
30. Tried main & auxiliary engine & as found all good, reported all ready for sea going to the chief engineer(C/E).

10.2 At sea & Arrival in port

1. Refilled the starting air vessels immediately after starting the engine.
2. Stopped the engine as quickly as possible & inquired into causes. Because the L. O. pressure gauges indicated pressures not corresponding to the actual service conditions.
3. Regulated outlet temperatures of the cooling water by throttling the colder water discharges until they had nearly the same temperature. (The cooling waters return from all cylinders should have approximately the same temperature.)

4. 피스톤으로부터의 냉각유 출구온도가 높아졌으므로 온도가 서서히 내려가도록 대비했다.
5. 즉시 각각의 실린더를 차단했다.
6. 윤활유 수준이 50%까지 내려갔으므로 실린더 주유기를 채웠다.
7. 파손된 여파기를 즉시 교체했다.
8. 필터 출입구의 압력차가 컸으므로 필터를 정비했다.
9. 유냉각기를 유통하는 물의 비율을 가감하여 냉각 온도를 조정했다.
10. 각 실린더의 최고압력과 동시에 적당한 분사점(噴射點)을 측정하기 위하여 도표를 뽑아 적요했다.
11. 지압기(指壓器) 장치로 지압도(指壓圖)를 적요하고 실린더에서 발생된 출력을 측정했다.
12. 지압도를 적요하여 모든 실린더의 지시마력(指示馬力)을 계산하고 각 실린더의 출력이 같아지도록 1호 실린더의 연료펌프를 조절했다.
13. 황천(荒天)으로 인하여 핸들 위치를 50으로부터 48로 변경하고 회전수를 감소시켰다.
14. 연료관이 파손된 것을 발견했다.
15. 배기 밸브로부터 나오는 냉각수 온도를 55℃로 유지했다.
16. 실린더 커버 위에 새어나온 기름을 닦았다.
17. 1호 압축기로 공기탱크를 충전했다.
18. 주기관의 회전수를 서서히 증가시키고 오전 10시에 핸들 위치를 52에 두었다.
19. 오전 11시 주기관용 보조 송풍기를 정지시키고 연락(連絡) 댐퍼를 닫았다.
20. 정오에 1호와 2호 하측 소기 펌프를 차단했다.

4. Provided for gradual cooling down the oil. Because outlet oil temperatures from pistons became too hot.
5. Cut out the respective cylinder instantly.
6. Refilled the cylinder lubricators with oil when the oil level had fallen by 50%.
7. Replaced damaged strainers instantly.
8. Cleaned filter. Because there was a greater difference in oil pressures at inlet & outlet side of filter.
9. Adjusted the cooling oil temperature by regulating the rate of water flowing through the oil cooler.
10. Took hand pulled-diagrams to measure the maximum ignition pressure & simultaneously the proper injection point in all cylinders.
11. Took indicator diagrams by means of the indicator device & measured the output developed in cylinders.
12. Took indicator card & calculated the I. H. F. of all cylinders & adjusted No.1 cylinder fuel pump in order to get equal power in each cylinder.
13. Altered handle position from 50 to 48 & reduced the revolution for rough weather.
14. Found out that the fuel oil pipe was broken.
15. Kept the discharge water from exhaust valves at 55℃.
16. Wiped up leaked oil on cylinder covers.
17. Charged the air reservoirs with No. 1 compressor.
18. Increased revolution of main engine step by step, & set handle position to 52 at 1000.
19. Stopped the auxiliary blower for main engine & shut off (the) communication damper at 1100.
20. Cut off Nos. 1 & 2 under scavenging pumps at 1200.
21. Adjusted temperature of main engine cooling water at 1500, because sea water temperature became high.

21. 해수온도가 상승했으므로 오후 3시에 주기관 냉각수 온도를 조정했다.
22. 15시에 2호 윤활유 냉각기를 직렬로 사용하기 시작했다.
23. 유빙(流氷) 때문에 선외 해수 흡입구가 막혔으므로 주기관의 회전수를 50rpm으로 감소시켰다.
24. 부산에서 실은 연료유가 로스앤젤레스에서 실은 연료유로 대체되었으므로 주기관의 연료분사 온도를 75℃로부터 85℃로 변경했다.
25. 연료 분사관의 연료유 온도를 85℃로 정했다.
26. 정오에 1호 연료유 청정기를 시동했다.
27. 실린더유의 소비량을 1일당 100*l*로 조정했다.
28. 16시에 주기관 1호 실린더의 연료유를 차단했다.
29. 주기판의 5호 피스톤 스커트와 라이너가 파손되었음을 발견하고 피스톤을 뽑아낸 후 소기공과 피스톤 냉각수의 입구 및 출구를 폐쇄하여 5호 피스톤과 피스톤 스커트를 없애고 항해를 계속했다.
30. 1호 연료유 펌프의 플런저가 고착되었으므로 펌프로의 연료를 차단했다.
31. 입항 스탠바이 엔진 30분 전에 주기관의 연료유를 조악유로부터 디젤유로 바꾸었다.
32. 주기관의 모든 하측 소기 펌프를 13시에 사용상태로 해 두었다.
33. 13시 30분에 주기관 보조 송풍기를 시동하고 연락 댐퍼를 열었다.
34. 13시 30분에 보조 보일러에 점화하고 절탄기로의 배기를 막았다.
35. 기관 정지 후 주기관을 수회 회전기어로 회전시켰다.
36. 주윤활유 펌프를 정지시켰다.
37. 실린더 온도가 내려간 후 주냉각수 펌프를 정지시켰다.
38. 9시에 핸들 위치를 50으로부터 15로 변경했다.
39. 조종 핸들을 정지위치에 두었다.

22. Commenced to use No. 2 lubricating oil cooler in series at 1500.
23. Decreased revolution of main engine to 50 r. p. m., sea suction having been closed by a drift ice.
24. Changed fuel injection temperature of main engine from 750℃ to 850℃, fuel oil loaded at Busan having been replaced by fuel loaded at Los Angeles.
25. Set fuel oil temperature of the injection pipe at 850℃.
26. Started No. 1 fuel oil purifier at 1200.
27. Adjusted consumption of cylinder oil to 100*l*/day.
28. Cut off fuel oil for No. 1 cylinder of main engine at 1600.
29. Found No. 5 piston skirt & the liner of main engine overheated & then drew out the piston, closed the scavenging ports & the inlet & outlet of piston cooling water & continued the voyage without No. 5 piston & piston skirt.
30. The plunger of No. 1 fuel oil pump having sticked, cut off fuel oil to the pump.
31. Changed fuel oil of main engine from fuel oil to diesel oil 30 minutes before "Stand by engine".
32. All under scavenging pumps of main engine on at 1300.
33. Started the auxiliary blower for main engine & opened the communication damper at 1330.
34. Set fires on donkey boiler & stopped the exhaust gas to the economizer at 1330.
35. Revolved main engine a few times by turning gear, after stopping engine.
36. Stopped main lubricating oil pump.
37. Stopped main cooling water pump, after cylinder temperature fell.
38. Altered handle position from 50 to 15 at 0900.
39. Put maneuvering handle on stop.

40. 기판의 연료유관 및 연료 탱크의 정지 콕을 닫았다.
41. 전부하(全負荷) 운전 후 약 15분간 실린더와 피스톤의 냉각을 계속 했다.
42. 기관을 철저히 청소하고 모든 가동부분이 녹슬지 않도록 그리스를 발라서 보호했다.
43. 물이 얼어서 냉각부나 관이 균열되는 것을 방지하기 위하여 기관 냉각수를 완전히 유출시켰다.
44. 압축공기가 기관으로 들어가서 갑자기 기관이 발동되지 않게 압력이 걸려있는 관 계통이 없는지 확인했다.

10.3 기타 작업

1. 10시에 2호 발전기를 시동하고 1호 발전기를 정지시켰다..
2. 10시에 2호 발전기를 1호 발전기와 교대했다.
3. 8시에 A 및 B 냉동 화물창의 예냉(豫冷)을 시작했다.
4. 17시에 A 및 B 냉동 화물창에 냉동화물 적하를 완료하고 같은 화물창의 냉각을 시작했다.
5. 영하 17℃로 온도가 내려갔으므로 A 냉동창의 냉각을 중지했다.
6. 8시에 냉동기용 1호 압축기를 시동하고 A 및 B 냉동창의 냉각을 시작했다.
7. 6시에 선수 양화기로 증기를 보냈다. 18시에 선수 양화기의 증기를 잠궜다.
8. 7시에 후부 양화기로 전기를 넣었다. 18시에 후부 양화기의 전기를 끊었다.
9. 1호 공기 압축기를 20분간 운전했다.
10. 청수 펌프를 30분간 운전했다.

40. Closed main stop cocks of fuel line on engine & fuel tanks.
41. Continued to cool cylinders & pistons for about 15 minutes after operation under full load.
42. Cleaned the engine thoroughly & had all movable parts well preserved by grease to avoid rusting.
43. Drained cooling water in engine completely in order to avoid cracking of cooling spaces & pipings by frozen water.
44. Made sure that there was no pipe line under pressure in order to avoid the engine started suddenly due to compressed air entering the engine.

10.3 Other jobs

1. Started No. 2 dynamo engine & stopped No. 1 dynamo engine at 1000.
2. Changed No. 2 dynamo engine for No. 1 ditto at 1000.
3. Started the pre-cooling of A & B frozen cargo chambers at 0800.
4. Finished loading of frozen cargo into A & B frozen cargo chambers & started refrigeration of the same chambers at 1700.
5. Stopped refrigeration of A frozen chamber, as the temperature fell to -170℃.
6. Started No. 1 compressor for refrigerators & commenced refrigeration in A & B frozen chambers at 0800.
7. Fore winch steam on at 0600. Shut off fore winch steam at 1800.
8. After winch circuit on at 0700. After winch circuit off at 1800.
9. No. 1 air compressor on for 20 minutes.
10. Fresh water pump on for 30 minutes.

11. 기관실의 빌지(汚水)를 배출했다.
12. 보일러 보급수(補給水)를 20분간 보급했다 .
13. 수면계(水面計)를 내뿜었다(블로우 했다).
14. 보조 보일러의 그을음을 내뿜었다.
15. 양묘기(揚錨機)로의 송전을 끊었다.
16. 30분간 드라발 분리기를 사용했다.
17. 당직 중 계속 샤플레스 연료유 청정기를 사용했다.
18. 8시부터 10시까지 갑판 세척펌프를 사용했다.
19. 냉동기를 4시간 사용했다.
20. 7시부터 9시까지 갑판증기를 사용했다.
21. 기관실의 상단 케이싱을 씻고 페인트를 칠했다.
22. 기관실의 수밀 격벽문(水密隔壁門)을 정비하고 기름을 칠하고 양호한 작동상태임을 확인했다.
23. 기관실의 빌지로부터 마루판(床板) 위 2m 높이까지 프레임 8개 사이의 스케일을 떨어냈다.
24. 기관실 내의 그레이팅(格子), 레일, 파이프 등과 같은 모든 부품을 떼어내고 그후 그 자리에서 다시 복구했다.
25. 기관실을 씻어내고 그 위에 페인트를 한번 칠했다.
26. 조종대 아래 마루판 앵글을 신품과 교환하고 마루판이 동일 평면이 되도록 했다(앵글 바아의 길이 : 6m)
27. 기관실의 탱크 톱과 빌지 웰을 청소했다.
28. 수리를 완료하고 기관실, 보일러실 및 펌프실을 청소했다.
29. 수리를 위한 필요한 분해작업은 다음과 같다.
30. 필요한 발판을 조립하고 후에 제거했다.

11. Pumped out engine room bilge.
12. Extra feed on for 20 minutes.
13. Blew through gauge glass.
14. Soot blower on for donkey boiler.
15. Switched off the windlass
16. Used De-Laval separator for 30 minutes.
17. Sharples fuel oil purifier on throughout the watch.
18. Worked wash deck pump from 0800 to 1000.
19. Worked(Used) refrigerator for 4 hours.
20. Steamed on deck 0700-0900.
21. Washed & painted engine room upper casings.
22. Cleaned & oiled watertight bulkhead doors in engine room & found in good working order.
23. Scaled eight frame space in engine room from bilges to the height of two meters above floor plate level.
24. All parts in engine room, such as gratings, railings, pipes etc. , removed & later refitted in place.
25. Washed down engine room & applied a coat of paint to it.
26. Renewed floor plate angles under maneuvering platform & flushed the plates(length of angle bar : 6 meters).
27. Cleaned the tank top & bilge well of engine room.
28. Cleaned engine room, boiler room & pump room on completion of repairs.
29. Necessary removals for repairs were as follows.
30. Made necessary stagings erected & afterwards cleaned away.

※ 참고사항 : 항해성적(航海成績)의 기록과 시간의 결정법

항해 중에는 매일, 앞날 정오로부터 당일 정오까지 다음 각 항을 기록한다. 그리고 항해가 끝나면 그 항해에 관하여 각 항을 정리・기록한다.

1. 항해시간(Hours under way)

1) 항해시간의 시작

① 안벽에 계류된 경우 : 최후의 계류색을 푼 시각

② 부표에 계류된 경우 : 최후의 계류색을 푼 시각

③ 묘박한 경우 : 닻이 해저를 떠난(up and down) 시각

2) 항해시간의 끝

① 안벽에 계류하는 경우 : 최초의 계류색 을 건 시각

② 부표에 계류하는 경우 : 최초의 계류색 을 건 시각

③ 묘박하는 경우 : 닻이 해저에 접촉된(up and down) 시각

즉, 선박이 실제로 항해하고 있는 시간을 말하며, 기관부 로서는 불명하므로 갑판부로 문의하거나 기관장 연락부로부터 기입한다.

2. 항진시간(Hours propelling)

1) 항진시간의 시작

조선하기 위하여 여러가지로 주기관을 사용하여 그 최후의 stop engine 다음에 전진의 발령이 내린 시각, 즉 항해를 목적으로 전진의 발령이 내린 최초의 시각이다. 그러나 도선사(Pilot)를 하선시키기 위한 기관 사용은 관계가 없다.

2) 항진시간의 끝

정박을 목적으로 주기관을 최초에 정지시키는 발령이 내린 시간이나 도선사를 승선시키기 위한 기관사용은 관계가 없다. 따라서 항진시간은 출항할 때 최후의 stop 다음에 전진이 발령된 시각으로부터 입항할 때

최초의 stop이 발령된 시각까지의 시간을 말하며, 도선사의 승하선과 관계되는 시각은 고려하지 않는다.

3. 회전수(Revolution)

적산 회전계(積算回轉計, revolution counter)에 의하여 앞날 정오로부터 주기관의 총 회전수(revolution since noon previous day)를 기록하고 다시 이 회전수를 항진시간으로 나누어서 1분간당 회전수 (revolution per minute, rpm)를 기입한다.

4. 항주 해리수(航走海浬數, Distance run)

항주 해리수(航程)를 측정의(測程儀, log) 또는 관측되는 육지에 대하여 측정한다.

속력 과 항진시간을 곱하면 항주거리 (Distance run by log)를 알 수가 있다.

추진기에 의한 항주 해리수 (Distance run by screw propeller)란 추진기의 pitch 에다 회전수를 곱한 것으로서 추진기의 이론적인 항해 해리수이다.

측정의에 의한 항주 해리수 (Distance run by log)는 갑판부와 연락하여 기입한다. 실측에 의한 항주 해리수(Distance run by observation)도 갑판부와 연락하여 기입한다.

5. 1시간 평균속력(一時間平均速力, Average speed in knots per hour)

갑판부와 연락하여 기입한 측정의 또는 실측 항주 해리수를 항진시간으로 나눈 것이다.

6. 슬립율(Slip in percentage)

선박의 속력은 항주 해리수를 항진시간으로 나누어 나타낸다. 측정의에 의한 항주 해리수로부터 구하는 속력은 대수속력(對水速力)으로서 물에 대한 속력이므로 조류에 따라 증감한다. 실측에 의한 항주 해리수로부터 구하는 속력은 대지속력(對地速力)으로서 육지에 대한 속력이다. 추진기가 1회전하여 pitch만큼 진행해야 하나, 실제로는 제손실(諸損失) 때문에 약간 적게 진행한다. 즉[추진기 속도(=pitch x 회전수)선박의 실제속도=제손실에 의한 지연속도], 이 제손실에 의한 지연을 슬립(Slip) 이라고 하며, 슬립과 추진기 속력과의 비율을 %로 나타내고 이를 슬립율 이라 부른다.

$$\text{슬립(\%)} = \left(\frac{\text{추진기 속력} - \text{선박의 실제속력}}{\text{추진기 속력}} \right) \times 100$$

이므로 상기 각항으로부터

$$\text{추진기 속력} = \left(\frac{\text{추진기에 의한 항주 해리수}}{\text{항진시간}} \right)$$

$$\text{선박의 실제속력} = \left(\frac{\text{실측에 의한 항주 해리수}}{\text{항진시간}} \right)$$

7. 기관 사용시간(Hours engine motion)

1) 기관 사용시간의 시작
   전진・후진을 불문하고 최초에 기관 사용이 발령된 시각
2) 최후의 기관정지(F/W의 직전)에 발령된 시각, 중요한 시각은 미리 기호를 정해 두고 기관일지에 기입하는 경우 그 기호도 동시에 기입하면 매우 편리하다. 그 기호는 어떻게 정하든 상관없으나 다음 보기를 참고한다.
   (1) 항해시간의 시작과 끝은 그 시각을 ▱로 둘러싼다.
   (2) 항진시간의 시작시각은 ╱‾‾‾, 끝시각은 ___╱로 한다.

(3) 기관 사용시간의 시작과 끝은 그 시각을  로 둘러싼다.

(4) 가박(假泊)의 경우에는 같은 기호를 점선(보기 ......⋰)으로 표시한다.

(5) 이상의 기호는 붉은 색을 사용한다.

(6) 시각은 숫자만으로 기입한다.

즉, 오후 10시는 1000 p.m.보다 2200이 간편하고 명확하다.

(7) 시각과 함께 중요한 것은 주기관의 적산회전계의 시도이다. ㉠ S/B 일때, ㉡ 항진시간의 시작, ㉢ 기관 사용 시간의 시작 등에는 반드시 시도를 기록해야 한다. 이를 기록해 두지 않으면 평균 회전수 · 기관 항주거리 · 슬립 등을 계산할 수 없을뿐더러 불행히도 해난이 발생할 경우에는 입장이 곤란해지는 수도 있다.

제11장 기타 기록에 관한 예문

11.1 선내시간(船内時間)

Ship's time

선내에서 사용하는 시간은 그 위치에 따라 개정해야 한다. 시간개정(時間改正)은 갑판부에서 담당하므로 기관부는 비교적 관점이 적고 기관일지를 기입하는 경우, 용어조차 명확히 파악하지 못하고 갑판부로부터 연락된 그대로 사용해 온 경향이 있었다.

그러나 시간의 개정은 1일당 연료 소모량 · 주기관의 총 회전수 등에도 중요한 관련이 있으므로 간단하게나마 기관부에서 필요한 정도는 숙지할 필요가 있겠다.

1. 선내시시 (船内視時, Ship's apparent time : S. A. T.)

태양의 실제적인 운동에 맞춘 시간을 시시(視時, Apparent time) 라고 하며 , 이 시시 의 정오에 태양이 꼭 남중(南中)하도록 선내 시계를 개정하여 사용하는 시간을 선내시시라고 한다 . 그러나 시계의 움직임 자체를 태양의 진정한 움직임에 맞추기란 불가능하다. 그러므로 1일을 단위로하여 추정 정오위치(推定正午位置)에서의 지방평시(地方平時)와 당시의 선내 시계와의 시간차(時間差)에 그 날의 시차(時差)를 가감하여 분(分) 단위로 개정한 시간을 Ship's apparent time으로서 사용하고 있다.

2. 선내평시(船内平時, Ship's mean time : S. M. T.)

최근에는 선내 시시대신 선내 평시를 사용하고 있는 선박도 많다. 이의 개정방법은 진태양(眞太陽)의 움직임과는 관계없이 개정하는 것으로서 방법은 여러가지가 있으며, 매일 일정한 개정량(改正量)으로 개정하는 수가 많다.

출발지의 지방평시(地方平時, Local mean time; L. M. T.) 또는 지방표준시(地方標準時, Local standard time L. S. T.)와 목적지의 지방평시 또는 지방 표준시와의 시간 차를 소요 일수로 나누어 1일당의 개정량으로 하고 남은 수에 대해서는 입항 직전에 개정하는 방법과 시각대(時刻帶)를 사용하는 개정방법이 있다. 시각대를 사용하는 경우에는 30분 또는 1시간이 개정량의 단위가 된다. 선내 시시를 사용하는 경우에도 개정량의 단의를 3분 또는 5분으로 하는 선박이 많은데 이는 항해시간과 항진시간이 관계되기 때문이다.

3. 지방평시(地方平時, Local mean time : L. M. T.)

그리니치(Greenwich)와의 경도차(經度差)를 기계적 시간차로 개정하여 사용하는 시간이 그 경도에 있어서의 지방평시이다.

4. 지방 표준시(地方標準時, Local standard time : L. S. T.)

어느 지역에 대하여 기준이 되는 경도를 결정하고 그 경도에서의 지방평시를 그 지역 전체에서 사용하는 경우 그 시간을 지방 표준시라고 한다. 한국의 전 영토에서 동경 135도의 지방평시를 한국 표준시(Korean standard time : K. S. T.)로서 사용하고 있다.

1. 9시에 시계를 전진시켰다.
2. 11시 30분에 시계를 24분 전진시켰다.
3. 정오에 시계를 후진시켰다.
4. 8시 30분에 시계를 25분 후진시켰다.
5. 정오의 시보(時報)에 맞추기 위하여 시계를 17분 진행시켰다.
6. 정오의 시보에 맞추기 위하여 시계를 17분 후진시켰다.
7. 21시에 시계를 13분 전진 수정했다.
8. 동경 150도 30분에서의 선내 시시에 맞추기 위하여 시계를 15분 전진시켰다.
9. 선내 시계를 동경 160도의 지방평시에 맞추기 위하여 30분 후진시켰다.
10. 한국 표준시에 맞추기 위하여 선내 시계를 40분 후진시켰다.
11. 미국 태평양 연안 표준시의 섬머 타임(일광 절약시간)에 맞추기 위하여 시계를 1시간 30분 진행시켰다.

11.2 검 역

1. 검역 묘박지에 투묘했다.
2. 검역 묘박지에 도착하여 투묘했다.
3. 5시에 부산 검역소 부근에 도착했다.
4. 검역을 위하여 15시 14분 부산항외에서 투묘했다.

1. Clock put on (ahead) at 0900.
   Forwarded clocks at 0900.
2. Clock put on 24 minutes at 1130.
   Forwarded clocks 24 minutes at 1130.
3. Clock put aback at 1200. Return clocks at 1200.
4. Clocks put 25 minutes aback at 0830.
   Adjusted the clock 25 minutes aback at 0830.
5. Clock put on 17 minutes for noon time gun.
6. Clock put 17 minutes aback for noon time gun.
7. Corrected the clock 13 minutes ahead at 2100.
8. Put ship's clocks on 15 minutes for S. A. T. at noon Long, 150°-30'E.
   Advanced (Adjusted) ship's clocks, puting on 15 minutes for S. A. T. in Long. 150°-30'E.
9. Put ship's clocks aback 30 minutes for L. M. T. in Long 160°-00'E.
   Retarded clocks 30 minutes for L. M. T. in Long. 160°-00'E.
10. Advanced ship's clocks 40 minutes for K. S. T.
11. Put ship's clocks ahead one hour & a half for daylight saving time (Summer time) of A. P. S. T. (American Pacific Coast Standard Time)

11.2 Quarantine

1. Anchored at quarantine ground.
2. Arrived & anchored at quarantine station.
3. Arrived off Busan quarantine station at 0500.
4. Anchored off the entrance to the Busan, waiting for the quarantine at 1514.

5. 10시에 검역을 마치고 입항했다.
6. 검역에 이상 없이 통과하고 입항했다.
7. 검역에 이상 없이 통과하고 14시에 입항 허가증을 받았다.
8. 검역을 위하여 총원 갑판에 집합했다.
9. 10시부터 선내 소독을 시작했다.
10. 9시부터 15시까지 소독을 실시했다.
11. 청산(青酸)가스로 선내 각 부를 소독했다.
12. 8시에 소독관(消毒官)이 승선하고 9시에 청산가스로 선내 각 부를 소독하기 시작했다.
13. 8시 30분에 청산 가스로 소독하기 위하여 발전기를 정지시켰다.
14. 13시 30분에 소독을 완료하고 선체의 모든 개구부(開口部)를 개방하여 발전기와 모든 송풍기를 시동했다 .
15. 소독을 위하여 보조 보일러 담당자 이외의 모든 기관부원이 상륙했다.
16. 소독을 완료하고 모든 개구부를 개방했다

11.3 하 역(荷役)

1. 6시에 하역을 시작했다.
2. 적하(積荷)를 시작했다.
3. 양하(揚荷)를 시작했다.
4. 6시에 1호와 2호 선창에 적하를 시작했다.
5. 6시에 2호 선창의 양하를 시작했다.
6. 선내 윈치를 사용하여 양하를 시작했다.
7. 7시에 적재기(積載機)를 사용하여 화물용 석탄을 적재하기 시작했다.
8. 모든 윈치를 사용했다.

5. Finished the quarantine work at 1000 & entered to harbour.
6. Passed the quarantine in good order & entered to harbour.
7. Passed the quarantine in good order & received the pratique at 1400.
8. All hands on deck for medical inspection.
9. Started to fumigate from stem to stern at 1000.
10. Effected a fumigate from 0900 to 1500.
11. Fumigated all parts of the ship with Hydro Cyanic Acid gas.
12. Fumigation officers boarded at 0800 & started fumigation of all parts of the ship with Hydro Cyanic Acid gas at 0900.
13. Stopped generator for fumigation of Hydro Cyanic Acid gas at 0830.
14. Completed fumigation & opened all openings & then started generator & all fans at 1330.
15. Sent all members of engine department except donkey men on shore for fumigation.
16. Completed fumigation & opened all openings.

11.3 Cargo works

1. Started cargo work at 0600.
2. Started loading cargo.
3. Started unloading (discharging) cargo.
4. Commenced taking cargo in Nos. 1 & 2 holds at 0600.
5. Started unloading cargo in No. 2 hold a 0600.
6. Started discharging cargo by mean of ship's winches.
7. Started loading cargo coal by means of loader at 0700.
8. All winches were used.

9. 6시 30분부터 양하하기 위하여 모든 윈치를 사용했다.
10. 하역을 종료했다 .
11. 19시에 적하를 완료했다.
12. 19시 15분에 적하를 완료했다.
13. 20시 30분에 하역이 모두 끝났다.
14. 3시 18 분에 하역을 중지했다.
15. 비 때문에 하역을 중지했다.
16. 비가 오기 시작했으므로 15시 18분에 하역을 중지했다.
17. 윈치가 파손되었으므로 하역을 중지했다.
18. 3호 좌현 윈치가 고장 났으므로 11시에 2호 선창의 적하를 중지했다.
19. 17시에 하역을 다시 시작했다.
20. 비가 그쳤으므로 10시에 하역을 다시 시작했다.
21. 윈치를 수려하고 10시에 양하를 다시 시작했다.
22. 밤새도록 하역을 계속했다.
23. 야간작업을 계속하여 발전기 · 보조 보일러 및 윈치도 역시 계속 사용했다.
24. 1호~4호 윈치에 8시부터 통전(通電)했다.
25. 5호~8호 윈치의 통전을 20시에 차단했다.
26. 오늘 파업으로 인하여 하역을 중지했다.

11.4 도 킹(入渠)

1. 8시 30분에 1호 도크로 입거했다.
2. 본선 9시에 T조선소 2호 도크에 입거했다.
3. 본선 15시에 출거(出渠)했다.
4. 11시 30분에 도크의 물을 퍼내기 시작했다.

9. Used all winches for discharging cargo from 0630.
10. Finished cargo work.
11. Finished loading cargo work at 1900.
12. Completed discharging cargo at 1915.
13. All finished cargo work at 2030.
14. Stopped cargo work at 0318.
15. Stopped cargo work owing to rain.
16. Stopped cargo work, as it began to rain at 1518.
17. Stopped cargo work owing to the winch broken down.
18. Stopped loading cargo in No. 2 hatch for accident to the No. 3 port side winch at 1100.
19. Resumed working (to work) cargo at 1700.
20. Rain ceased, resumed cargo work at 1000. Rain clea red up, resumed working cargo at 1000.
21. Repaired the winch, resumed discharging cargo at 1000.
22. Continued cargo work through the all night.
23. Continued cargo work through the all night & also dynamo engine, donkey boiler & winches etc.
24. Nos, 1~4 winches circuit on at 0800.
25. Nos, 5~8 winches circuit off at 2000.
26. Stopped cargo work owing to the strike for the day.

11.4 Docking

1. Came into No. 1 dock at 0830.
2. The ship docked in No. 2 dock of T shipyard at 0900.
3. The ship undocked at 1500.
4. Commenced to pump out water of the dock at 1130.

5. 정오에 드라이 도크 속으로 물을 넣기 시작했다.
6. 11시 30분에 본선이 부상했다.
7. 입거시의 도크 상태는 다음과 같다.

1호 밸러스트 탱크(해수)	만(滿)
2호 밸러스트 탱크	공(空)
3호 밸러스트 탱크(연료유)	160톤
2호 양관수 탱크	51톤
1호 연료유 탱크	만
2호 연료유 탱크	공
3호 연료유 탱크	150톤

8. 선미관(船尾管) 부시의 마모를 검사했다. (클리어런스) 2.5m/m.
9. 계측원(計測員) 이 프로펠러 피치를 계측했다.
10. 프로펠러를 떼어내고 선미축(船尾軸)의 원추부(圖錘部)를 검사하여 모두 양호한 상태임을 발견했다.
11. 축로(軸路) 속으로 프로펠러 축을 빼내고 축과 그 슬리브를 검사했다.
12. 프로펠러 축을 제자리에 넣고 프로펠러를 다시 장치했다.
13. 해수 흡입구의 격자를 떼어내고 정비했다.
14. 주해수 밸브를 주의 깊게 조사하고 밸브 시트를 반듯하게 다듬어 맞추었다.
15. 수선(水線) 아래의 오리피스(孔) 주위에 장치된 아연판을 떼어내고 검사했다.
16. 프로펠러 부근의 아연판 6개를 신품과 교환했다.
17. 선미관의 스터핑 박스 속으로 1 1/2" 의 그리스 패킹을 6권 갈아 넣었다.
18. 후부 부시 하반부의 리그넘바이티 8조각을 신품과 교환했다.
19. 프로펠러 너트를 해머로 쳐서 죄었다.

5. Commenced to let water into the dry dock at noon.
6. The ship floated at 1130.
7. When docked : tanks condition as under,

No. 1 ballast tank (sea water)	full
No. 2 ballast tank	empty
No. 3 ballast tank (fuel oil)	160 tons
No. 2 boiler water tank	1 tons
No. 1 fuel oil tank	full
No. 2 fuel oil tank	empty
No. 3 fuel oil tank	150 tons

8. Examined the wear down of stern tube bush, 2.5m/m.
9. Measured the propeller pitch by draftsman.
10. Removed the propeller & inspected the tail shaft cone & found all in good order.
11. Pull out the propeller shaft in the shaft tunnel & inspected the shaft & its sleeve.
12. Replaced the propeller shaft & refitted the propeller.
13. Removed & cleaned the gratings of sea suction.
14. Checked carefully, reseated & faced up the main sea valve.
15. Removed & inspected zinc plates fitted round the orifices under water.
16. Renewed 6 zinc plates in the vicinity of the propeller.
17. Put 6 turns of 1 1/2" greace packings into stuffing box of stern tube.
18. Renewed 8 strips of lignumvitae on the bottom half of after bush.
19. Hammering up the propeller nut.

20. 너트를 제자리에 복구했다.
21. 구사용 마크까지 프로펠러 너트를 쳐서 단단히 죄었다.
22. 프로펠러 축을 빼내고 부식된 부분을 긁었다.
23. 본선측(승무원)의 작업으로 프로펠러 날개를 긁고 문질렀다.

11.5 조선소에서 할 일

1. A 조선소에서 하는 일
   주 디이젤 엔진의 1호와 2호 실린더 라이너를 신품과 교환했다.
2. B 철공소에 의하여 :
   수리하기 위하여 해수관 1개를 양륙했다.
3. C 중공업회사에 의하여 :
   주 기관
   다음과 같이 새로 제작하고 공급했다.
   1. 연료유 펌프의 플런저와 슬리브 3set
   2. 분사 노즐팁과 니들 밸브 10set
   3. 배기 밸브(완비품) 3set

   주 공기 앙축기
   1. 고・중・저압 실린더의 흡입 및 토출 밸브를 반듯하게 다듬고 복구했다.
   2. 크랭크 메탈에 금속을 입히고 조정했다.
4. 밸브 시트 2개를 다듬기 위하여 양륙했다.
5. 해수 펌프의 임펠러축을 곧게 바로잡기 위하여 공장으로 보냈다.
6. 배기 밸브 3개와 급기 밸브 1개를 예비품으로서 S공업회사에서 제작하고 보급했다.
7. O 철공소 직원은 주증기관을 땜질 수리하기 위하여 공장으로 운반했다.
8. 주시동 공기관 플랜지의 넥(근원) 주위에서 균열을 발견하고 용접 수리하기 위하여 떼어내서 양륙했다.

20. Replaced the nut.
21. Hammered the propeller nut hard up the old working mark.
22. Withdrew the propeller shaft & scraped the corroded parts on it.
23. Scraped & polished the propeller blades by crew's hand.

11.5 Jobs done by shipyard

1. Works done by A Shipyard Co. :
   Renewed Nos. 1 & 2 cylinder liners of main diesel engine.
2. By B Iron works :
   Took a sea pipe on shore to repair.
3. By C Heavy Industries Ltd:
   Main engine
   Newly made & supplied as follows :
   1. Plunger & sleeve of fuel pump 3 sets
   2. Injection nozzle tip & needle valve 10 sets
   3. Exhaust valve (complete) 3 sets

   Main compressor
   1. Faced up suction & delivery valves of H. P. M. P. L. P cylinder & refitted them.
   2. Remetaled crank metals & adjusted them.
4. Took two valve seats on shore to skim.
5. Sent to the workshop for straighten the impeller shaft of sea water pump.
6. Made & supplied 3 exhaust valves & 1 suction valve by S Engineering Co. for spare.
7. O Iron Work's workman took main steam pipe workshop to rebrazing repair.
8. Found a crack around the neck of main starting air pipe flange & disconnected & landed for welding repair.

9. 수리공장에서 용접으로 수리한 후 풀림을 하고 수압시험을 했다.
10. 부일사 수리계약자가 기관실과 보일러실의 탱크 톱을 정비했다.

11.6 인사(人事) 및 휴업(休業)

1. 오늘 K씨가 승선했다.
2. 10월 10일에 K씨가 승선했다.
3. 오늘 K씨가 하선했다.
4. 조기수 K가 질병으로 하선했다.
5. 넘버 3 조기수가 복직했다.
6. 기관원 K는 질병으로 휴업했다.
7. P씨는 전임 기관장 C씨와 교체되어 기관장으로서 승선했다.
8. 1등 기관사 S씨는 오늘 하선했다.
9. 2등 기관사 H씨는 1등 기관사로 승진했다.
10. 기관원 S는 회복하여 오늘부터 재복무했다.
11. 차석 3등 기관사 K씨가 병으로 휴무했으므로 수석 3등 기관사 O씨가 대신 복무했다.
12. 조기수 T씨는 오늘 15시 15분에 심장마비로 사망했다.
13. 1등 기관사 G씨는 맹장염으로 서울병원에 입원했다.
14. 기관장 F씨는 9월 1일부터 3일간 휴가를 갔었다..
15. 좌현기관의 작업에 종사하는 자를 제외하고 전원 휴가를 갔었다.
16. 조기수 A는 기관실 당직 중 중상을 입었다.
17. 두 기관원 S와 T는 상륙한 채 본선 출항시까지 귀선하지 않았다.
18. 오늘 기관부 휴업.
19. 국경일이므로 휴업했다.
20. 일요일이므로 기관부는 휴업했다.

9. After repaired for welding at repairing shop, annealing & water testing.
10. Swept & cleaned engine room tank top by Builsa con tractor.

11.6 Personal affairs & No work

1. Mr. K, joined to-day.
2. Mr. K, joined on the 10th of October.
3. Mr. K, left the ship to-day.
4. Oiler, K, left the ship on account of sickness.
5. No. 3 oiler resumed duty.
6. Fireman K, off duty, being sick.
7. Mr. P joined the ship as chief engineer in place of Mr. C, ex-chief engineer.
8. Mr. S, 1st engineer left the ship today.
9. Mr. H, 2nd engineer was promoted to 1st engineer.
10. Wiper S returned to duty from today as got well.
11. Junior 3rd engineer, Mr. K was off duty on account of fever & Senior 3rd engineer, Mr. O took his place.
12. Oil man Mr. T died of heart failure at 1515 this day.
13. Mr. G, 1st engineer was sent to Seoul hospital because of an appendix.
14. Mr. F, C/E, took 3 days off from the 1st of September.
15. All hands, except those engaged on Port engine, had holiday.
16. Oiler A was seriously injured during his watch in engine room.
17. Two wipers, S & T went on shore & failed to join when the ship left.
18. No work in engine department today.
19. Being National holiday, no work.
20. Being Sunday, no engine work done.

21. 독립 기념일이므로 총원 휴업하여 축하했다.
22. 오늘이 일요일이므로 예비원만 휴업했다.
23. 정박당직 이외의 모든 자는 오늘 휴업했다.

11.7 속력(速力)과 팽창도(膨脹度)의 변경

1. 역전 휠을 3회씩 백하고 스로틀(絞縮) 밸브로 회전수를 조절했다.
2. 정오부터 휠을 전개(全開)했다.
3. 파나마 운하에서 모든 주 보일러(의 기압)를 매평방 인치 당 175파운드로 유지하고 팽창도를 다음과 같이 정했다.
   고압……중압……저압……
4. 15시에 다음과 같이 고압 및 중압 팽창도를 변경했다.
5. 다음과 같이 팽창도를 변경했다.
6. (회전수가) 매분당 평균 60회전이 되게 휠을 조정했다.
7. 중압 및 저압 실린더의 팽창도를 변경하고 각 실린더의 작동율을 가감 조절했다.
8. 14시 30분에 회전수를 45로 줄이고 휠을 3회 반 백 했다.
9. 13시 53분 스탠 바이, 좌현기관 14시에 정지. 새벽 전에 도착하지 않도록 서속으로 했다.
10. 농무(濃霧) 내습. 10시 15분에 기관을 서속으로 했다.
11. 안개 짙은 날씨. 13시 30분 기관을 서속으로 했다.
12. 농무내습, 7 시 45분에 기관을 정지했다.
13. 안개가 걷히고 14시 10분에 기관을 전속으로 했다.
14. 안개가 끼었다. 8시 15분에 기관 스탠 바이.
15. 갑판에 물이 넘치고 0시 20분에 기관을 반속으로 했다.
16. 황천으로 인하여 15시 50분에 주기관을 미속으로 했다.

21. Being Independence day, all hands make a holiday of it.
22. Today being Sunday, only spare no work done.
23. All hands except those engaged on donkey watch had a holiday today.

11.7 Altering Speed & Grades of Expansion

1. Set reversing wheels each three turns back & regulated revolution by the throttle valves.
2. Put(Kept) wheel in full gear from noon.
3. In the Panama Canal, kept steam 175 lbs, per sq, inch in all main boilers & set expansions as follows:
   M. P.……L. P.……H. P.……
4. Altered H. P. & M. P. expansions as under at 1500.
5. Altered the grades of expansions as under:
6. Adjusted wheels to average 60 revolutions per minute.
7. Altered the grades of expansion in M. P. & L. P. cylinder & adjusted to regulate the rates of work done in each cylinder.
8. Decreased revolutions to 45 & put the wheel 3 1/2 turns back at 1430.
9. S/B 1353. Port engine only, stop 1400. Slowed down so as not to arrive before day-light.
10. Dense fog set & engines eased down at 1015.
11. Thick foggy weather & engine put to slow 1330.
12. Dense fog, stopped engine at 0745.
13. Fog cleared away & engine full speed at 1410.
14. Fog coming on, rang S/B engines at 0815.
15. Shipping much water on deck, put engine to half speed at 0020.
16. Put main engine to dead slow at 1550 for stormy (rough) weather.

17. 평균 130RPM이 되도록 연료 가감핸들을 조정했다.
18. 순환유 펌프 고장으로 12시 30분에 즉시 주기관을 정지했다.
19. 5호 피스톤의 과열로 4시 13분에 주기관을 미속으로 했다.
20. 15시 15분에(기관장의) 명에 의하여 주기 회전수를 115로부터 90으로 감소시켰다.

17. Adjusted regulating handle of fuel oil to average 130 rpm.
18. At once, stopped main engine at 1230 for accident to the system oil pump.
19. Put main engine to dead slow at 0413 for overheated NO. 5 piston.
20. Decreased main engine revolution from 115 to 90 at 1515 by (chief engineer's) order.

제12장 검사(檢査) 관계 작업 예문

특별검사

Special survey

제1종 중간검사

Intermediate inspection No. 1

제2종 중간검사

Intermediate inspection No. 2

임시검사

Occasional survey

정기검사

Periodical(special) survey

연차검사

Annual survey

정부 검사관

Government Surveyor

한국 선급협회 검사원

K. R. Surveyor

로이드 검사원

Lloyd's Surveyor

~의 준비를 했다.

Prepared for~

~의 흠(결함)을 세밀히 검사했 다.

Examined carefully~ for flaws.

~을 위하여 다음 부분을 ~측에서 ~했다.

~following parts for ~ by ~ hands.

~한지를 확인했다.

Ascertained if ~.

~함을 확인하여 ~에 보고했다.

Ascertained & reported to ~ that ~.

12.1 검사준비

1. 검사받기 위하여 다음 부분을 개방했다.
2. 연차검사를 위하여 다음 부분을 개방하고 정비했다.
3. 정기검사를 위하여 다음 부분을 조선소측 직원에 의하여 개방하고 검사했다.

주 기관 : —

2호와 3호 실린더 커버 · 피스톤 · 피스톤 스커트 · 피스 톤 봉 · 실린더 라이너 · 가이드 슈 · 연접봉(連接棒) · 연접 봉 상부 및 하부 베어링.

2호, 4호 및 6호 메인 베어링

2호 소기펌프 각 부분 전부

1호 터보 차아저(터빈 · 송풍기 및 베어링)

2호 및 3호 연료펌프 각 부분 전부

1호 발전기 : —

모든 실린더 커버 · 피스톤 · 연접봉 · 연접봉 상부 및 하 부 베어링

냉각수 펌프

윤활유 펌프

1호 주 냉각수 펌프

1호 주 윤활유 펌프

1호 급수 펌프

1호 분연(噴燃) 펌프

축계 : —

2호 및 3호 중간축 및 베어링, 주 스러스트 베어링

빌지 펌프

12.1 Preparations for Survey

1. Overhauled the following parts for survey.
2. Overhauled & cleaned the following parts for annual survey.
3. Overhauled & cleaned the under mentioned for periodical survey by dock hands.

Main engine : —

Nos. 2 & 3 cylinder covers, pistons, piston skirts, piston rods, cylinder liners, guide shoes.

connecting rods, & top & bottom ends bearings of connecting rods.

Nos. 2, 4 & 6 main bearings.

No. 2 scavenging pump complete.

No. 1 turbocharger (turbine, blower & bearings).

Nos. 2 & 3 fuel pump complete.

No. 1 dynamo engine : —

all cylinder covers, pistons, connecting rods, top & bottom ends bearings of connecting rods. cooling water pump.

lubricating oil pump.

No. 1 main cooling water pump.

No. 1 main lubricating oil pump.

No. 1 feed water pump.

No. 1 burning pump.

Shaft lines : —

Nos. 2 & 3 intermediate shafts & bearings.

main thrust bearings.

Bilge pump.

4. 맨홀 문을 열어 촉화면과 촉수면을 청소하고 보조 보일러의 검사를 위한 준비를 했다.
5. 검사받기 위하여 다음과 같은 밸브와 콕을 개방하고 반듯하게 다듬었다.

   보조 보일러 : -

   안전 밸브 · 보일러 마운팅(장비물)의 모든 기타 밸브와 콕(혹은 안전 밸브 · 주 및 보조 증기 스톱 밸브 · 주 및 보조 급수 첵 밸브 · 기적(汽笛) 밸브 · 표면 및 저부 방수 밸브 · 기타)

   해수 밸브 및 콕 : -

   모든 해수 흡입 밸브와 해수 배출 밸브 및 콕(혹은 주 해수 흡입 밸브 · 주 해수 배출 밸브 · 밸러스트 펌프용 흡입 밸브와 배출 밸브 · 냉동기용 흡입 밸브와 배출 밸브 · 보조 복수기용 배출 밸브 · 보일러 방수용 콕 기타)
6. 검사를 위하여 다음 기름탱크의 밑바닥을 퍼내고 청소했다.

   1호 연료유 세틀링 탱크

   1호 연료유 서비스 탱크

   보일러유 세틀링 탱크

   디젤유 서비스 탱크

   주 윤활유 세틀링 탱크
7. 검사를 위하여 주 기관 연료유 가열기의 수압시험 준비를 했다.
8. 로이드 R. M. C. Survey(냉동장치 규칙에 의한 검사)를 위하여 다음 냉동기계를 개방 검사하고 청소했다.

   1호 압축기 및 응축기

   1호 냉각수 펌프

   1호 브라인 펌프

4. Opened manhole doors, cleaned fire & water sides & made preparations for survey of donkey boiler.
5. Overhauled & faced up the following valves & cocks for survey.
   Donkey boiler : —
   safety valves, & all other valves & cocks of boiler mountings (or, safety valves, main & auxiliary steam stop valves, main & auxiliary feed check valves, whistle, surface & bottom blow off valves, etc.)
   Sea connection valves & cocks : —
   all sea injection valves & discharge valves & cocks (or main sea injection valve, main sea discharge valve, injection & discharge valves for ballast pump, injection & discharge valves for refrigerator, discharge valve for auxiliary condenser, cock for boiler blow off, etc.)
6. Bailed out bottom oil & cleaned the following oil tanks for survey.
   No. 1 fuel oil settling tank.
   No. 1 fuel oil service tank.
   boiler oil settling tank.
   diesel oil service tank.
   main lubricating oil drain tank.
7. Made preparations for the water pressure test of the fuel oil heater to main engine for survey.
8. Overhauled & cleaned the following refrigerating machines for Lloyd's R. M. C. (Refrigerating Machinery Certify) Survey.
   No. 1 compressor & condenser.
   No. 1 cooling water pump.
   No. 1 brine pump.

9. 로이드 R. M. C. 적하항(積荷港)검사를 위하여 냉동 화물창의 온도를 다음과 같이 낮추었다.
   A창 -17℃
   B창 -17℃
   C창 +4℃
   D창 +4℃
10. 법정 예비품의 수검을 준비했다.
11. 보조 보일러의 안전 밸브를 7kg/㎠로 작동하고 증기가 분출하도록 조정했다.

12.2 검 사(檢査)

1. 정부 검사관 L씨는 주디젤 기관의 다음 부분을 검사했다.
   모든 실린더 · 모든 실린더 커버 · 모든 피스톤 및 피스톤 봉 · 메인 베어링 · 연료 펌프 · 주 스러스트 베어링.
2. 한국 선급협회 검사원 P씨는 주 보일러의 모든 안전밸브가 40kg/㎠로 작동하고 증기가 분출하는지를 검사했다.
3. 로이드 검사원 윌슨씨는 다음의 보기를 검사하여 양호한 상태에 있음을 인정했다.
   주 냉각 청수 펌프
   주 윤활유 펌프
4. K. R. 검사원 박씨와 로이드 검사원 윌슨씨가 다음 사항을 검사하고 양호한 상태였으므로 모두 합격했다.
   주 기관 : —
   2호 및 3호 실린더 커버 · 피스톤 · 피스톤 스커트 · 피스 톤 봉 · 실린더 라이너 · 가이드 슈 연접봉 · 연접봉 상부 및 하부 베어링

9. Lowered the temperature of frozen cargo chambers as follows for Lloyd's R. M. C. loading port survey.

   A chamber -17℃

   B chamber -17℃

   C chamber +4℃

   D chamber +4℃

10. Made preparations for survey of legal spare parts.
11. Adjusted the safety valves on donkey boiler, so as to lift & blow at 7 kg/㎠.

12.2 Survey

1. Mr. L, Government surveyor inspected parts of main diesel engine as under : all cylinder, all cylinder covers, all pistons & piston rods, main bearings, fuel pumps, & main thrust bearing.
2. Mr. P. K. R. surveyor inspected all safety valves on the main boiler lifted & blew off at 40kg/㎠.
3. Mr. Wilson, Lloyd's surveyor inspected the following auxiliary engines & found them in good condition, Main cooling fresh water pump.

   Main lubricating oil pump.
4. Mr. Park. K. R. surveyor, & Mr. Wilson, Lloyd's sur veyor inspected the under mentioned & all passed as being in good order. Main engine : —

   Nos. 2 & 3 cylinder covers, pistons, piston skirts, piston rods, cylinder liners, guide shoes, connecting rods & top & bottom ends bearings of connecting rods.

2호, 4호 및 6호 메인 베어링
2호 소기 펌프 각 부품 전부
1호 터보 차저
2호 및 3호 연료 펌프 각 부품 전부
1호 발전기 : —
모든 실린더 커버 · 피스톤 · 연접봉 · 연접봉 상부 및 하부 베어링 · 메인 베어링 · 냉각수 펌프 · 윤활유 펌프
1호 냉각수 펌프　　　1호 주 윤활유 펌프
1호 노즐 냉각 펌프　　1호 급수 펌프
1호 분연 펌프
축계 : —
2호 및 3호 중간축 및 베어링
주스러스트 베어링
빌지 펌프
모든 선외(船外) 밸브 및 콕
보조 보일러 : —
촉화면 및 촉수면
안전 밸브, 보일러 마운팅의 모든 기타 밸브와 콕
1호 연료유 세틀링 탱크
1호 연료유 서비스 탱크
보일러유 세틀링 탱크
디젤유 서비스 탱크
주 윤활유 드레인 탱크

5. K. R. 검사원 김씨가 선미축과 선미관을 검사하여 수개의 미세한 균열이 테이퍼축의 대단부에서 발견되었으므로 6개월 이내에 이들은 특별검사를 받아야 한다는 것을 알려 왔다. (이번에는 미세한 균열을 치핑과 줄질로 둥글게 다듬어서 원활히 만들었다.)

Nos. 2. 4 & 6 main bearings.

No. 2 scavenging pump complete.

No. 1 turbo charger.

Nos. 2 & 3 fuel pump complete.

No. 1 Dynamo engine : —

all cylinder covers, pistons, connecting rods, top & bottom ends bearing of connecting rods, & main bearings.

cooling water pump.

lubricating oil pump.

No. 1 cooling water pump. No. 1 main lubricating oil pump.

No. 1 nozzle cooling pump. No. 1 feed water pump.

No. 1 burning pump. shaft lines : —

Nos. 2 & 3 intermediate shaft & their bearings.

main thrust bearings.

Bilge pump.

All sea connection valves & cocks.

Donkey boiler : —

fire & water sides.

safety valves, & all other valves & cocks of boiler mountings.

No. 1 fuel oil settling tank.

No. 1 fuel oil service tank.

boiler oil settling tank.

Diesel oil service tank.

Main lubricating oil drain tank.

5. Mr. Kim, K. R. surveyor, inspected the tail shaft & stern tube, gave us notice that they have to be brought under special survey within a half year, because of some hair cracks found on the larger end of the taper shaft. (This time, the hair cracks rounded off smoothly & cleaned away by chipping & filing.)

6. 로이드 검사원 B씨는 주기관의 연료유가열기의 수압시험을 다음의 압력으로 검사했다. 양호한 상태이므로 모두 합격이다.
   시험수압 : 15kg/㎠
7. 로이드 검사원 B씨는 모든 전기회로 절연시험의 결과를 검사하고 양호했으므로 합격했다.
8. 로이드 검사원 B씨가 1호 및 1호 2호 발전기의 조속기와 부하시험(負荷試驗)을 검사했다.
9. 정부 검사관 박씨가 기관실 내의 소화장치를 검사했다.
10. 항해 중 배기 가스 이코노마이저의 안전 밸브가 11kg/㎠로 작동하고 분기함을 확인해 로이드 선급협회에 보고했다.
11. R. M. C. 검사 : -
    로이드 검사원 브라운씨가 냉동기의 다음 부품을 검사했다.
    양호한 상태이므로 모두 합격했다.
    1호 압축기와 복수기
    1호 냉수기 펌프
    1호 브라인 펌프
    모든 냉각용 선풍기 (또는 모든 브라인관의 수압시험)
    모든 냉동 화물창의 상태
    모든 냉동 화물창의 보온재
    모든 냉동 화물창의 온도계
    예비품
12. R. M. C. 적하항 검사 : —
    로이드 검사원 브라운씨가 냉동기의 작동상태와 다음과 같은 냉동 화물창의 온도를 검사했다.

6. Mr. B, Lloyd's surveyor, inspected the water pressure test of fuel oil heater to main engine at under mentioned pressure, & all passed as being good. Hydraulic test pre ssure : 15kg/㎠
7. Mr. B, Lloyd's Surveyor, inspected the results of insulation tests of all electric circuits, & all passed as being good.
8. Mr. B, Lloyd's Surveyor, inspected the governor & load test of Nos. 1 & 2 generators.
9. Mr. Park, Government Surveyor, inspected the fire extinguishing system in engine room.
10. Ascertained & reported to Lloyd's Register of Shipping that the safety valves of exhaust gas economizer lifted & blew at 11kg/㎠ at sea.
11. R. M. C. Survey :—

    Mr. Brown, Lloyd's Surveyor, inspected the following parts of refrigerator, & all passed as being good.

    No. 1 compressor & condenser.
    No. l cooling water pump.
    No. 1 brine pump.
    all cooling fans (or water pressure test of all brine pipes).
    conditions of all frozen cargo chambers.
    insulations of all frozen cargo chambers.
    thermometers of all frozen cargo chambers.
    spare parts.
12. R. M. C. Loading Port Surveyor:

    Mr. Brown, Lloyd's Surveyor, inspected the working conditions of refrigerator & ternperature in frozen cargo chambers as under:

A창 -17℃

B창 -17℃

C창 +4℃

D창 +40℃

13. K. R. 검사원 박씨의 입회아래 모든 안전 밸브의 스프링이 7kg/㎠에서 분기하도록 조정하고 자물쇠를 채웠다.
14. K. R. 검사원 김씨의 입회아래 주 복수기를 수두(水頭) 2m로 수압시험을 하여 결과가 양호했으므로 모두 합격했다.
15. A.B. 협회 검사원 존슨씨는 주 터빈 기관의 다음 부품에 대하여 검사하고 양호한 상태였으므로 합격시켰다.
16. 주 보일러의 과열기와 드럼의 안전 밸브를 K. R. 검사원 김씨의 입회아래 봉쇄했다.

    봉쇄압력은 다음과 같다.

    과열기 72 kg/㎠

    드 럼 60 kg/㎠

A chamber	-17℃
B chamber	-170℃
C chamber	+40℃
D chamber	+40℃

13. Adjusted all safety valve springs so as to blow at 7kg/㎠ & locked up in the presence of Mr. Park, K, R, Surveyor.
14. Practised hydraulic test of the main condenser at 2m water head in the presence of Mr. Kim, K. R. Surveyor all passed as being good.
15. Mr. Johnson, A. B. (American Bureau of Shipping) surveyor inspected the under mentioned parts of main turbine & passed all as being in good order.
16. Sealed the safety valves of the superheaters & the drums of main boilers in the presence of K. R. inspector, Mr. Kim, the sealing pressure were following:

superheater	72 kg/㎠
drem	60 kg/㎠

제13장 수리·주문(修理·注文) 등에 관한 예문

13.1 주기관(主機關)

1. 1호, 3호, 4호 및 5호 실린더를 개방하여 다음과 같이 수리하고 1호 실린더를 검사했다.
   a) 피스톤 크라운을 개방 검사하고 소제한 후 유압시험을 시행했다.
   b) 스터핑 박스를 개방 검사하고 글랜드 패킹 링을 조정하거나 신품과 교환했다.
   c) 실린더 라이너의 내경을 계측하고 라이너 벽의 칼라를 다듬었다.
   d) 필요하면 실린더 라이너를 신품과 교환했다.(라이너 및 패킹은 본선 지급)
   e) 3호와 4호 피스톤 크라운의 파손된 부분을 용접 수리하거나 피스톤 크라운을 신품과 교환했다.
   f) 피스톤 링 · 링 홈 및 실린더 톱의 간극을 계측했다.
2. 1 호 크로스헤드 베어링과 크랭크 베어링은 검사를 위하여 개방 검사하고 기름 간극을 조정했다.
3. 수리 후 피스톤의 수압시험을 시행했다.
4. 6개의 피스톤 봉을 다음과 같이 수리했다.
   피스톤 크라운 · 순환용 원판(循環用圓板) 빛 피스톤 봉의 모든 접합면을 다듬어 반듯하게 하고 중심선을 조정했다.
5. 1호 및 7호 피스톤 봉의 스터핑 박스의 오일 스크래퍼링을 조정했다.
6. 피스톤 간극을 조정하기 위하여 강철제 픗 라이너를 달았다.
7. 연접봉 하단부 베어링의 픗 라이너로 1호, 7호 및 8호 실린더의 톱 클리어런스를 조정했다.
8. 2호 및 4호 피스톤 링 홈을 다듬고 패킹 링 2세트(12개)를 신품과 교환했다.

13.1 Main engine

1. Nos. 1. 3. 4 & 5 cylinder units to be opened & repaired as follows & No. 1 cylinder unit to be surveyed.
   a) Piston crowns to be overhauled & cleaned, & oil pre ssure test to be applied.
   b) Stuffing boxes to be overhauled & gland packing rings to be adjusted or renewed.
   c) Cylinder liners to be calibrated & ridges on cylinder walls to be ground off.
   d) Cylinder liners, when necessary, to be renewed(liners & sealings ex ship).
   e) Metaled parts of Nos. 3 & 4 piston crowns to be welded or piston crowns to be renewed.
   f) Piston rings, ring grooves, & cylinder top clearance to be measured.
2. No. 1 crosshead bearing & crank bearing to be overhauled for survey, & oil clearance to be adjusted.
3. Piston water test to be applied after repair.
4. 6 pistons & piston rods to be repaired as follows:
   All joint of piston crowns, circular discs, & piston rods to be skimmed & faced up, & center lines to be adjusted.
5. Oil scraper rings of stuffing boxes of Nos. 1 & 7 piston rods to be adjusted.
6. Steel foot liners to be fitted to adjusted piston clearance.
7. Compression clearance of Nos. 1. 7 & 8 cylinders to be adjusted by foot liners of bottom end bearings.
8. Nos. 2 & 4 piston packing ring grooves to be skimmed up & 2 sets of packing rings (12) to be renewed.

9. 2호, 4호 및 6호 메인 베어링은 검사를 위하여 빼내고 기름 간극을 조정했다.
10. 2호 및 4호 크랭크와 크로스헤드 베어링은 검사를 위하여 준비했다. 베어링은 조립하여 조정했다.
11. 모든 가이드 슈를 다듬어 반반하게 하고 모든 피스톤의 중심선과 가이드 슈의 기름 간극을 조정했다.
12. 1호 피스톤 봉의 오일 스크래퍼 링을 다듬고 조정했다.
13. 1호 크로스헤드 핀을 다듬고 브라스를 리메탈(재주입)했다.
14. 3호 배기 밸브를 신품과 교환했다.
15. 배기 밸브 완비품 3세트와 흡기 밸브 1세트를 공급했다.
16. 6호 실린더의 흡배기 밸브 푸시 로드와 로커 암 포크엔드의 부시를 신품과 교환했다. — 본선에서 예비품 새 핀을 공급했다.
17. 연료 밸브·배기 밸브 및 흡기 밸브의 푸시 로드 상단 부시 36개를 리이머로 깎아내고 핀 36개를 신품과 교환했다.
18. 주 기관의 연료 펌프를 개방 검사하고 흡입 밸브와 토출 밸브를 만만하게 다듬었다. 다음 것을 신품과 교환했다.
    스필 밸브 2개, 플런저 및 부시 2세트.
19. 주 기관 5호 연료 펌프를 개방 검사하고 밸브 타이밍을 조정했다.
20. 조속기 축의 선미측 오일 실 링을 신품과 교환했다.
21. 조종장치의 시동공기 밸브를 개방 검사하고 슬라이드 밸브 스핀들을 신품과 교환했다.
22. 예비 피스톤 볼트를 요구한 대로 다듬었다.
23. 시동 공기관 1개를 신품과 교환했다.
24. 2호 배기 가스 터빈과 송풍기를 개방 검사하고 반경 방향과 축방향의 간극을 계측했다. 볼 베어링과 롤러 베어링을 신품과 교환했다.
25. 1호 배기가스 터빈 워터 재킷의 균열을 수리했다.

9. Nos. 2. 4 & 6 main bearings to be taken out for survey & oil clearances to be adjusted.
10. Nos. 2 & 3 crank & crosshead bearings to be prepared for survey. Bearings to be adjusted on completion.
11. All guide shoes to be skimmed & faced up, center lines of all pistons & oil clearances of guide shoes to be adjusted.
12. Oil scraper rings of No. 1 piston rod to be machined & adjusted.
13. No. 1 crosshead pin to be skimmed up & brass to be remetaled.
14. No. 3 exhaust valve to be renewed.
15. Three complete sets of exhaust valves & one complete set of suction valves to be supplied as spares.
16. No. 6 cylinder inlet & exhaust valve push rods & rocker arm fork ends to be rebushed - spare new pins on board.
17. 36 push rod top end bushes of fuel, exhaust & suction valves to be reamed & 36 pins to be renewed.
18. Fuel pumps of(main engine to be overhauled & suction & delivery valves to be faced up : & the following to be renewed : 2 spill valves, 2 sets of plungers & bushes.
19. No. 5 fuel pump of main engine to be overhauled & valve timing to be adjusted.
20. Aft oil seal ring of governer shaft to be renewed.
21. Starting air valves of maneuvering system to be overhauled & the slide valve spindle to be renewed.
22. Spare piston bolts to be machined up as requested.
23. One length of starting air pipe to be renewed.
24. No. 2 exhaust gas turbine & blower to be overhauled & radial & axial clearances to be measured & ball & roller bearings to be renewed.
25. Cracks of No. 1 exhaust gas turbine water jacket to be repaired.

26. 다음 부분을 수리했다.
   a) 고압관과 연료 펌프를 반듯하게 다듬었다(2개)
   b) 연료 밸브 봉과 가이드 부시를 반듯하게 다듬었다(10개).
   c) 연료 밸브 무화장치(霧化裝置)를 반듯하게 다듬었다.
27. 다음 것을 공급했다.
   a) 피스톤 패킹 링　　　　　　　　　　단위 :mm

직경	높이	폭	절구(切口)	필요량
500	10.2	17	좌 5	5
500	10.4	17	상동 {우 좌 ᄀᄃ	각 10

   b) 연료 밸브 봉 및 가이드　　　10세트
   c) 실린더 커버 안전 밸프　　　1세트
   d) 배기 밸브 부시 및 스프링　　각 1세트
28. 개방 검사를 완료한 후 주 디젤 기관의 시운전과 계류운전(繫留運轉)을 실시하고 소조정과 지압도를 적요했다.

13.2 추진기(推進器)와 축계(軸系)

1. 프로펠러 블레이드를 연마하고 검사했다. 선미관과 선미축 간의 간극을 계측했다. 불량한 아연관은 신품과 교환했다.
2. 선미축을 검사에 대비하여 분리했다.
3. 2호 및 3호 중간축 베어링을 수검하기 위하여 개방하고 종료 후에 복구했다.
4. 검사받기 위하여 프로펠러를 떼어내고 선미축을 빼낸 후 양호한 상태로 복구했다.
5. 모든 수를 기록하고 가급적 빨리 선주측 감독에게 제출했다.
6. 로프 가드를 떼어내고 완성 후에 복구했다.
7. 프로펠러와 외측 패스닝을 검사했다.

26. The following parts to be repaired;
    a) Face up high pressures pipes/ fuel pumps (2).
    b) Face up fuel valve spindles/ guide bushes (10).
    c) Face up fuel valve atomizer.
27. The following to be supplied.
    a) piston packing rings unit : mm

cvl,dia	height,	breadth,	cut end,	request Nos.
500	10.2	17	left	5
500	10.4	17	do	10each

    b) fuel valve spindles & guides 10 sets
    c) cylinder cover escape valve 1 set
    d) exhaust valve bushes & springs 1 set each
28. After completion of overhaul, main diesel engine to be tried & basin trial run to be made, including minor adjustments, & draw indicator card to be taken.

13.2 Propeller & Shaft

1. Propeller blades to be polished & surveyed. Clearance between stern tube & tail shaft to be measured. Worn zinc plates to be renewed.
2. Tail shaft to be drawn out for survey.
3. Nos. 2 & 3 intermediate shaft bearings to be opened for survey & to be refitted on completion.
4. Remove propeller, draw out tail shaft for survey, & replace them in good order.
5. All dimensions to be recorded & submitted to owner's Representative as soon as possible.
6. Rope guard to be removed & replaced on completion.
7. Propeller & outside fastenings to be examined.

8. 주스러스트 베어링을 검사받기 위하여 개방 검사를 했다.
스러스트 패드 클리어런스를 검사하고 조정했다.

13.3 발 전 기

1. 2호 발전기를 개방 검사하고 다음과 같이 수리한 후 검사를 받았다.
   a) 모든 피스톤을 개방 검사했다 (6개)
   b) 흡기 밸브를 반듯하게 다듬었다 (6개)
   c) 3호 · 4호 및 6호 실린더 라이너를 신품과 교환하고 실린더 재킷의 부식된 부분을 수리했다.
   d) 5호 및 7호 메인 베어링을 개방 검사하고 조정했다.
   e) 주 시동 공기 밸브의 밸브 봉을 신품과 교환했다.
   f) 냉각수 펌프를 개방 검사하고 글랜드 조임 스터드를 신품과 교환했다.
   g) 조속기를 개방 검사하고 웨이트 핀 · 스러스트 베어링 및 볼 베어링을 신품과 교환했다.
   h) 윤활유 냉각기를 정비했다.
2. 연료 밸브 완비품 2세트를 예비품으로서 공급했다.
3. 배기 밸브 4개를 개방 검사하고 수압시험을 시행했다. 밸브 본체 4개와 밸브 2개 및 스프링 4개를 신품과 교환했다.
4. 1 개의 피스톤 패킹 링 홈을 용접 수리하고 패킹 링 1세트를 신품과 교환했다.
5. 피스톤 3개의 모든 패킹 링 홈을 다듬고 패킹 링 3세트를 신품과 교환했다.
6. 크랭크 축 2본의 핀과 저널을 다듬고 메인 베어링 8세트, 크랭크 핀 브라스 4세트 및 거전 핀 브라스 2세트를 리메탈하고 반듯하게 다듬었다.

8. Main thrust bearings to be overhauled for survey. The thrust pads clearances to be checked & adjusted.

13.3 Dynamo engine

1. No. 2 dynamo engine to be overhauled & repaired as follows & to be surveyed.
   a) All pistons to be overhauled (6).
   b) Air inlet valves to be faced up (6).
   c) Nos. 3. 4 & 6 cylinder liners to be renewed & corroded parts of the cylinder jacket to be repaired.
   d) Nos. 5 & 7 main bearings to be overhauled & adjusted.
   e) Valve spindle of master starting air valve to be renewed.
   f) Cooling water pump to be overhauled & gland studs to be renewed
   g) Governer to be overhauled & weight pin, thrust bearings, & ball bearings to be renewed.
   h) Lubricating oil cooler to be cleaned.
2. Two complete sets of fuel valves to be supplied as spares.
3. Four exhaust valves to be overhauled & water tested, & four valve bodies, two valves & four springs to be renewed.
4. One piston packing ring grooves to be welded up & one set of packing rings to be renewed.
5. All packing ring grooves of 3 pistons to be skimmed up & 3 sets of packing rings to be renewed.
6. Pins & journals of 2 crank shaft to be skimmed up, & 8 sets of main bearings, 4 sets of crank pin brasses & 2 sets of gudgeon pin brasses to be remetaled & faced up.

13.4 보 일 러

1. 검사받기 위하여 보일러 내부와 외부를 정비했다.
2. 연관(煙管), 화로(火爐), 연소실 후단(燃燒室後端), 연로(煙路), 예열기(豫熱器)관 및 보일러 내부를 청소하고 와이어 브러시로 솔질했다.
3. 화로 아궁이의 파손된 내화(耐火)벽돌을 신품과 교환했다.
4. 모든 관을 브러시로 솔질했다.
5. 보일러 수부(水部)를 화학세척했다.
6. 보일러 절단기 현측의 층을 신품과 교환했다.
7. 증기 분리기를 떼어내고 정비했다.
8. 화로의 변형을 계측했다.
9. 검사받기 위하여 안전 밸브를 개방 검사하고 반듯하게 다듬어서 검사관의 입회 아래 봉쇄(封鎖)시험을 했다.
10. 보일러 부속장치에 있는 모든 밸브(16개)를 개방 검사하고 반듯하게 다듬었다.
11. 중앙 화로의 연관 2곳을 다시 확관했다.
12. 보일러 화로 내의 내화벽돌을 필요에 따라 신품과 교환했다.
13. 표면 방수 밸브의 스터드 6곳을 신품과 교환했다.

13.5 냉각기(冷却器) 복수기(復水器) 등

1. 윤활유 및 재킷 냉각수용 냉각기 내부와 외부를 정비하고 수압시험을 했다. 저부 커버를 신품과 교환하거나 수리하고 시험했다.
2. 보조 복수기관의 냉각수측을 정비했다.
3. 선미측 저위의 모든 입구 죔쇠와 패킹을 교환하고 보조 복수기를 수두 5m로 시험했다.
4. 1호 및 2호 공기 냉각기의 공기측과 수측을 정비하고 아연판을 신품과 교환했다.

13.4 Boiler

1. Boiler to be cleaned internally & externally for survey.
2. Smoke tubes, furnaces, combustion chamber backends, uptake, pre-heater tubes & boiler internally to be cleaned & wire brushed.
3. Broken fire bricks in furnace mouth to be renewed.
4. All tubes to be brushed through.
5. Boiler water spaces to be chemically cleaned.
6. Boiler economizer outboard bank to be renewed.
7. Steam separator to be removed & cleaned.
8. Deformation of furnace to be measured.
9. Safety valves to be overhauled & faced up for survey & to be blown in the presence of the surveyor.
10. All valves of boiler mountings (16) to be overhauled & faced up.
11. Two smoke tubes of center furnace to be re-expanded.
12. Fire bricks in furnace of boiler to be renewed as necessary.
13. Six studs for surface blow valve to be renewed.

13.5 Cooler, Condenser, etc.

1. Lubricating oil & jacket cooling water cooler to be cleaned internally & externally & water tested. - Bottom covers to be examined at for renewal or repair.
2. Auxiliary condenser tube cleaned in cooling water side.
3. Replace all ferrules & packings of aft lower section & test auxiliary condenser to 5m of water head.
4. Air & water sides of Nos. 1 & 2 air cooler to be cleaned & zinc plates to be renewed.

13.6 공기 압축기

1. 양쪽 공기 압축기 고압 피스톤 패킹 링 홈을 다듬고 피스톤 패킹 링 2세트를 신품과 교환했다.
2. 공기 압축기의 토출 밸브 1세트를 설치했다.
3. 저압 피스톤 패킹 링 2세트와 고압 피스톤 패킹 링 2세트를 신품과 교환했다.
4. 모든 고압 및 저압 압축기의 흡입 밸브와 토출밸브를 개방 검사하여 반듯하게 다듬고, 고압 밸브 3개, 밸브 가드와 스프링 지지기(支持器) 2세트를 신품과 교환했다.
5. 고압 및 저압 냉각기 2세트를 정비한 후 수압시험을 하고 수리했다.

13.7 펌 프

1. 수검을 위하여 윤활유 펌프를 개방 검사했다.
2. 윤활유 펌프 배럴을 다듬고 새 플런저를 제작하여 장치했다.
3. 피스톤 냉각수 펌프의 안전 밸브 봉을 신품과 교환했다.
4. 수검을 위하여 해수 냉각수 펌프를 개방 검사했다.
5. 축과 알맞게 임펠러 보스 구멍을 다듬고 조립했다.
6. 펌프를 조립하여 작동상태에서 시험했다.
7. 위생 펌프의 임펠러 축을 신품과 교환하고 임펠러의 축방향 간극을 조정했다.
8. 밸러스트 펌프의 물 실린더가 부식된 부분에 3개의 구멍을 뚫고 플러그 3개로 막았다.
9. 스크롤(渦卷)축의 청동 슬리브 4개를 신품과 교환했다.
10. 볼 베어링의 보호 커버 1개를 용접 수리했다.
11. 밸러스트 펌프의 배킷 로드용 글랜드 스터드 2개를 신품과 교환했다.

13.6 Air compressor

1. Both main air compressor H. P. piston packing ring grooves to be skimmed up & 2 sets of piston packing ring to be renewed.
2. One sets of air compressor delivery valves to be fitted.
3. Two sets of L. P. piston packing rings & two sets of H. P. piston packing rings to be renewed.
4. All H. P. & L. P. compressor suction & delivery valves to be overhauled & faced up 3 H. P. valves guards & spring holders to be renewed.
5. Two sets of H. P. & L. P. cooler to be cleaned & water tested & repaired.

13.7 Pump

1. Lub. oil pump to be overhauled for survey.
2. Lub. oil pump battel to be bored out, new plunger to be made & fitted.
3. Renew P. C. W. (piston cooling water) pump relief valve spindle.
4. Cooling sea water pump to be overhauled for survey.
5. Build up & rebore impeller boss to suit shaft.
6. Pump to be reassembled & tested under working conditions.
7. Impeller shaft of sanitary pump to be renewed & axial clearance of impeller to be adjusted.
8. Drill out 3 holes on corroded parts of water cylinder of ballast pump & apply 3 plugs.
9. Renew 4 bronze sleeves of scroll shaft.
10. Repair by welding one securing cover of ball bearings.
11. Renew two gland studs for bucket rod of ballast pump.

12. 잡용 펌프 : —
    임시로 밸브 시트를 1개 제작하여 흡입 밸브에 맞도록 끼웠다.
13. 흡입 밸브 시트의 밸브 실을 다듬고 나사 부시를 삽입한 후 본선 예비품으로 흡입 밸브 시트 4개를 신품과 교환했다.
14. 버킷 라이너를 보링하여 버킷 피스톤을 다듬고 조립했다.
15. 밸브 시트 주위의 체스트 결합부에 코드폰드를 채워 넣었다.
16. 밸브 연동장치 (連動裝置)의 레버 축을 신품과 교환했다.
17. 후부 버킷 라이너를 뽑아내고 라이너 둘레에 패킹 컴파운드를 발라서 양호한 상태로 복구했다.

13.8 증 발 기

1. 증발기 코일(3세트)을 정비하고 풀림을 했다.
   플랜지 나사를 만들고 다시 탭을 했다.
2. 다음과 같은 증발기의 밸브를 개방 검사했다.
   a) 공기 이젝터 마스터 밸브
   b) 급수 밸브
   c) 염수(鹽水) 희석 밸브
   d) 이젝터 드레인 밸브
   e) 덤프 밸브
   f) 유량계

13.9 파이프(管)와 밸브

1. 1호, 2호, 3호 및 8호 카고 가열증기 마스터 밸브를 신품과 교환했다.
2. 화물 펌프용 중간 증기스톱 밸브 시트를 신품과 교환했다.
3. 후부 윈치의 주 증가 스톱 밸브 시트를 신품과 교환했다.
4. 모든 선외 밸브의 내부를 청소하고 어펙셔를 도장했다.

12. General service pump : —
    Temporal seat to be made & fitted in way of one suction valve.
13. Machine up the valve chest of suction valve seats with ship's spare.
14. Bore out bucket liners, & build up & machine bucket pistons.
15. Fill up "Cordopond" in defective parts of chest around valve seats.
16. One lever shaft of valve link to be renewed.
17. Draw out aft bucket liner, apply compound on outside of liner, & replace in good order.

13.8 Evaporator

1. Evaporator coils (3 sets) to be cleaned & annealed.
   Flange threads to be built up & retapped.
2. The following evaporator valves to be overhauled.
   a) air ejector master valve.
   b) feed valve.
   c) brine diluting valve.
   d) ejector drain valve.
   e) dump valve.
   f) flow-meter

13.9 Pipes & Valves

1. Nos. 1. 2. 3 & 8 cargo heating master steam valves to be renewed.
2. Intermediate stop valve seat to cargo pump to be renewed.
3. Master steam stop valve scat to aft winches to be renewed.
4. All sea valves to be cleaned internally & coated with Apexior.

5. 주 냉각수 펌프의 출구 슬루스 밸브를 수리 또는 신품파 교환했다.
6. 수검을 위하여 모든 해수도관(海水導管)을 개방 검사했다.
7. 감압(減壓) 밸브-
   주 감압 밸브 1개를 개방 검사하고 그 밸브를 다듬어 밸브시트를 신품과 교환했다. 감압 밸브의 고무(러버)를 신품과 교환하고 예비품으로서 고무 1개를 제작하여 공급했다.
8. 복수기의 흡입 밸브를 개방하여 연마하고 흡입관에 주수함으로서 밸브 시트의 누설을 시험한 후 양호한 상태로 복구했다.
9. 재킷 냉각수 탱크의 증기 가열관을 수리했다(탱크 접합부).
10. 보조 증기관을 공장으로 양륙하고 수검을 위하여 450 lbs/in² 으로 수압시험을 했다. 관의 내경과 두께를 계측하여 원상태로 복구하고 양호한 상태로 재설치했다.
11. 주증기관의 보온재를 수리했다.
12. 보조 증기관에 새 석면 보온재를 장치했다.
13. 갑판 증기관 1개를 신품과 교환했다.
14. 표지된 카고 가열 코일을 압력시험했다. 모든 카고 가열 코일을 검사하고 요구대로 수리했다.
15. 고위 해수 입구관 : — 선체측으로부터 최초의 1개를 수리했다.
16. 복수기 냉각수 입구관(복수기에 접속된 것)을 수리했다.
17. 후부 위생 탱크 보급계통의 T조인트를 신품과 교환했다.
18. 좌현 연료유 급유관을 수리하고 4kg/㎠로 압력시험을 했다.
19. 다음과 같은 연강(軟鋼)관을 공급했다.
   a) 연강관(길이 3m x 내경 5cm)

5. Outlet sluice valve of main cooling water pump to be repaired or renewed.
6. All sea connections to be overhauled for survey.
7. Reducing valve:-one main reducing valve to be overhauled, the valve to be machined up & the seat to be renewed. Reducing rubber to be renewed & to be made & supplied with one rubber as spare.
8. Open & grind condenser suction valve, & test the valve seat for leak by means of filling water in the suction pipe, & close the valve in good order.
9. Steam heating pipe to jacket cooling water tank to be repaired (jointed to tank).
10. Take to shop auxiliary steam pipe, test pipes to 450 psi (lbs/in^2) for survey, measure inside diameter & thickness of pipe, replace them as original, & refit in good order.
11. Lagging on main steam pipes to be repaired.
12. New asbestos lagging to be fitted on auxiliary steam pipes.
13. One length deck steam pipe to be renewed.
14. Apply pressure test to marked cargo heating coils.
    Examine all cargo heating coils & repair as required.
15. High sea injection:- first length from ships side to be renewed.
16. Cooling water inlet pipe to condenser to be repaired(attached to condenser).
17. Filling line to aft sanitary tank teepiece to be renewed.
18. Port fuel oil filling pipe to be repaired & tested at 4kg/㎠
19. The following mild steel pipe to be supplied.
    a) Mild steel pipe (3m, long x 5cm ins. dia.)

13.10 전기장비

1. 발전기 · 전동기 및 전등회로 등을 메거 시험을 하고 수리 이전과 이후의 눈금의 기록을 검사관과 본사측 감독에게 제출했다.
2. 발전기의 정류자(整流子)를 현장에서 연마하고 운모(雲母) 부분을 언더커트 하였으며, 브러시 장치(지지기)를 분해 검사하고 조정했다.
3. 전기자(電機子) 1개와 계자(界磁) 코일 3세트를 다시 감았다.
4. 임시의 텔레그래프 벨을 공급하여 기관실 우현측에 설치했다.
5. 1호 자동회로 차단기를 수리하여 조정했다.
6. 2대의 기관실 통풍기를 그 자리에서 개방 검사하고 모든 부품을 정비했다. 정류자를 반듯하게 놓고 조정했다.

13.11 냉 동 기

1. 냉동기 : —
   a) 피스톤 핀과 베어링을 신품과 교환했다.
   b) 실린더 라이너와 밸브 포킷을 보링했다.
   c) 피스톤 링과 피스톤 밸브를 신품과 교환했다.
   d) 예비 피스톤 링과 밸브를 공급했다.
   e) 냉동기 계통 각 부를 송기(送氣)했다.
   f) 주팽창 밸브를 개방 검사했다.
   g) 흡입 여과기를 정비했다.
2. 콘덴서 도어 격벽판(隔壁板)의 부식된 부분을 수리했다.

13.12 양화기(揚貨機) · 양묘기(揚錨機) 및 계선기(繫船機)

1. 크랭크 축 1개를 양륙하여 용접 수리하고 클러치의 키 1개를 신품과 교환했다.

13.10 Electric equipment

1. Generators, electric motors & lighting circuit, etc. to be megger-tested & reports of readings before & after repair to be submitted to surveyor & our company's representative.
2. Commutators of generator to be polished in place & mica segments to be undercut, brush gear to be overhauled & adjusted.
3. One armature & three sets of field coils to be recoiled.
4. Extra telegraph beIl to be supplied & fitted to starboard side of engine room.
5. No. l automatic circuit breaker to be repaired & adjusted.
6. Two engine room ventilator blower motors to be overhauled on site, a1l parts to be cleaned, commutator to be polished, brushes to be beded in & adjusted.

13.11 Refrigerator

1. Refrigerating : —
   a) Renew top end pin & bearings
   b) Bore out cylinder liner & valve pocket.
   c) Renew piston rings & piston valve.
   d) Supply spare piston rings & valve.
   e) Blow refrigerating system through.
   f) Overhaul master expansion valves.
   g) Clean suction filters.
2. Condenser door divison plates to be built up where corroded.

13.12 Winch, Windlass & Mooring winch

1. Take ashore & weld up one crank shaft & renew one key for clutch.

2. 워핑 드럼(捲綱胴) 축의 베어링 볼트 6개를 신품과 교환했다.
3. 3호 양화기를 개방 검사하고 크랭크·크로스헤드·메인 베어링 및 편심외륜(偏心外輪)을 조정했다. 새 피스톤 링을 각 실린더에 끼웠다.
4. 양묘기를 검사하기 위하여 개방 검사했다. 크랭크·크로스 헤드와 메인 베어링을 조정했다. 편심봉(偏心棒) 상단부 베어링의 핀을 신품과 교환했다.
5. 양쪽 집시 휠을 용접했다.
6. 중간축과 좌현측 베어링 저널 2개를 다듬고 브라스를 신품과 교환했다.
7. 브레이크 밴드(制動帶)의 접합 볼트 4개를 신품과 교환했다.

13.13 조타기(操舵機)

1. 헬레쇼 펌프 1대를 수검을 위하여 완전 분해하고 모든 간극을 검사하여 기록했다.
2. 제어 밸브실을 다듬고 새 제어 밸브를 공급하여 설치했다.

13.14 기관실(機關室)과 탱크

1. 기관실 상판 받침대 앵글 3" x 3" 약 200ft를 신품과 교환했다.
2. 기관실의 합계 8프레임 사이를 빌지로부터 상판의 수준보다 4ft 위까지 스케일을 긁어냈다.
3. 기관실을 청소하고 페인트를 1회 칠했다. 페인트는 본선에서 지급했다.
4. 시동대(始動臺) 아래의 상판 앵글을 신품과 교환하고 판은 동일한 높이로 만들었다(앵글 바의 길이는 약 20ft).
5. 기관실과 보일러실을 수리 완료 후에 청소했다.
6. 코퍼댐(防油區劃) 내의 윤활유 드레인 탱크를 내부만 청소하고 검사했다.

2. Renew 6 bearing bolts for warping drum shaft.
3. No. 3 winch to be overhauled, cranks, crossheads, main bearings & eccentric straps to be adjusted. New piston rings to be fitted to each cylinder.
4. Windlass to be opened up for survey. Cranks, crossheads, main bearing to be adjusted, & the top end pins of eccentric rod to be renewed.
5. Both gypsy wheels to be welded up.
6. Machine two bearing journals of port side of counter shaft, & renew brasses.
7. Renew four connecting bolts of brake band.

13.13 Steering engine

1. One Hele-Shaw pump to be completely dismantled for Survey, all clearance to checked & recorded.
2. Control valve chest to be bored out & new control valve to be supplied & fitted.

13.14 Engine room & Tanks

1. Approximately 200 running feet of engine room floor plate bearer angle 3" x 3" to be renewed.
2. A total of eight frame spaces in engine room to be scaled from bilges to four feet above floor plate level.
3. Engine room to be washed down & given a coat of paint. Paint ex ship.
4. Floor plate angles under starting platform to be renew ed & plates to be made flush (approx length of angle bar 20 feet).
5. Engine room, boiler room : to be cleaned on completion of repairs.
6. Lubricating oil drain tank in cofferdam to be cleaned out & surveyed internally only.

7. 윤활유 드레인 탱크 주위의 중앙 방유구획을 청소하고 인접한 탱크를 압력시험한 후 내부를 검사하여 연단도료(鉛丹塗料)를 2회 칠했다.
8. 연료유 탱크(선체구조 이외의)를 검사관이 내부검사만 하도록 청소하고 가스를 제거했다.
   a) 연료유 세틀링 탱크 16톤
   b) 연료유 서비스 탱크 16톤
   c) 디젤유 세틀링 탱크 8톤
   d) 디젤유 서비스 탱크 8톤
9. 11개의 연료유 탱크용 공기식 탱크 측심계(測深計)를 개방 검사하고 모든 계기의 부품을 정비했다.

13.15 기타 공사

1. 육전(陸電) 교류 120V. 60Hz를 공급했다.
2. 육전을 공급 받았다. (직류 120V x 100 amp)
3. 120V의 직류를 드라이 도크 기간 중과 각종 기계 정지 중에 공급했다.
4. 실내 난방기를 공급했다.
5. 전기 가열기를 직원실(職員室)과 부원실(部員室)에 대여했다.
6. 12개의 압력계를 개방 검사했다.
7. 도면과 같은 니플 1세트를 공급했다.
8. 도면과 같은 스패너 3개를 공급했다.
9. 수리기간 중 선실의 난방을 위하여 최저압력 50파운드의 육상 증기를 공급했다.

7. Center cofferdam around lubricating oil drain tank to be cleaned out, surveyed internally & given two coats of red lead paint, after pressure test of adjacent tanks.
8. Fuel oil tanks (not part of ship's structure) to be gas-freed, cleaned out for surveyor internal examination only.
   a) fuel oil settling tank 16 tons
   b) fuel oil service tank 16 tons
   c) diesel oil settling tank 8 tons
   d) diesel oil service tank 8 tons
9. Pneumatic tank depth gauges for eleven fuel tanks to
be overhauled, all gauge assembly to be cleaned.

13.15 Miscellaneous works

1. Shore electricity to be supplied 120V 60 c/s A. C.
2. Supplied shore electric power (l20V D. C. x 100amp).
3. 120 V D. C. to be supplied during period in dry dock & when machinery is shut down.
4. Accommodation heating to be supplied.
5. Electric heaters to be supplied on loan for officer's & crew's cabin.
6. Twelve pressure gauges to be overhauled.
7. Supply one set of nipples like the same sketch.
8. Supply three spanners like the same sketches.
9. Supply shore steam at a minimum pressure of 50psi for domestic & accommodation heating during the repair period.

제14장 사고(事故) 등에 관한 예문

14.1 조타장치 (操舵裝置)

1. 조타기가 고장났다. 기관을 정지시키고 수리했다.
2. 조타기가 복구되어 기관을 전진 전속으로 했다.
3. 전동 조타장치가 고장났으므로 수동으로 전환했다.
4. 조타가 원상으로 복구되었다.

14.2 추진기(推進機)

1. 계선삭이 추진기에 얽혔다.
2. 추진기 사고로 인하여 가박(假泊)했다.
3. 잠수부가 얽힌 로프를 풀고 추진기를 시운전했다.
4. 그는 추진기에 아무 사고가 없다고 보고했다.
5. 2매의 추진날개 끝에 가볍게 긁힌 흠을 발견했다.
   심한 충격과 엄청난 충격을 선미에서 느꼈다.
7. 추진기의 이상을 기관장에게 보고했다.
8. 기관에 충분한 주의를 하면서 서속으로 항해를 계속했다.

14.3 화 재

1. 3호창에서 화재가 발생했다.
2. 화재 탐지기의 경보로 2호창의 화재를 발견했다.
3. 총원을 방화부서(防火部署)에 배치했다.
4. 화재는 1호창으로 번질 우려가 있었다.
5. 화재의 원인과 손해의 정도는 아직 불명하다.
6. 3호창으로부터 연기가 나오는 것을 발견했다.

14.1 Steering gear

1. Steering engine went wrong. Stopped engine & repaired it.
2. Steering engine recovered & put engine full ahead.
3. Electric steering gear being disabled, changed to hand gear.
4. Steering restored to former state.

14.2 Propeller

1. The mooring rope fouled the propeller.
2. Anchored temporarily on account of the accident to the propeller.
3. Had a diver remove the fouled rope & examined the propeller.
4. He reported that propeller had sustained no damage.
5. Found slight scratch in the tip of two propeller blades.
   Felt heavy shock & tremendous vibration in her stern.
6. Reported something unusual with her propeller to C/E.
7. Continued her voyage at slow speed, giving every attention to the engine.

14.3 Fire

1. Fire broke out in No. 3 hold.
2. Found fire in No. 2 hold by the alarm of fire detector.
3. Stationed all hands for fire fighting.
4. The fire threatened to spread over to No. 1 hold.
5. The cause of the fire & the extent of damage are still unknown.
6. Discovered smoke coming out of No. 3 hold.

7. 그 장소로 증기와 해수를 보내기 시작했다.
8. 증기 소화 밸브를 열고 3호창에 증기를 주입했다.
9. 그 선창을 물로 채웠다.
10. 선체에는 큰 손해는 없는 것처럼 보였다.
11. 화재는 취사실 굴뚝으로부터 떨어진 그을음이 원인이었다.
12. 선체의 경사는 10도 정도로 되었다. 빌지 펌프로 물을 퍼내기 시작했다.
13. 야간 당직을 제외하고 방화부서의 배치를 해제했다.

14.4 충돌 · 접촉 및 침수

1. 기선 "월광호"의 선수가 본선 3호창 좌현 정횡을 거의 직각으로 충돌했다.
2. 수중 장애물에 접촉하여 5호창에 구멍이 생겼다.
3. 밸러스트 펌프로 선수창의 청수를 퍼 내었다.
4. 침몰을 막기 위하여 빌지 펌프를 시동했다.
5. 3호창 우현 외판 심으로부터의 누수를 발견했다.
6. 모든 탱크와 빌지를 측심했으나 이상은 없었다.
7. 모든 탱크와 빌지를 점검하여 A. P. T. (선미창)으로의 해수 누입을 발견했다.
8. 선수미를 측심하여 본선에는 전혀 침수되지 않았음을 알았다.
9. 총원을 방수부서(防水部署)에 비치했다.
10. 보조 밸러스트 펌프와 빌지 펌프로 배수하기 시작했다.
11. 리벳의 풀림이 원인으로 침수됨을 알았다.
12. 시멘트 박스로 침수를 막았다(줄였다).
13. (방수)부서를 해제했다.

7. Started sending steam & sea water into the space.
8. Opened the valve of steam extinguisher & filled steam into No. 3 hold.
9. Flooded the said hold with water.
10. Hull structure seemed to sustain very little damage.
11. The fire was due to falling down soots from the chimney of galley.
12. The list of the ship reached to the extent of 10 degrees.
    Started pumping water out by bilge pump.
13. Dismissed the station for fire fighting except night watchman.

14.4 Collision, Contact & Flooding

1. M. S. Moonlight struck to our ship on the Portside of abreast No. 3 hold at about right angle with her stem.
2. Struck upon submerged object & unfortunately was holed in No. 5 hold.
3. The ballast pump threw out fresh water from F. P. T.
4. Started the bilge pumps to prevent foundering.
5. Found leakage at the seams of starboard outside plates in No. 3 hold.
6. Sound all tanks & bilges, but found no change.
7. Inspecting al1 tanks &. bilges, found leakage of sea water into A. P. T.
8. Sound ship fore & aft, & found her making no water.
9. Stationed all hands for preventing leakage.
10. Commenced pumping out of water with donkey ballast pump & bilge pump.
11. Found the leak being due to some slack rivets.
12. Stopped(Reduced) the leak with cement box.
13. Dismissed the station (for preventing leakage).

제2편 선용 통신문(船用通信文)

제1장 선용 통신문의 작성법 개설

1.1 기관사와 상용 통신문(Business letter)의 필요성

상업의 규모가 최근에는 더욱 확대되고 전세계 각국과 통상할만큼 광범위해졌다. 국내 상업에서 조차 영문서문(書簡文)의 내왕이 빈번해지고 외국 항로 선박에 종사자에게는 영문서간의 작성능력을 가져야 할 필요성이 그 직무상 절대 불가결의 사실로 되어가고 있다. 선박직원은 그 지위가 상급으로 승진 할수록 영문 편지나 보고서 등을 써야 할 기회가 점점 많아진다.

외국 항구에서는 철공소에 의뢰하여 기관을 수리한다든지 기름이나 소모품을 구입하게 되는 일이 있다. 식수와 유류를 적재한다든지 해난사건이 돌발하는 수도 있을 것이며, 인사문제(人事問題)가 일어나는 일도 있을 것이다. 이러한 여러가지 사정으로 영문 서간문을 써야 할 기회가 매우 많으므로 기관사로서는 정확한 문장을 작성할 만한 소양을 평소에 갖추도록 노력해야 한다.

편지로 이루어진 일은 회화보다 명확하고 유력하다. 왜냐하면 기록된 언어는 영원히 근거로서 남기 때문에 1장의 편지일지라도 많은 사랑의 손을 거치고 읽혀지므로 보고자가 주는 인상도 좋건 나쁘건 깊이 남아있게 된다.

글의 뜻이 명확하지 아니한 경우에는 보고자에게 불리한 결과를 초래하는 수도 있을 것이다. 구두점(句頭點)의 위치가 정확하지 못하면 문장의 뜻이 완전히 변질되기도 한다. 문법이 정확하지 못하면 독자로 하여금 보고자가 무식하다는 느낌을 갖게 할지 모른다. 물론, 영미인이라 하더라도 진정한 의미의 good letter를 쓸 수 있는 자가 흔하지도 않을 것이며, 한국인 기관사가 완전무결한 영문 서간문을 쓴다는 일은 여간 어려운 바가 아니겠으나, 각자의 노력 여하에 따라 진보의 여지는 얼마든지 있을 것이다.

1.2 통신문의 7요소

영문 서간문을 작성할 때에는 다음의 7가지 요소를 반드시 형식에 맞추어서 써야 한다.

1. Address & Date : 발신인의 주소와 날자
2. Name of Receiver : 수신인의 성명
3. Address of Receiver : 수신인의 주소
4. Complimentary Opening : 수신인에 대한 경어 (敬語)
5. Body of Letter : 본문(本文)
6. Complimentary Closing : 서한의 말미에 사용하는 경어
7. Signature : 서명

1. Address & Date는 대체로 사장(社章)과 영업항목 등을 지면의 상부에 아름답게 인쇄되어 있는 수가 많다.

   Date도 우 상단에 Busan, _2015과 같이 인쇄되어 있는데 이를Heading of a letter라고 부른다.

   날짜를 쓰는 3가지 형식

   8th May, 2015(영국식)
   May 8th, 2015(미국식)
   May 8, 2015(공통)

2. 수신인의 성명은 발신일자 다음 행의 좌측에 기입하며 'Esquire, Esq.'의 경칭(敬稱)을 붙인다.
지점장이나 과장 등을 지칭할 때에는 'Mister, Mr.'……, Sir, Doctor, Professor 등 신분이나 직함이 있는 자에게는 이를 먼저 쓰며, 정부 관계자 등에 대하여는 Honourable을 사용하는 경우가 있다. Sir는 Sir, Doctor는 Dr. , Professor는 Prof.로 쓴다.
 기독교의 일반 교직자에 대하여는 Reverend(Rev.), dean, bishop 및 archbishop 등에 대하여는 각각 The Very Rev. , The Right Rev. , 및 The Most Rev.를 사용한다.
 군인에게는 Admiral S. Rhee, General Y. Kim과 같이 관등을 앞에 붙이고 쓴다.
 부인에게는 Mistress (Mrs.), 미혼부인에게는 Miss를 사용하며 소년에게는 Master를 쓴다.
 회사 귀중은 Messieurs(Messrs.), 부인단체에는 Mesdames(Mmes.) Miss의 복수는 Misses로서 The를 붙이는 일이 많다.
 「~수신 또는 ~귀하」로 care of(c/o)를 쓰며, 「~단체(장)」의 경우에는 To the Incheon Maritime Bureau라고 쓰거나 Chief, the Incheon Maritime Bureau 처럼 쓴다.

3. 수신인의 주소는 수신인의 성명 다음 행에 기업한다.
C, Park, Esg. ,
Pohang.
과 같다.
여기에는 번지까지 상세히 기입할 필요가 없다.

4. 경칭의 경우 남자에게는 Sir, Dear sir, My dear sir를 사용하고, 회사나 단체에는 복수로 하여 Sirs, My dear sirs, Gentlemen 등을 사용

한다.

상기 (1)~(4)를 예시하면

<DB>

Dongbang Trading Co. , Ltd.
103, 5-ka, Sokong-dong, Chung-ku,
SEOUL, KOREA, 6th February, 2015.
A. Kim, Esq.
Manager, Samjin Moolsan Co. , Ltd.
Busan
Dear sir.

이러한 형식을 Indented style이라고 부른다.

A. Kim, Esq. ,
Manager. Samjin Moolsan Co. , Ltd.
Busan.
Dear sir,

이 형식을 Block style이라고 한다.

5. 본문은 우리나라에서 하듯 사계절의 문안인사는 생략하고 직접 내용을 써야 한다. 정확하고 명료한 단어와 문장을 적절히 쓰고 오해받을 만할 것은 절대로 삼가야 한다. 그러나 때로는 With season's greeting이라 쓰며, 더위나 추위에 대한 문안인사를 하는 수도 있다.

6. 국문 서간문에서의 경구(敬具), 각필(擱筆) 등과 같은 것으로서 가장 널리 쓰이는 예는 다음과 같다.

A. 단수인 경우

(1) I remain, (I beg to remain,)
Sir, (Dear sir,)

(2) Your obedient servant,

(3) I am, dear sir,

Yours faithfully, (Yours truly,)

B. 복수인 경우

(1) We are, (We remain,)

Dear sirs, (Gentlemen).

(2) We remain, (We beg to remain).

Sirs, (Dear sirs, or Gentlemen).

(3) Your obedient servants,

(4) Yours truly, (Yours faithfully).

(5) 흔히 쓰이는 약식 경어는 다음 것으로서 충분하다.

Yours truly, Yours faithfully, Yours obediently,

Yours very truly, Very truly yours, 결구(結句)에서 는 인사말로 Sir를 사용했으면 Sir를, 그리고 Dear sir 를 사용했으면 Dear sir를 반드시 사용해야 한다.

Gentlemen을 Dear Gentlemen이라고 해서는 안된다.

Sir 또는 Sirs는 엄격한 서한문에서 사용하고 상용문에서는 흔히 Dear sir, Dear Sirs를 사용해야 한다.

7. 편지는 타자(打字)로 해도 상관 없으나 서명은 반드시 펜 등으로 써야 한다. 사장, 중역 또는 지점장 등이 서명할 것을 대신 서명하는 수가 있으며, 선박에서도 선장 대신 1등 항해사가 서명하는 일이 많다.

이 때에는

P. P. Smith & Co. ,

A. Kim

또는

Smith & Co. ,

p. pro. A. Kim

과 같이 쓴다.

P. P는 Per Procurationem이란 라틴어의 약자로서 대리(代理)라는 뜻이며, 그 약자에는 다음의 3종이 있다. P. P. , P. Pro. , Per. Pro.

위 글을 총괄하여 서간문의 형식으로 정리하면

Busan, 6th May, 2015

A. Kim, Esq. ,
Busan.

Dear sir,

I shall feel obliged if you will favour me with a call at your earlist convenience.

Yours truly,
Signature

또는

Busan, 6th May, 2015

A. Kim, Esq. ,
Busan.

Dear sir,

I shall feel obliged if you will favour me with a call at your earlist convenience,

Yours truly,
Signature

8. 상용 통신문의 구성 배치

서 두		LETTER HEAD	
일 자			Date
참조번호			Reference
주소성명	Inside Address………		
	………………………….		
	………………………….		
특정인명	Attention :		
인 사	Salutation:		
제 목		SUBJECT	
	………………………….		
본 문	Body of the letter………………		
	…………………………………….		
	…………………………………….		
	…………………………………….		
	…………………………………….		
경 구		Complimentary close,	
회 사 명		COMPANY'S NAME	
서 명		(Writer's Signature)	
타 자 자		Writer's typed name	
직 책 명		Title	
머리글자	Initials		
동 봉 물	Enclosures		
사본 송부처	C.C.		
추 신	Postscript……………………………………………………		
	………………………………………………………………………		

9. 봉투의 서식

A.

STAMP

Messers, Jhonson & Co. , Ltd.
196 Main St. ,
Los Angeles, California
U.S.A.

Immediate

B.

STAMP

Messers. Brown and Comany
123 Broadway, New York
U.S.A.

C.

STAMP

Korea-Ho
A.B.C. Line
Busan. Korea

Messers. Colton & Co. , Ltd.
567 Market St,
Toronto, Canada

D.

A.B.C. Line C.P.O. Box No. 1234 Busan, KOREA

A는 Indented style.

B는 Block style.

C는 발신인의 주소 성명을 봉투 표면에 함께 쓰는 형식.

D는 발신인의 주소 성명을 봉투 이면에 따로 쓰는 형식.

친전(親展) : Personal, Private and confidential,

지급(至急) : Immediate, Urgent.

등기(登記) : Registered,

속달(速達) : Express delivery

1.3 본문 첫머리에 사용되는 예문

1. I beg to I { state / announce you / inform you / notify you / advise you } that………

「……을 알려드립니다.」

2. I have the {pleasure / honour} to {state / inform you} that……

1항보다 더 공손한 뜻.

3. I beg leave to inform you that……

4. I have the pleasure of informing you that : …

5. I take the liberty to {write / announce} you that……

「……을 실례를 무릅쓰고 알려 드립니다.」

6. I take the libery of writing you that……

7. I am taking the liberty of writing you that……

8. On the {advice / recommendation} of Mr. A of {BUSAN / your city}

I venture to write you that……

9. The purport of the present is only to advise you that…

10. I request you to note that……

11. Notice is hereby given that……

12. I respectfully beg to inform you that……

13. I take this opportunity to inform you that……

14. I beg to intimate you that……

1.4 「동봉(同封)하였습니다.」라고 통지하는 경우의 예문

1. Referring to mine of the 3rd inst. , 1 beg to send you.
2. Referring to our last of the 13th May, 1 now have thehonour in handing you enclosed copy of……
3. With further reference to your letter of 5th June, 1 here with enclose a copy of letter which I have received this morning from—which is self-explanatory.
4. For your information, I enclosed herewith a copy of my letter of even date addressed to our Busan agents.
   「참고로 부산 대리점 앞 동일자 본사 서간의 사본을 여기에 동봉합니다.」의 뜻임.
5. For your further information, enclosed please find……
   "enclosed please find……"는 「동봉하였으므로 받아 주십시오.」의 뜻임.
6. For your information, we enclosed copies of letters exchanged between our agents and ourselves, concerning on this matter.
7. Enclosed p1ease find……
8. I enclosed herewith the survey report of stowage for your information.

1.5 사고 등을 통지하는 경우의 예문

1. I regret to inform you that……
2. I regret that I have to advise you that……
3. I very much (deep1y) regret to bring to your notice the accident in which……
4. I beg to express my great regret in……
5. It is not without regret that I write to acquaint you that……

1.6 회답의 첫머리에 사용되는 예문

1. I am duly in {receipt / possession} of your {letter / favour} {of / dated} the 1st {this month (inst.) / last month (ult.)} and in reply I……

2. I {have received / am in receipt of} your letter of the (date)…….

3. {Your favour / Your letter / Yours} of the(date) {is duly to hand, / is at hand, / is duly received, / has come to hand,}

4. I beg to acknowledge the receipt of your {letter / favour} {of the (date), / dated the (date),}

5. I beg to confirm my {letter / respects} of the (date).

6. Confirming my {respects / letters} of the (date), I beg to state that……

1.7 문의하는 경우의 예문

1. I shall be obliged if you will inform me……

2. I shall deem it a favour if you will advice me……

3. I beg to ask you for information about……

4. I { take / am taking } the liberty of asking you to inform me……

5. I hereby wish to ask you whether you are personally acquainted with……

1.8 상대방의 「희망에 따라」「요구에 따라」등의 예문

1. As per your request,

2. According to your { demands, / wishes, / desires, }

3. In compliance with your request, I have pleasure in enclosing a copy of……

4. In compliance with your telephone request today through Mr. A, I enclose herewith……

5. In accordance with your suggestions in your letter, referred to this matter, I enclose herewith……

6. According to your instructions contained in your letter of……

1.9「회답이 없으므로」의 예문

1. Since I wrote to you last, I have not had the pleasure of receiving of your letters.
2. Without a reply to the letter which I wrote you on the 2nd March, ……
3. I am still without letter from you to reply to………
4. Being since then without letter from you to reply to……
5. Since then, I have not received a line from you……
6. I regret not having heard from you……

1.10 본문의 끝맺음에 사용되는 예문

1. Awaiting { an answer / a reply } at your earliest convenience,
2. Awaiting your ear1y reply,
3. Awaiting your instruction,
4. Awaiting your further instructions,
5. Awaiting your further communications,
6. Awaiting the favour of your reply,
7. A waiting for your further favours,
8. Hoping to hear from you soon,
9. Hoping to hear favourably from you,
10. Hoping to receive your reply { at your earliest / with the earliest } possible date,

11. Will you please keep us well informed of further development, especially in regards to·······.
12. I shall very much appreciate if you kindly······
13. Awaiting your early reply per return of post,
「대지급으로 회신 있으시기 기다립니다.」
14. Begging you to reply by return of mail,
15. Requesting the favour of your reply at an early date,
16. Your favour of early reply will oblige,
17. If you could write us by return, it would greatly oblige.
18. 1 request you to kindly let us have your answer as soon as possible.
19. Expecting your answer in the shortest possible time.
20. Awaiting an early and favourable response,
21. Hoping you will forward these to us at your earlist convenience.
22. We await your reply in due course.
「멀지 않아 회답 있으시기를 기다립니다.」
23. We await your view in the matter.
「이에 관한 고견을 듣고자 합니다.」
24. We shall be glad to hear your opinion in the matter.
「상동」

1.11 감사(感謝)를 나타내는 끝맺음의 예문

1. Thanking you in anticipation for your kind services.
2. Thanking you in advance.
3. Thanking you in advance for your kind attention to the matter.
4. Thanking you for your { patronage / past favours } and trusting to receive a continuance for the same.

5. Repeating our thanks.

6. I beg to express my gratitude for your {past favours / patronage} and solicit to be continued the same.

7. I solicit your immediate attention to this matter, and oblige.

8. I shall be {pleased / glad / happy} {if I can / to be able} to reciprocate your kind services.

9. Trusting you will give your prompt and careful attention to the matter.

10. Commending this matter to your special attention.

11. Your immediate attention to this will oblige.

12. Trusting this will receive your {immediate / prompt} attention for which I shall feel greatly oblige.

13. Your prompt attention to above will greatly oblige.

14. We trust you will have careful attention to protect our interest in any way.

15. Thanking you very much for your kind efforts in arranging the matter for the interests of all parties concerned.

16. We thank you very much for your kind efforts to protect our interest in this connection.

17. I shall be very much obliged if you take up the matter with the Agents and duly notify us accordingly.

18. I shall be obliged if you will be good enough to notify the harbour master at-to this effect
19. I shall be obliged if you wi1l act accordingly.
20. Thanking for your kind favour and cooperation.
21. In any case, we believe you will do the best possible on behalf of all concerned

1.12 「여러가지로 페를 끼쳐드려 죄송합니다」등의 예문

1. Regretting the trouble we are causing you in the matter.
2. Regretting the trouble and obliged.
3. In the meantime, we beg to express our regrets.
4. Please accept my apologies for the inconveniences the matter has given you.
5. Trusting you will excuse our troubling you and prompt attention to the matter will obliged.

1.13 수배의뢰(手配依頼)의 예문

1. The necessary arrangement for the best possible settlement will oblige.
2. Regretting trouble and the best arrangement for the settlement wi1l oblige.
3. Trusting your kind attention to the matter for a favourable settlement and oblige.
4. Kindly note the above and please arrange the matter accordingly.

1.14 부탁받은 일에 대해 회답의 끝맺음에 사용되는 예문

1. Trusting the above will interest you.
2. Hoping the foregoing will get your approval.
3. I hope that the above lines have given you full details on the matter.
4. Trusting that above lines will explain the matter to your satisfaction.
5. Trusting that this will be satisfactory to you.
6. Trusting the foregoings will get your approval.

서간문은 위에서 열거한 바와 같은 예문들로 수신안의 주의를 환기시키는 주요한 부분이므로, 시작과 끝맺음의 예문에 특히 주의해야 한다. 예문의 형식은 여러가지가 있으므로 가장 적당하다고 생각되는 것을 사용해야 할 것이다.

제2장 선용 통신문의 여러 가지 예문

2.1 선박용 소모품 주문 (1)

M.S. "BUSAN" Ho
Tokyo, May 11, 2015

Messrs, A & Co
Dear Sirs,

I have the pleasure of forwarding you an order of the undermentioned goods and shall be obliged if you send them on board immediately,

3m Bar, brass 3/8"
4m Bar, steel 3/8"
2 cans Boiler compound
1 dozen Bolt and Nut, brass 1/2"

Yours truly,
T. Kim
C/E

기선 부산호
도쿄, 2015년 5월 11일.

A사 귀중
친애하는

다음 품목의 주문서를 보내오니 지급 본선으로 납품되오면 감사하겠습니다.

황동봉(黃鋼棒) 3/8" 3m
강 봉(鋼棒) 3/8" 4m

청관제(淸罐劑) 2통
황동 볼트 및 너트 1/2" 1타
경의를 표하며
기관장
T. 김

2.2 선박용 소모품 주문 (2)

M.S. "BUSAN" Ho
Hongkong, March 11, 2015

Messrs. B & Co.
Gentlemen,
Attention Mr. H. Chang

Please supply the following goods to M. S. "BUSAN" Ho at center pier by tomorrow morning 1100.

4 cans powder soap
1 dozen electric lamp 100W. 110V.
....

Yours truly
T. Kim
C/E

기선 부산호
홍콩, 2015년 3월 11일

B사 귀중
H. Chang 귀하

내일 아침 11시까지 중앙부두의 부산호로 다음 물품을 공급해 주시기 바랍니다.

가루 비누 4통
전구(電球), 100W x 110V 12개
....

기관장 T. 김

2.3 선박용 소모품 주문 (3)

February 21. 2015

The Shipping Supply Co.
....

Gentlemen:

Please enter my order for the following supplies, to be sent to s. s. "……Ho" at No. 4 Pier.

2 barrels No. 1 Engine Oil.
100 pounds washing soda.
150 feet lead covered electric wire.
....
....

It would be a great accommodation to me if you could arrange to have this order rushed through as quickly as your convenience will permit, as the steamer will leave here tomorrow evening.

Very truly yours,

………………, Superintendent

2015년 2월 21일

선용품 상회 귀중

……………………

친애하는

………귀하

4부두의 ……호에 납품되도록 다음 품목의 주문을 받아 주십시오.

1호 기관유	2배럴(통)
세척용 소다	100lbs.
납 피복 전선	150ft.

………………

………………

본선은 내일 밤 출항예정이므로 귀하의 사정이 허락되는 한 신속히 조달하여 주시오면 대단히 감사하겠습니다.

경의를 표하며

……………, 감독

2.4 입거수리 주문 (1)

Rotterdam

December 13, 2015

………Shipyard & Engine Works

………Heavy-Industries, Ltd.

Dear Sirs,

………Co. , Ltd,-Tonnage

S.S. "……Ho"-Docking & Special Survey,

During "……Ho" forthcoming Special Survey and Docking for renewal of Lloyds' Loadline Certificate to be held in your Dock-yard on or about the December 24, 2015. The following work is to be carried out to meet Owner's & Surveyor's requirements.

1. ……………
2. ……………

……………

In addition to the aforementioned work there will be further repairs, both in Engine & Deck Departments, which will be confirmed by Lloyd's Surveyors and Owner's representative attending the docking and overhaul.

The drydock should be booked initially for a period of 10 to 12 days.

The necessary bottom paints have been placed on board the vessel.

Yours faithfully,

로테르담

2015년 12월 13일

………중공업 주식회사

………조선소 귀중

친애하는

………주식회사 소속

기선 "……호" 입거 및 정기검사

2015년 12월 24일경에 귀 조선소에서 시행될 이번의 로이드 만재 흘수선(滿載吃水線) 증서 갱신을 위한 "……호" 특별 입거검사(特別入渠檢查) 기간 중 다음 공사를 선주와 검사원의 요청대로 시행되기 바랍니다.

1. ……………

2. ……………

……………

전술한 공사에 추가하여 기관부와 갑판부에 그 이상의 수리가 있으면 이는 입거와 개방 검사에 입회하는 로이드 검사원과 선주의 대리인이 확인할 것입니다.

우선, 입거기간은 10일 내지 12일로 예약하겠습니다.

필요한 선저 페인트는 본선에 적재되어 있습니다.

2.5 입거수리 주문 (2)

Dear Sirs,

……… Co. , Ltd. Tonnage

M.S. "……Ho"-Annual Overhaul.

During "……Ho" forthcoming Annual Overhaul and

Docking for Endorsement of Lloyd's Loadline Certificate in your Dockyard on or about the 18th January, 2015, the following , work is to be carried out to meet Owner's and Surveyor's requirements.

Main engine : -

………………

Boiler : -

………………

Auxiliary machine : -

………………

etc. : -

………………

There will be some additional repairs for both Engine and Deck departments, and there will be confirmed by the Owner's representative attending the Docking.

Arrangements have been made for all Docking paints to be supplied by ……Co. , Ltd. and will be on board the vessel.

The drydock should be booked initially for four days.

Truly yours,

친애하는

……주식회사 소속

기선 "………Ho" 중간검사

2015년 1월 18일경 귀 조선소에서 로이드 협회의 만재 흘수선 증서를 보증받기 위하여 이번의 "……호" 중간검사와 입거에 있어서 다음 공사를 선주와 검사원의 요망대로 시행되기 바랍니다.

주기관 : -

……………

보일러 : -

……………

보조기관 : -

……………

기타 ; -

....

기관부와 갑판부에 기타 추가 수리가 있으면 이는 입거공사에 입회하고 있는 선주의 대리인이 확인할 것입니다.

입거용 도료는 ……주식회사로부터 공급되도록 수배하였으며 이들은 본선에 적재되어 있습니다.

우선 드라이 도크는 4일간 예약코자 합니다.

경의를 표하며

2.6 소수리 주문 (1)

M.S. "Korea-Ho"

Bombay, Jan. 9, 2015

Messrs. Bombay Iron Works Co.

Dear Sirs,

Hereby I beg to apply you that the undermentioned repairs of engine department will be completely finished by 1100 28th.

1. one length of sanitary suction pipe to be changed for new one.
2. two drain cocks on the main steam pipe to be changed for new one.
3. the winch steam pipe lagging to be repaired.
4. five pressure gauges to be tested.
5. four piston rings for auxiliary diesel engine to be newly made and supplied.

Your truly,

K. Park

C/E

기선 고려호
봄베이, 2015년 1월 9일

봄베이 철공소 귀중
친애하는

다음 기관부 수리 공사가 28일 1100까지 완료되도록 바랍니다.

1. 위생 흡입관 1개를 신품과 교환할 것.
2. 주증기관의 드레인 콕 2개를 신품과 교환할 것.
3. 윈치 증기관의 보온재를 보수할 것.
4. 압력계 5개를 검사할 것.
5. 보조 디젤 기관의 피스톤 링 4개를 제작하여 공급할 것.

경의를 표하며
기관장 박

2.7 소수리 주문 (2)

Messrs.……Co. , Ltd.
Dear Sirs,

We are much obliged if you will kindly arrange the following repairs at your earlist convenience.

1. …………………………
2. …………………………

…………………………

Your cooperation would be appreciated very much.

Your faithfully,
………………
C/E of M.S.……

……….주식회사 귀중

친애하는

다음 수리공사를 형편 닿는 대로 조속히 수배하여 주시면 고맙겠습니다.

1. …………………………

2. …………………………

…………………………

귀사의 협조에 감사 드립니다.

경의를 표하며

서 명………

기선………호 기관장

2.8 소수리 주문 (3)

Messrs.……Co. , Ltd.

Dear Sirs,

Please arrange some workshop for us to renew undermentioned steam pipes of the deck machines on the ship.

(1) one steam pipe of steam windlass.

dia.	72m/m
length	200m/m
material	steel

(2) two exhaust pipes of steam winches,

dia.	110m/m

length	4200m/m
material	steel
dia.	140m/m
length	2620m/m
material	steel

Sincerely yours,

………주식회사 귀중

친애하는

본선 갑판기계(甲板機械)의 다음 증기관의 신품 교환에 관한 공장을 수배하여 주시기 바랍니다.

(1) 양묘기(揚錨機) 증기관1개

직경	72m/m
길이	2000m/m
재질(材質)	강철

(2) 양화기(揚貨機) 배기관 2개

직경	110m/m
길이	4200m/m
재질	강철
직경	140m/m
길이	2620m/m
재질	강철

경의를 표하며

2.9 소수리 주문 (4)

S. S. Gold Star
London, Sept. 20, 2015

Messrs. Tuck Repairing Co.

Dear Sirs,

Herewith I beg to apply you that the undermentioned will be fully executed by your hand at your earlist convenience.

1. One flange of main feed pipe to be rebrazed.
2. One slide valve spindle of dynamo engine to be machined.
3. Two scum valves to be newly made.
4. Three slice bars to be supplied.
5. Two valves and seats for bilge to be renewed.
6. Four ebonite packing rings for Weir's feed pump to be made and supplied.

Yours truly

Hong Gildong
Chief Engineer

기선 골드 스타호
런던, 2015년 9월 20일

턱 수리공장 귀중

친애하는

다음 수리공사를 귀사의 형편 닿는 대로 조속히 귀사가 직접 완수하여 주시면 고맙겠습니다.

1. 주급수판 1개를 납땜질 할 것.
2. 발전기의 슬라이드 밸브 스핀들 1개를 다듬을 것.

3. 스컴 밸브 2개를 새로 제작할 것.
4. 화봉(火棒) 3개를 공급할 것.
5. 빌지용 밸브와 밸브 시트 2개를 신품과 교환할 것.
6. 웨어 급수 펌프용 에보나이트 패킹 링 4개를 제작하여 공급할 것.

경의를 표하며

기관장 홍 길 동

2.10 영업 안내서(카탈로그)의 청구

S.S.………Ho

May 10, 2015

The……Company

New York City

Gentlemen,

I have noticed the advertisements in the magazine "Marine Engineering and Shipping Age" of the oil burner made by your works. I shall be so much obliged if you will kindly send me a copy of your catalog of the oil burner at your convenience.

Yours faithfully,

……………………

C/E

기선………호

2015년 5 월 10일

……회사 귀중

뉴욕시

친애하는

귀사가 제작한 오일 버너의 광고를 잡지"Marine engineering and Shipping Age"에서 관심있게 보았습니다. 편리한 때에 귀사의 오일 버너에 관한 카탈로그 1권을 보내주시면 대단히 감사하겠습니다.

경의를 표하며

기관장………

2.11 기계 설명서의 청구

May 10, 2015

The………Co.

Gentlemen,

Please send Bulletin containing further information regarding the De Laval Oil Purifier, as checked below:

☐ Purification of turbine lubricating oil.

☐ Purification of diesel lubricating oil.

Name ……………

Company ……… ·

Address ……… · ·

Yours very truly,

………Company

2015년 5월 10일

………회사 귀중

친애하는

아래에 표시한 바 드라발 유청정기에 관한 최신 자료가 게재된 설명서를 보내 주시기 바랍니다.

☐ 터빈 윤활유의 세정

☐ 디젤 윤활유의 세정

성명..........................

회사..........................

주소..........................

경의를 표하며

............회사

2.12 인부임금 (人夫賃金) 지불통지

Dear Sir,

I shall be much obliged if you will come on board this evening, to receive the wages of the coolies for bunkering, as soon as the work is finished. Kindly bring with you the forms I handed you when I saw you last, on which I wish to have the bill and receipt made out in duplicate. We shall leave port very early tomorrow morning.

Yours faithfully,

친애하는

연료 적재작업이 끝나는대로 인부임금 수령차 오늘밤 본선으로 와 주시면 대단히 고맙겠습니다. 지난번 만났을 때에 드린 용지로 청구서와 영수증 각 2통을 작성하여 지참하시기 바랍니다. 본선은 내일 이른 아침에 출항코자 합니다.

경의를 표하며

2.13 양관수(養罐水)의 공급 주문

Gentlemen,

Please supply us with 40 tons of water for boiler use, to be delivered alongside ship tomorrow morning. Payment will be made the day, after delivery is completed please furnish a properly receipted bill.

Kindly note that our launch is too small to tow water boats. Our ship will be moored at the Government Jetty tomorrow.

Yours faithfully,

친애하는

내일 아침 본선에 접현하여 보일러에 사용할 물 40톤을 공급하여 주시기 바랍니다. 지불은 공급이 끝난 후 당일에 합니다. 정확한 영수증을 주시기 바랍니다.

우리 배(기정 汽艇)는 물 운반선(水船)을 끌기에는 너무나 작다는 데 주의하여 주십시오. 본선은 내일 정부 부두에 계류 할 것입니다.

경의를 표하며

2.14 양관수 공급 계약자에 대한 불만

Dear Sir.

I could not get more than about 15 tons of water yesterdays, though I had given you an order to deliver at least 40 tons.

Yesterday, your man did not deliver any water between 1000 and 1400, giving it as a reason that the tide was too low to pump the water from the well during these hours. But I think if proper arrangements had been made, it would have been quite possible to deliver water during that time of the day.

We must finish taking in water by 4 o'clock this afternoon, so please deliver as much water as you can by them.

As for the payment, please receive it before 6 o'clock this evening.

Yours faithfully,

친애하는

본선은 적어도 40톤의 물을 공급하도록 주문했음에도 불구하고 어제는 약 15톤 이상을 받지 못하였습니다.

어제 귀하(귀사)의 직원은 우물로부터 물을 퍼 올리는 동안 조석이 너무 낮았다는 이유로 오전 10시로부터 오후 2시까지의 사이에 전혀 물을 공급하지 아니하였습니다. 그러나 만일 적당한 장치가 마련되어 있었더라면 그날 그 시간 동안에 물을 충분히 공급할 수 있다고 생각 합니다.

우리는 오늘 오후 4시까지 물의 보충을 완료해야 합니다. 그러므로 가급적 많은 물을 공급하여 주십시오.

지불에 관해서는 오늘 저녁 6시까지 받아주시기 바랍니다.

경의를 표하며

2.15 양관수 주문 취소

Gentlemen,

We beg to state that we have found the water you are delivering by our order, of which about 14 tons (14,000 liters) have been received already, containing too much salt to be suitable for boiler. Therefore please cancel the remainder of our order.

Yours faithfully,

친애하는

우리 주문에 따라 귀사가 적재 중인 물은 보일러에 사용하기에는 너무 많은 염분이 포함되어 있었습니다. 약 14톤(14,000리터)의 물은 이미 받았으므로 주문량의 나머지는 취소하여 주시기 바랍니다.

경의를 표하며

2.16 잘못된 계산서를 선구상으로 통고

May 6th, 2015

Messrs. ……Supply Co.

Gentlemen,

Mr. Kim, Chief Engineer finds there is a small mistake in Messrs. __Supply Co. 's account, one dozen of electric lamps (16 c. p.) having been charged for which were returned by him on April 29th, when he explained that the candlepower did not match the pattern forwarded to Messrs. __ Supply Co.

If they will deduct this item from the enclosed account, Mr. Kim will settle it at once.

S.S. ______ Ho, ______ Dock.

기관장 김씨는 ____선용품 상회 발행의 계산서에서 약간의 잘못을 찾아 냈습니다. 전구(16촉광) 1타가 4월 29일에 그에 의하여 반품되었는 데도 부과되어 있었습니다. 그 촉광으로는 견본과 맞지 아니한다고 그가 ____선용품 상회로 설명하였습니다.

만일 동봉한 계산서에서 이 항목을 공제하시면 김씨는 즉시 정산할 것입니다.

2.17 선구상으로 소모품을 독촉

S.S "Korea Ho"
Antwerp
April 17th, 2015

Messrs. ______ ______ Co.
Ship chandlers
Dear Sirs,

I forwarded you on the 10th instant an order for packings and oils, with all particulars as to quantity, quality, price and name. Up to the present moment I have not received the invoice of the same, or any intimation as to the order having been dispatched.

Kindly tell the cause of delay, and date with goods wi1l be to hand. As I told you our ship will leave here in a few days.

I am, Gentlemen,
Yours obediently,
....
C/E

본인은 수량, 품질, 가격 및 명칭에 관한 모든 상세와 함께 패킹과 유류의 주문서를 금월 10일에 귀사로 보냈습니다. 현재 주문이 신속히 처리되어야 하는 데도 본인은 상기에 관한 인보이스나 다른 통고를 받지 못하였습니다.

지연의 원인과 물품이 입수된 날짜를 알려주시기 바랍니다. 귀하에게 말씀드린 바와 같이 본선은 수일 내에 출항합니다.

2.18 냉장고 온도표 송부

S.S. Korea-Ho
Hongkong
June 27, 2015

The Manager,
Korea Trading Co.
Hongkong.
Dear Sir,

Marseilles/ Hongkong

Chocolate ex my command V.19-H

In reply to your letter H. I. S. No. 40, dated the 25th inst. , we beg to enclose herewith an extract copy of Engineer's log, showing temperatures of the ship's chamber en route.

Yours faithfully,

....

C/E
S.S. Korea Ho

Copy to : ____
Marseilles,
(Cargo Superintendent)

고 려 호
홍콩에서
2015년 6월 27일

고려상사
홍콩 지점장 귀하

친애하는

마르세이유 적하/홍콩 양하

본선(제19차 복항)의 초콜렛 양하에 관한 건

귀하의 H. I. S. 제40호 (2015년 6월 25일자)에 대한 회신입니다. 항해 중인 기관일지로부터 발췌된 본선 냉장고의 온도표를 동봉합니다.

경의를 표하며

....

고려호 기관장

사본

마르세이유

(하역감독)

2.19 승진 축하

I am delighted to hear of your appointment as Chief Engineer of your ship. It's a well deserved recognition of your many year's loyal service and excellent achievements for the company.

Everyone in my ship joins me in sending you our heartiest congratulations and best wishes.

나는 당신이 기관장으로 임명되었음을 듣고 매우 기뻐합니다. 이는 회사를 위하여 다년간의 충실한 근무와 우수한 성적이 인정된 바로 당연합니다.

본선의 전원이 마음으로부터 축하와 호의를 보냅니다.

2.20 상병문안

We were very sorry to learn of the accident to your commander.

Please pass on to him our sincere best wishes for his speedy recovery.

귀하의 선장께서 부상당하셨음을 알고 매우 슬퍼하고 있습니다. 하루 속히 완쾌하시기를 빈다는 말씀을 전해 주십시오.

제3장 영수증(領收證)과 증명서(證明書) 및 기타 예문

3.1 물품 영수증(1)

S.S. Korea Ho
Manila,
January 25, 2015

Duly received on board above steamer the undermentioned articles from Messrs. Jose Hernandes & Co. , ship's chandler, Manila.

asbestos glove	2 dozen
apron for welding	13 pieces

....

Chief Engineer

마닐라, 고려호
2015년 1월 25일

마닐라의 선구상 호세 에르난데스 상회로부터 다음 물품을 정히 영수함.

석면 장갑	2타
용접용 애프론	13개

....

기관장

3.2 물품 영수증 (2)

No.............................. Date ...., 20..................

Received from ....Dry Dock in good order the following articles:

2 new stop valves for winch steam.

1 old valve spindle.

3 spanners.

2 piston packing rings of Dynamo Engine.

Addressed to "..................Ho"

C/E

번호.................... 20 ...... 년 .... 월 ...... 일

다음 물품을 정히 ....드라이 도크로부터 수령하였습니다.

양화기 증기용 신품 스톱 밸브	2개
밸브 스핀들 중고	1개
스패너	3개
발전기용 피스톤 패킹 링	2개

..............................호

기관장....................................

3.3 금전 영수증

Received from Mr. Brown the sum of ￡ 5.500 (Five thousand five hundred pounds, or Fifty five hundred pounds) for balance of account to date.

C/E, S.S. Korea Ho
London, January 25th, 2015

오늘까지의 계정잔액으로서 일금 5천 5백 파운드를 영수하였음.
런던에서 2015년 1월 25일
고려호 기관장

3.4 수당 영수증

S. S. Korea Ho
January 25th, 2015

Received with thanks from Messrs ......, Agents of Korea Trading Co. at London , ₩ 300,000 (Three hundred thousand won) as the allowance for (작업명)..................

Signature
Representative of the Wipers

일금 300,000원정
상 (작업명).............................. 수당으로서 고려상사 런던 대리점으로부터 고맙게 받았습니다.

고려호
2015년 1월 25일
기관원 대표______

3.5 청수 영수증 (1)

S.S. Korea Ho
Bombay.
August 8th, 2015.

Received on board the abovementioned steamer from…… one hundred tons of fresh water as boiler water (feed water) and two hundred tons of drinking water.

____
C/E

1. 일백톤의 청수 보일러수로서
2. 이백톤의 청수 음료수로서

상기 정히 본선으로 적재하였음.

2015년 8월 8일
봄베이에서
고려호 기관장_____

3.6 청수 영수증 (2)

No.…………

THIS PORTION TO BE RE RETAINED BY SHIP

"KITTY Ⅱ"

Singapore, Feb. 4th 19___, Supplied S.S. Korea Ho 66 Tons of Boiler Water,

Chief Officer
Engineer

Agent

싱가포르에서 66톤의 보일러 수를 기선 고려호에 공급받았음.

20___년 2월 4일

1등 항해사

기관장

대리점

3.7 청수 영수증 (3)

Form No. 7

10-11-13-25

MANILA TERMINAL COMPANY, INC.

OPERATORS GOVERNMENT ARRASTRE PLANT

AND PIERS

WATER SERVICE

Manila, Dec.21, 20.........

There has this day been delivered to the steam ship___

______Victoria__________(98 tons) cubic meters of Water

from Pier 3

		Cubic meters.
Reading at finish of meter No. 2624.860	0576	
Reading at beginning of meter No. do	0516	60
Reading at finish of meter No. 2624.850	0038	
Reading at beginning of meter No. do	0000	38

Total delivered 98tons

At 25 centavos .... P 24.50

73 tons Boiler
25 tons Drinking

U. Cobrera

Foreman

Receipt of the amount of water above stated is acknowledged.

Master or Chief Engineer
S.S.______________

TRIPLICATE

3.8 연료유 영수증 (1)

CHARLESTON REFINERY
FUEL OIL RECEIPT

DATE..............................

This is to certify the S.S.______was fueled from Tank No. _________

The opening gauge being ______Feet ______ Inches.
The closing gauge being ______Feet ______ Inches,
The net amount of oil received on board being _____ Gallons.

____________________ ____________________

DOCK MASTER SHIP'S OFFICER

3.9 연료유 영수증 (2)

Delivery effected at Balboa Run Ticket No. 137

Invoice No. ....

WEST INDIA OIL COMPANY

BALBOA, C. Z. Nov. 8. 2015

Fuel Oil delivered to S.S. Arirang

Owned by Arirang Shipping Co.

Agents Panama R.R. Co. agts.

Tank No. 3 Gravity 17° Beaume Temp. 85° Fahr.

Gauge before delivery 24 Ft. 8 $\frac{1}{2}$ In. 45702.21 Bbls.

Gauge after delivery 23 Ft. 10 In. 44084.42 Bbls.

Gross Oil delivered 1617.79 Bbls.

To correct to 60° Fahr. 16.03 Bbls

Net Oil at 60° Fahr. 1601.76 Bbls.

Signed : ....

Gauger West India Oil co.

Coefficient used, 000365.

Method used, ...

Time delivery started, 9^{30} p.m.

Time delivery finished, 12^{20} a.m.

....

Gauger Panama Canal.

.... Oil as stated above was duly received by

S.S. ....

....

Captain

....

Chief Engineer

Authorized overtime $ ....

....

Captain

original to owners.

duplicate to Panama office

triplicate to New York office

quadruplicate to captain

3.10 사용 증명서

S/S Korea Ho

Messrs. Indira & Co. , Bombay, Aug. 8, 2015.

Agents, Korea Shipping Co. ,

Bombay.

This is to certify that the undermentioned coolies supplied by the Indira & Co. , were employed for boiler cleaning of my command for three days in this poot.

15 men

10 boys

25

A. Park

Chief Engineer

1. 인부 대인 15명
2. 인부 소인 10명

계 25명

인디라 회사로부터 상기 인원이 당항에서 3일간 보일러 청소에 종사하였음을 증명함.

2015년 8월 8일

봄베이에서

고려호

기관장__________

고려 해운주식회사

봄베이 대리점 귀중

3.11 승선근무 증명서

This is certify that Mr. Kim was employed as First Class Wiper on board the S.S. Korea from July 15, 005 up till May 20, 2015, and he was industrious in service, skilful in business, and good in conduct.

Chief Engineer

김씨는 2005년 7월 15일로부터 2015년 5월 20일까지 기선 고려호에서 1등 기관원으로 종사하였음을 증명함. 그는 근무에 성실하고 업무에 능숙하며 행동이 바름.

3.12 금전 차용증서

S.S. Korea.
Los Angeles,
June 6th, 2015

To Messrs. Doragi & Co. ,
I. O. U. One thousand U. S. Dollars.

Signature
____
First Engineer

차 용 증

1. 1,000달러
우 정히 차용하였음.

2015년 6월 6일
로스앤젤레스에서
일등 기관사____________

도라지 상회 귀중

3.13. 추천장(推薦狀) (1)

Busan, August 15, 2015

To whom it may concern.

This is to certify that Doragi & Co. , Pohang are attending to the works of my company to our satisfaction.

Gaenari & Co. , Ltd,
Busan Branch Office
Manager
Signature

부산에서
2015년 8월 15일

관계 제위

포항의 도라지 상회는 폐사의 작업에 종사하고 있으며, 매우 만족하고 있음을 증명합니다.

개나리 상회
부산 지점

3.14 추 천 장 (2)

To Messrs. Eastern & Co. , Busan.

Dear Sirs.

We herewith beg to inform you that our Company, Western & Co. , Busan branch, attend to the work of Ocean & Co. , Ltd. , Busan branch office, to their satisfaction.

Yours truly,
Signature
Manager, Western & Co. , Ltd,
Busan Branch Office.

We confirm the above statement to be correct,

Signature

Manager, Ocean & Co. , Ltd.
Busan Branch Office.

동방 주식회사 귀중
(부산)
친애하는

폐사 서방 주식회사 부산지점은 대양 주식회사 부산지점의 작업에 종사하여 만족을 얻고 있음을 알려 드립니다.

____

서방 주식회사
부산 지점장

상술된 바는 정확함을 확인합니다.

____

대양 주식회사
부산지점장

3.15 추 천 장 (3)

Masan, May 24, 2015.

To whom it may concern;

I employed these men of Mr. Chung's in engine-room washing for three days during our stay here, in the port of Masan at buoy No. 8 and I found them to do very good work and also very honest and efficient.

Therefore I highly recommend them to all who are concerned in hiring men for the work mentioned above.

<u>*Signature*</u>
Chief Engineer
S.S. Korea

관계 제위 마산 : 2015년 5월 24일

본선은 당항(마산항) 제 8 호 부표에서 정박 중 3일간 기관실 청소작업에 인부 정씨를 고용하였습니다. 그들은 매우 열심히 일하고 정직하여 능률적으로 일함을 알았습니다.

그러므로 상기의 작업에 인부를 고용코자 하시는 제위에게 진심으로 추천합니다.

고려호
기관장______________

3.16 위 임 장(委任狀)

Haenam & Co. , Ltd. , Mokpo.

<u>Power of Attorney</u>

To whomever it may concern:

We hereby authorized to Mr. H. Ha of Gunsan & Co. , Mokpo branch, for the disposal of the following case:—

"..

...."

Haenam & Co. , Ltd.
<u>*Signature*</u>
Manager

Specimen of the signature
of Mr. H. Ha
H. Ha

해남 상회 (목포)

위 임 장

관계 제위
다음 건의 조치에 대하여 군산상회 목포지점의 하씨에게 위임합니다.
"..
...."

해남상회
지점장__________

H. Ha

하씨의 사인 견본

3.17 사인(서명) 통지문

Incheon, ... 20............ .

To ....
Dear Sirs,

Specimen Signatures.

We give below specimen signatures of those we have given authority to sign Bills of Lading and all relative shipping documents on our behalf.

Mr. E. Namgung will sign *E. Namgung*

Mr. Y. Gang will sign *Y. Gang*

Yours faithfully,

Signature

Manager, Sagong & Co.

인천. 20___. ___

..................귀하

친애하는

사 인 견 본

폐사를 위하여 선하증권 및 선적증서 관계서류에 사인할 것을 다음 사람에게 하명하였습니다.

Mr. E. Namgung will sign *E. Namgung*

Mr. Y. Gang will sign *Y. Gang*

경의를 표하며

____

사공상회 지점장

3.18 안 내

Incheon, Nov. 26, 2015.

Circular:

This is to advise that as of Nov. 22, 2015. Mr. Morris is Acting Manager for the Trading Steam Ship Co. , Incheon, in place of M. Smith, who is returning to the states on home leave.

Until further notice Mr. Morris will sign bills of lading, delivery orders, and all documents pertaining to the company's business. Mr. Morris's signature appears below.

M. Smith
Manager

Signed.

J. Morris
Acting Manager

인천 2015. 11. 26.

회장

휴가로 미국으로 돌아가는 M. 스미드의 대신으로 트레이딩 스팀십 회사의 지점장 대리로서 모리스씨가 2015년 11월 22일 현재 집무하게 된 사실을 알려 드립니다.

추후 통보할 때까지 모리스씨는 선하증권 · 화물인도 지령서(D/O) 및 폐사의 모든 서류에 서명합니다. 그 서명은 다음과 같습니다.

지점장 M. 스미드

서명

J. Morris
지점장 대리

제3편 각종 보고서 작성법

제1장 각종 보고서의 작성요령

Business letter(상용문)를 쓸 때와 같이 각종 Report(보고서)를 작성하는 것도 기관사의 업무로서 중요한 일이다. 기관검사보고 · 수리보고 · 공사 감독보고 · 공사 진행상태 보고 · 개조의견 보고 · 해난보고 · 연료에 관한 보고 · 소모품에 관한 보고 · 항해보고 · 실험보고 · 인사보고 및 기타 사고보고 등 보고서의 종류는 매우 다양하다. 사건이 외국에서 발생한 경우에는 보고서를 꼭 영문으로 써야 하는 것은 말할 나위조차 없다.

보고서 작성에서 주의해야 할 점은 명료(明瞭) · 완전(完全) 및 간결(簡潔)의 3가지이다.

1.1 명료에 대하여

오해받지 아니할 정도의 언어로서 기술(記述)해야 한다. 애매한 의미로 글을 쓰면 보고문의 신용을 잃기 쉽다. 독립적으로 기술해야 할 사항을 하나의 긴 문장 속에 혼잡하게 나열하연 진상파악이 애매해진다. 각 문장은 한 가지의 주된 의견이 지속되어 있어야 하며 문법이 정확해야 한다.

보고 재료의 구분과 배열에 유의해야 한다. 방대하고 잡다한 내용을 연관성있는 사항끼리 한데 묶고 순서적으로 나열하면 훨씬 이해가 빨라질 것이다. 되도록이면 세분하여 번호 또는 소제목을 붙인다.

내용이 다른 보고는 그에 적합한 표현법으로 써야 한다. 보고내용의 순서는 서론 · 본론 및 결론의 순서로 쓰거나, 먼저 요약을 기술하고 후에 결말의 요점을 상세히 분류하여 순서대로 배열한다.

보고서 요점을 일목요연하게 하고 차후의 참고로 이용하기 위한 방도를 강구한다. 보고서를 타자할 때에는 중요부분이나 제목을 대문자로 표기한다든지 하고, 때로는 밑줄을 긋는다. 내용이 방대하연 몇 부분으로 분할하고, 서두에 간단한 요약을 써두면 읽기가 쉬울 뿐만 아니라 후일 필요하면 그 부분만 빼어내서 이용하기에 편리하다.

1.2 완전에 대하여

기안자의 조사 연구한 바가 빠짐없이 완전히 설명되었는지를 검토한다. 보고를 받는 자가 전문가인 경우에는 물론이며, 그 방면의 전문용어에 미숙하거나, 사건경위의 자세한 상황을 잘 알지 못하는 자도 쉽게 이해할 수 있을 정도의 언어로 그 문제를 유감없이 완전히 설명되어야 한다.

1.3 간결에 대하여

간단한 단어를 사용하고 불필요한 수식어를 피하며, 문장을 짧게 작성한다. 그러나 사실이 누락되지 않아야 하고, 주 요점이나 결과의 중요부분 및 보고의 주안점 등은 간단명료하게 지적되어야 한다. 그러므로 보고서를 기초하면 재삼 반복하여 검토하고 불필요한 언어와 설명은 삭제하여 정서하는 습관을 길러 두어야 한다.

요컨데, 경영자는 보고서를 접하면 경제적인 견지에서 판단하는 것이므로, 바쁜 경영자의 주의를 끌만한 보고서를 작성해야 한다.

제2장 검사보고와 시험보고의 예문

2.1 소형 증기선의 검사보고

REPORT ON INSPECTION OF BOATS

Incheon,
May, 28, 2015.

Korea Transportation Co.
Incheon,
Mr. G. Kim, Vice President.
Dear Sirs;

In accordance with your instructions of May 25th. I have made a through investigation of the existing conditions on the steam ferry boats "Sora-ho" and "Galmaegi-ho" and herewith submit my report on the same and on the nature of the proposed repairs.

The hull of the "Galmaegi-ho" is in such bad shape that the cost repairs would equal that of a new hull. The engine is likewise good for nothing save scrap. The boilers of the "Galmaegi-ho", however, are in first class condition that the present set of boilers was installed in 1968. With a through cleaning they will be almost as good as new.

The "Sora-ho" is seven years younger than the "Galmaegiho", and consequently is in much better condition. The hull of the "Sora-ho" needs only a coat of paint to put it in A 1 shape. The engines, with a few minor repairs, such as the scraping of brasses, the renewal of connecting rod and crosshead gibs, the repacking of stuffing boxes, will be throughly capable of three or four years of service more. The boilers in the "Sora-ho" are those originally installed. They have been considerably forced and as a consequence are now worn out. They are an old style, slow steaming, small grate area, natural draft type, and in my estimation are unworthy of repairs.

It is possible to make a fairly efficient boat out of the "Sora-ho" by removing the present boilers and installing those of the "Galmaegi-ho". If the foregoing plan is adopted, it will be necessary to make a few changes in the valve mechanism of the engine in the "Sora-ho". The present boilers in the "Sora-ho" operate at 30 pounds steam pressure. The valve on the engine is a plain, unbalanced, single beat, poppet valve, and is operated from a rock shaft by a lifting-toe and wiper. The area of the piston is 314 square and that of the valve 38 square inches.

The unbalanced pressure on the valve is 600 pounds. With the present mechanism this pressure is counter balanced by a 200 spring. (The valve movement is three inches.) The spring acts downward on the wiper.

The boilers in the "Galmaegi-ho", which you intend to transfer to the "Sora-ho", operate at 500 pounds steam pressure. If the same valve is used there will be an unbalanced pressure of 900 pounds to equalize. The present lifting-toe, wiper and spring are scarcely adequate to carry the 600 pounds load. If we increase the load to 900 pounds they will have to be replaced by stronger ones.

You might, however, leave the lifting-toe, spring and wiper as they are and compensate for the additional pressure by balancing the valve. After careful consideration I believe the latter method would be inadvisable. In order to balance the valve it would be necessary to install at great cost a new steam chest. If the hull and engine of the

"Sora-ho" were new, even though the initial cost of balanced valve is great, the economy gained would justify the expenditure. But, owing to the fact the "Sora-ho" is not new and its life is limited, the economy gained by a balanced valve would not be sufficient to warrant the great initial cost. Although the new lifting-toe and wiper mechanism is not so economical, the cost of renewing it is low enough to offset the loss in economy.

I submit herewith a sketch of the present lifting-toe and wiper, In order to meet the requirements of the new conditions the lifting-toe must be made heavier but not longer, as the movement of the valve is to be the same.

The wiper must also be made slightly heavier in construction in order to withstand the wear. The 200 spring must be replaced by a 300 spring. The rock shaft is of sufficient size to suit the new conditions and therefore needs no repair.

I will gladly furnish any further information that you may desire.

Respectfully,

Chief Construction Engineer

인천

2015년 5월 28일

한국 운수회사(인천)
부사장 김씨
친애하는

5월 25일자 귀하의 지시에 따라 본인은 증기 연락선 "소리호"와 "갈매기호"의 현황을 철저히 규명하여 이에 현황과 제안된 수리에 관한 보고서를 제출함.

"갈매기호"의 선체는 몹시 낡아서 보수비용이 새것의 비용과 맞먹을 것으로 사료됨. 더구나 기관도 아무 소용이 없을만큼 좋지 아니함. 그러나 "갈매기호"의 보일러의 상태는 아주 양호함. 검사 증명서로부터 현재의 보일러가 1990년에 설치되었음을 알았음. 철저히 세척하면 보일러는 신품과 거의 같게 양호해질 것임.

"소라호"는 선령이 "갈매기호"보다 7년이 더 적으며, 상태도 훨씬 좋음. "소라호"의 선체는 A1형으로 1회만 페인트칠을 하면 될 것임. 기관은 브라스 스크래핑 · 연접봉과 크로스헤드 깁스의 대체 및 스터핑 박스의 수리와 같은 몇가지 사소한 보수만 하면 3~4년은 더 사용할 수 있을 것임. "소라호"의 보일러는 원래 설치된 것임. 보일러는 적지않게 무리를 했으며, 따라서 현재는 낡았음. 구형이고 증기조성이 완만하며 화격자 면적이 작고 자연 통풍형이므로 본인의 의견은 보수할 가치가 없음.

"소라호"의 보일러를 제거하고 "갈매기호"의 보일러를 설치하면 상당히 효율적인 선박으로 만들 수 있겠음. 이같은 계획이 채택된다면 "소라호"에 있는 기관의 밸브 기구를 몇 가지 변화시킬 필요가 있음. ""소라호"의 현 보일러는 30파운드의 증기압에서 작동됨. 기관에 있는 밸브는 평평하고 불균형하며 싱글 비트이고 포핏 밸브이며, 또한 리프팅 토우와 와이퍼에 의하여 록 샤프트로부터 작동됨. 피스톤 면적은 314 in²이며, 밸브 면적은 38 in² 임. 밸브의 불균형 압력은 600 파운드임. 현 메커니즘은 이 압력이 200개의 스프링에 의하여 균형을 맞추고 있음. (밸브 운동은 3 in임.) 스프링은 와이퍼에서 하부로 작동함.

귀하가 "소라호"로 옮기려고 하는 "갈매기호"에 있는 보일러는 50파운드의 증기압에서 작동됨. 동일한 밸브를 사용한다면 900파운드의 불균형 압력이 존재할 것임. 현재의 리프팅 토우 · 와이퍼 및 스프링은 600파운드의 하중을 옮기는데도 불충분함. 만일, 하중을 900파운드까지 증가시키려면 더 강력한 것으로 대체해야 함.

그러나 귀하는 리프팅 토우 · 스프링 및 와이퍼를 그대로 두고 밸브를 조절함으로써 여분의 압력을 감당할 수 있다고 할 것임. 세심하게 고려해 본 결과 그것은 제안할 만한 방법이 되지못할 것으로 사료됨. 밸브를 균형되게 하기 위해서는 많은 비용을 들여 새 증기실을 만들어야 할 필요가 있음.

"소라호"의 선체와 기관이 낡지 아니하였다면 밸브를 균형되게 하는데 초기 비용이 많이 든다고 할지라도 경제적인 면에서는 합당할 수 있겠음. 그러나 "소라호"는 새 배가 아닐 뿐만 아니라 그의 수명도 제한되어 있기 때문에 밸브를 균형되게 하는 것은 경제적으로 막대한 초기비용을 보상하기에 불충분함. 비록 리프팅 토우나 와이퍼를 신품과 대체하는데 어느 정도의 비용이 소요된다고 할지라도 이 비용은 경제적 손실을 상쇄시킬 수 있을 만큼 적음.

이 기회에 본인은 현재의 리프팅 토우와 와이퍼의 스케치를 제출함. 새로운 조건에 부합되기 위하여는 밸브의 운동관계로 현재의 것보다 더 무거워야 하나 길어서는 아니 됨. 와이퍼 또한 내 마모성을 가질 수 있게 좀더 무겁게 제작되어야 함. 200개의 스프링은 300개의 것으로 대체되어야 함.

록 샤프트는 새 조건에 충족되는 크기이므로 보수할 필요가 없음.

귀하가 원하신다면 더 많은 자료를 제출코자 함.

경의를 표하며

주임 조선기사

2.2 보일러 화로가 변형된 때 로이드 검사원의 검사보고

CERTIFICATE OF SURVEY

SURVEY HELD ON THE STARBOARD MAIN BOILER OF THE KOREAN STEEL SCREW STEAMSHIP "V__ho" OF BUSAN 6571 GROSS REGISTERED TONNAGE.

Mr. KIM_____, MASTER.

I, the undersigned do hereby certify, that I on the 15th, November 2015, did at the request of Captain Kim, survey the Starboard Main Boiler of the above named steamship, and report as follows :

I found that the center and port furnaces of Starboard Boiler had collapsed along practically the whole length of the tubes, the greatest deflection of which was 2 (two and three sixteenths of an inch) from normal, in the center, and 1 3/16(one and three sixteenths of an inch) in the port furnaces. As no means are available, for the jacking of furnaces of such diameter and thickness, at this port, I recommend that the vessel proceeds on her voyage, on the two remaining main boilers, on a calculated mean speed of eight and one half knots per hour and, have the necessary repairs effected at first opportunity.

I am transmitting a report to The Committee of Lloyds Register of Shipping, to the above effect.

GIVEN UNDER MY HAND THIS 21st, DAY OF NOVEMBER 2015, AT PORT LOUIS, MAURITIUS.

SURVEYOR TO LLOYDS REGISTER OF SHIPPING

검사 증명서

한국적 강제 나선 추진식 증기선 "V___호"(부산항, 등록 총톤 6571톤) 우현 주 보일러의 검사시행

다음에 서명한 본인은 2015년 11월 15일, 김 선장의 요구에 따라 위에 적은 기선의 우현 주 보일러를 검사했음을 증명하고 다음과 같이 보고함.

본인은 우현 보일러의 중앙과 좌측 화로가 사실상 관의 전장에 걸쳐 파괴되고 그 중 가장 심한 편향도가 중앙화로에 있어서는 정상상태와 비교하여 $2\frac{3}{16}$ 이며 좌측회로에 있어서는 $1\frac{3}{16}$ 임을 발견하였음.

이 항구에서 이 같은 지름과 두께의 화로를 들어올리는 방법이 없으므로 본인은 당해 선박이 남은 두 개의 주 보일러로 시간당 8노트 반 이라는 계산된 평균속도로 항해를 계속 하여 첫 기회가 오면 필요한 수리를 하도록 권고하였음.

본인은 로이드 선급협회에 위와 같은 취지의 보고서를 제출코자 함.

모리시어스, 포오트 루이스항에서 2015년 11월 21일에 서명하여 인도함.

로이드 선급협회 검사원

2.3 고압 피스톤 및 실린더가 파손되었을 때 로이드 검사원의 검사보고

Lloyd's Register of Shipping
Port Bahia Blanca
March, 2015.

This is certify that

D. C. Bruce ....

the undersigned Surveyor to this society did at the request of Messrs. Chadwick Weir & Co. and with the consent of her captain Kim surveyed the S. S. Victoria 4254 tons net register of Busan on the 8th. inst. while afloat in the Bahia Blanca Roads for damage to the high pressure cylinder of main engine alleged to have occurred at 1.22 a. m. 4th March, at a spot about 45 miles south of Montevideo while on voyage from Buenos Aires to Bahia Blanca.

On examination the undersigned found.

1st. The lower flange of the high pressure piston completely broken off.

2nd. The junk ring of the high pressure piston broken.

3rd. The high pressure cylinder bottom and stuffing box knocked out.

4th. Top and bottom parts to high pressure cylinder blocked with cement.

5th. Two wooden plugs with hole through center driven tightly into the high pressure valve casing-one at top and another at bottom.

6th. The connecting rod, piston and piston rod removed to enable engine to work compound.

To enable the vessel to proceed on her voyage to a home port with compounded it is recommended that the wooden plugs be removed from the high pressure valve casing and replaced by the piston valve metallic packing rings, accurately fixed in position. The lower metallic packing to be supported by iron packing pieces resting on the bottom of the H. P. valve casing, and the top metallic packing to be supported by four studs 1/2" diameter passing through a plate resting on the top of the valve liner. These four studs to be long enough to press against the cover of the H. P. valve so as to prevent any movement of the piston valve metallic packing.

D. C. Bruce

로이드 선급협회
바이아 블랑카
2015년 3월

본 협회 소속의 다음 서명자는 채드윅 웨어 상사의 요구 및 김 선장의 동의를 얻어 부산항 선적인 4254톤, 기선 빅토리아호가 부에노스 아이레스로부터 바이아 블랑카로 항해 중 몬테비데오 남방 약 45마일 지점에서 3월 4일 오후 1시 22분에 발생한 주기관의 고압 실린더에 대한 손상을 본선이 바이아 블랑카항에 있는 동안 금월 8일에 검사하였음.

아래 서명자는 검사하여 다음을 발견하였음.

1. 고압 피스톤의 하부 플랜지가 완전히 파괴되었음.
2. 고압 피스톤의 정크 링이 파괴되었음.
3. 고압 실린더의 하부와 스터핑 박스가 큰 충격을 받았음.
4. 고압 실린더의 상부와 하부가 시멘트로 막혔음.
5. 중앙에 구멍이 뚫린 목제 플러그 2개가 하나는 상부에서 다른 하나는 하부에서 고압 밸브 케이싱 속으로 박혔음.
6. 커넥팅 로드(연접봉) · 피스톤 및 피스톤 봉을 기관이 복식으로 작동되게 이동하였음.

본선이 복식상태로 모항에 귀환할 수 있게 하기 위하여 목제 플러그를 고압 밸브 케이싱에서 빼어내고 피스톤 밸브의 금속 패킹 링을 정확하게 원위치로 복구시켜야 함. 하부 금속 패킹은 고압 밸브 케이싱 바닥에 있는 철제 패킹에 의하여 지탱되어야 하며, 상부 금속 패킹은 밸브 라이너 상부에 있는 철판을 관통하는 직경 1/2" 스터드 4개에 의하여 지탱되어야함. 이들 4개의 스터드는 피스톤 밸브 금속 패킹의 어떠한 운동도

방지할 수 있고 고압 밸브 커버를 덮어 누를 만큼 충분하게 길어야 함.

D.C. 브루스

2.4 327마력 육상 보일러의 시험보고

TEST ON A 327 HORSEPOWER______BOILER

Osaka,

December 18, 20______

_______ Boiler Company.

Osaka

Gentlemen:

At your request I conducted an evaporative test on the 14th instant on a

327 HORSEPOWER ______ BOILER

at the ______ ______ Plant of the City of Osaka in conjunction with your Mr. _____ , Messrs. _____ and _____ of the Fuji Iron works, ____ and Messrs. __ and __ of the Osaka Iron Works and their Assistants,

PURPOSE OF THE TEST:

The test was made to prove your guarantee as to duty, to wit:

With coal having not less than 14,500. B. t. u. per pound.

10.75 lb. evaporation at and from 212°F. per pound, of dry coal, or

10.4 1b. evaporation from 300°F. feed temperature into steam at

175 lb. gauge pressure and 100°F. superheat, the two guarantees being considered equivalent.

DESCRIPTION OF THE BOILER TESTED:

The 327 H. P. __________ Boiler has

148 in. by 21 ft. 9 1/2 in. steam and water drum. 1893 1/2 in. by 18 ft. water tubes, and 3383 square feet of heating surface.

The boiler is equipped with a

Foster superheater and a Murphy mechanical stoker having grates 7 ft. 6 in. wide(horizontally) by 7 ft. long, or 52.5 square feet of grate area. The ratio of heating to grate surface is 64.4 to one

COAL USED:

The test was made Fushun lump coal, which was broken before being used.

The coal contained 7070 moisture as used on the test. Mr. A and Mr. B, Analytical chemists, Osaka, fund it to contain ________.

14,816 B. t. u. per pound, dry, and 5.27 % of ash. No attempt was made to ascertain the ash refuse by trial since no guarantee was made based upon combustible.

* * *

HOW THE TEST WAS MADE:

The Society of Mechanical Engineer's "Code of Rules for Conducting Boiler Test" was followed.

The coal and water were weighed, and hourly quantities of each were ascertained. Pressures and temperatures were taken at 15 minutes intervals.

The boiler was provided with independent feed piping. The blow-off piping was disconnected and plugged. The feed pump was connected only with the test tank and the boiler tested. The boiler was tight and clean.

All records were taken in duplicate.

The "alternate" method of starting and stopping the test was adopted.

* * *

RESULT OF THE TEST:

Test number : 866

Made on Dec. 14, 20_______.

Duration : hours. 12

Pressure : ....

Temperatures : ....

Water : ....

Economic evaporation : ....

....

Efficiency in use of coal : ....

....

Horsepower : ....

CONCLUSIONS:

1. The coal was of excellent quantity, containing 5.27% of ash by analysis. 14,816 B. t. u. per pound dry.
2. The evaporation at and from 212°F. per pound of dry coal was 11.96 lb. or a saving of 11% over the 10.75 lb. guaranteed. The efficiency in the use of the coal was 77.95%.
3. The boiler exceeded its contract guarantees.

Respectfully submitted,

____

Consulting Engineer

오사카

20______년 12월 18일

___________보일러 회사(오사카)

친애하는

귀하의 요청에 의하여 본인은 귀사의 _____씨, 후지 철공소의 _____ 씨 및 오사카 철공소의 ____ 씨와 보조원 제씨 등과 협력하여 오사카시에 있는 ____공장에서 327마력_____ 보일러에 관한 증기화 시험을 금월 14일 시행하였음.

시험목적 :

보증된 총효율을 증명하기 위하여 시험했음.

즉 :

파운드 당 14,500 B. t. u. 이상의 열량을 발생하는 석탄을 사용할 때 건조 석탄 파운드 당 212°F에서 10.75 lb. 증발,

혹은

175 lb.의 게이지 압력과 100°F 과열에서 온도를 증기로 공급하면 300°F에서 10.4 lb. 증발. 이 두 가지 사실은 동등한 것으로 간주됨.

보일러 시험에 대한 기술 :

327마력 _______보일러는 증기 및 물 드럼은 148in x 21ft.

9 1/2in이며, 수관은 189 1/2in x 18ft이고 가열 표면적은 3383ft²임.

보일러는 포스터 과열기와 7ft. 6in(가로) x 7ft.(길이)의 화격자 혹은 화격자 면적이 52.5ft²를 갖는 머피 기계 급탄기가 장비되어 있음.

화격자 표면에 대한 가열비는 64.4 : 1임.

사용석탄 :

시험에는 사용하기 전에 분쇄한 푸슌 괴탄을 사용했음. 시험에 사용된 석탄의 수분 함량은 70%였음.

오사카의 분석학자 A씨와 B씨는 건조탄 파운드 당 열량이 14,816 B. t. u. 이고, 회분이 5.27%임을 알아냈음. 보증은 연소성에 기초를 두지 아니하였으므로 실험에 의하여 회분 잔재물을 확인하려고 하지 아니하였음.

*　　　　*　　　　*

시험방법 :

기계공학자 협회의 "보일러 시험의 관리에 관한 표준규약"은 다음과 같았음.

석탄과 물을 평량한 후 이에 대한 매시간 마다의 양을 조사했음.

압력과 온도는 15분 간격으로 측정했음.

보일러에는 독립된 급수관계를 설치했음. 방출관계는 연결되어 있지 않게 하고 막혀있게 했음. 급수펌프는 시험조와 시험 보일러에만 연결했음. 보일러는 단단하고 정결했음.

모든 기록은 2통씩 작성했음.

시작과 종료의 교호법을 채택했음.

*　　　　*　　　　*

시험결과:

시험번호, 866호

시험일자, 20___ 년 12월 14일

시험기간 : 12시간

압력 : ……………………………………………………………………

온도 : ……………………………………………………………………

물 : ………………………………………………………………………

경제적 증발 : ……………………………………………………………

사용석탄의 효율 : ………………………………………………………

마력 : ……………………………………………………………………

결 론

1. 석탄은 분석에 따라 5.27%가 포함된 양질이었고, 건탄 파운드 당의 열량은 14,816 B. t. u. 였음.
2. 건탄 파운드 당의 증발량은 212°F에서 보증된 양인 10.75lb.보다 11%가 많은 11.96파운드였음. 사용석탄의 효율은 77.95%였음.
3. 보일러는 계약치를 초과했음.

삼가 제출합니다.

____

고문기사

2.5 브라인의 비열에 관한 시험보고

SPECIFIC HEAT OF BRINE

The object of this experiment was to determine the specific heat of calcium brine.

The test was performed in the following manner.

A definite weight of brine was placed in a closed vessel provided with an opening for the insertion of a thermometer.

A definite weight of water was placed in other vessel to which there was also attached a thermometer for recording the temperature. This water was then raised to 115°F., at which it was placed in a wooden box in order to reduce radiation.

The water was allowed to stand for ten minutes, during which time the drop in temperature was noted. At the end of this time the brine vessel was placed in the water, and the fall of temperature of the water and the rise of that of the brine were noted at half-minute intervals until both were the same. The drop of both due to radiation was then noted for ten minutes longer. A correction was made for radiation and the specific heat was found in the usual way.

Results.

Weight of water ·· _____gr.

Weight equivalent of water vessel ·· _____gr.

Total ··· ____ gr.

Weight of brine ··· _____gr.

Weight equivalent of brine vessel ··· _____gr.

Total ··· _____gr.

Correction for radiation ·· ______°F

Specific heat of brine ·· _______

이 실험의 목적은 칼슘 브라인의 비열을 측정하는 데 있었음.

시험은 다음과 같은 방법으로 실시했음.

브라인의 일정량을 온도계를 삽입할 수 있도록 열려진 용기에 넣었음. 일정량의 물을 온도를 기록하기 위한 온도계가 부착된 다른 용기에 넣었음. 이 물은 열 방출을 적게하기 위하여 목제상자에 용기를 넣고 수온을 115°F로 올렸음.

물을 10분 동안 그대로 두고 이 시간 동안의 온도강하를 기록했음. 10분 후 곧바로 브라인이 든 용기를 물속으로 집어 넣고 양쪽의 온도가 같아질 때까지 30초 간격으로 물의 온도강하와 브라인의 온도상승을 기록했음. 다음에 열 방출에 의한 브라인 용기의 온도강하와 물의 온도강하를 10분 동안 더 측정했음. 열방출을 고려하여 계산함으로써 브라인의 비열을 통상적인 방법으로 알아낼 수 있었음.

결과.

물의 무게 ·· _____gr.

물 용기에 상당하는 무게 ·· _____gr.

합계 ·· _____gr.

브라인의 무게 ·· _____gr.
브라인 용기에 상당하는 무게 ··· _____gr.
합계 ··· _____gr.
열방출에 의한 수정 ·· _____°F
브라인의 비열 ·· ______

제3장 기관 사고보고 예문

3.1 보일러 내부 소지주(小支柱)의 절손사고 보고

S.S. "_____ho",
Fernandina
April 10, 20_____.

_____ _____, Esq. ,
Superintendent Engineer,
_____ _____ Co. , Ltd.
New York.

Dear Sir,

Upon opening up the boilers today I found one of the stays in the back of the combustion chamber in the center furnace of the port boiler broken.

As I have no spare stays on board and as there is no engine shop here to make one, 1 propose fitting a thimble stay, as per enclosed sketch, which should carry us to New York where I will have a new stay to be fitted and also a few spare one made as I consider this advisable.

As you are aware I joined this ship on short notice otherwise I would have had spare stays on board. Trusting this meet with your approval,

I remain,
Your obedient servant,

____

Chief Engineer

기선 _____호
퍼어난디어
20_____년 4월 10일

_____ _____귀하
감독기사
_____ _____주식회사
뉴욕
친애하는

오늘 보일러를 개방하였던 바 좌현 보일러의 중앙화로에 있는 연소실 뒷부분의 지주 하나가 부러져 있었습니다.

본선에는 현재 여분의 지주가 없을 뿐만 아니라 또한 이곳에는 지주를 제작할 기관공장이 없으므로 새 지주도 맞출 수 있고, 또 몇개의 예비품 지주를 제작할 수 있는 뉴욕으로 갈 수 있도록 동봉 모형도와 같은 딤블 지주를 맞춰 주시면 좋겠습니다.

아시는 바와 같이 이것은 세밀한 검사를 해보지도 않고 승선하였기 때문입니다. 그렇지 않았더라면 예비품 지주를 준비했을 것입니다.

선처를 바랍니다.

경의를 표하며
기관장 _______________

3.2 중압 슬라이드 밸브봉의 절손사고 보고

REPORT ON A BREAKDOWN OF I. P.
VALVE SPINDLE

S.S. "_____ho"
Oran
September 20, 20____

A. B_____ Esq. ,
Superintendent Engineer,
_______ _______ Co. , Ltd.

London.

Dear Sir,

I have to report the following accident that occurred on the 16th September 20_____, on the voyage from Port-Said to Oran.

The intermediate valve spindle carried away due to the slide valve seizing on the cylinder face. I had removed was the valve and spindle, and fitted a blind flange in the gland to prevent steam escaping at the bottom gland. The valve cover was jointed up and when this was finished, the eccentric and quadrant were lashed up so as to let them move up and down without fouling anything, so saving time in dismantling them.

We proceeded with the compound engine for two days, during which time I had joined up the spindle, as shown in the accompanying sketch, also had cut guttes on the valve face; and when everything was ready, we stopped the engine and fitted the valve and spindle, adjusting the leads, and then closed up. We proceeded on the voyage everything working well until we reached Oran.

I have made a careful examination of the valve and spindle here and find them quite safe to proceed the voyage. I enclose a sketch from which I will be possible to have a new spindle made ready for fitting when we arrive at Antwerp.

I am pleased to report that everything else has gone well during the voyage.

Note for repair as made.

To find diameter of stud to give maximum strength.

Area of Stud=Area of annular section.

$d^2 \times 11/14 = (4^2 - d^2) \times 11/14$

$d^2 = 4^2 - d^2$

$d^2 + d^2 = 4^2$

$$2d^2=4^2$$

$$d=\sqrt{\frac{4^2}{2}}=2.9''=2\ 15/''$$

This might be stated shortly that the area of the stud was half the area of the rod section.

I am,

Your obedient servant,

____

Chief Engineer

P.S. - The guide bracket was not damaged, but I took the precaution of examining thorough1y.

____

기선 "_____호"

오란

20_____년 9월 20일

A.B_______귀하

감독기사

_______ _______주식회사

런던

친애하는

20_____년 9월 16일 포트사이드에서 오란으로 항해 도중 발생한 다음과 같은 사고에 대하여 보고 드립니다.

중앙 밸브봉이 실린더 면을 조이는 슬라이드 밸브에 의하여 파손되었습니다. 본인은 밸브와 스핀들을 제거하고 저부 글랜드에서 증기가 누설되지 않게 블라인드 플랜지를 맞추었습니다. 밸브 커버는 접합되었느나 이 작업이 끝나고 나니 편심기와 쿼드런트를 다른 부분에 영향을 주지 않고 상하로 움직이게 하고 또 이들을 분해하는 데 시간을 절약하기 위해서는 편심기와 쿼드런트에 충격을 가하지 않을 수가 없었습니다.

우리는 2일 동안 2단 팽창기관으로 항해했습니다. 이 기간 동안 동봉한 스케치를 보시면 알 수 있는 바와 같이 스핀들을 접합시켰으며, 또한 밸브 면에 있는 작은 반점도 역시 제거했습니다. 이리하여 모든 작업이 완료되었을 때 땜질을 하기 위하여 기관을 정지시키고 밸브와 스핀들을 맞춘 다음 봉했습니다. 그래서 오란까지는 모든 부분이 원활하게 작동되는 가운데 항해를 개속했습니다.

이곳에서 밸브와 스핀들을 세밀히 검사해 보았으나 항해를 계속하는 데는 아무런 지장이 없을듯 합니다. 우리들이 안트워어프에 도착하는 즉시 준비된 새 스핀들로 바꿀 수 있도록 여기 스케치를 동봉합니다.

그 밖의 모든 것이 항해 도중 잘 작동되었다는 사실을 보고 드리게 되어 매우 기쁩니다.

제작시의 유의점.

최대강도 부여에 대한 스터드의 직경을 알아낼 것.

스터드의 면적 = 고리 모양 단면의 면적

$$d^2 \times 11/14 = (4^2 - d^2) \times 11/14$$

$$d^2 = 4^2 - d^2$$

$$d^2 + d^2 = 4^2$$

$$2d^2 = 4^2$$

$$d = \sqrt{\frac{4^2}{2}} = 2.9" = 2\ 15/16"$$

간단히 말씀드리면 스터드의 면적은 봉(棒) 단면적의 1/2이라고 할 수 있습니다.

경의를 표하며

기관장 ______________

추신 : 철저히 조사해 보았으나 가이드 브래킷에는 고장이 없습니다.

____

제4장 연료 분석 보고 예문

4.1 연료유 분석보고

Pensky Marten' s Closed Cup.

THE PANAMA CANAL
TESTING LABORATORIES OF MUNICIPAL
ENGINEERING DIVISION

Miraflores, C. Z.
Report on
Analysis of Fuel Oil
Submitted by
General Store keeper

Source of Sample : Ex S/S "CONUS" delivered to the Asiatic Petroleum Storage Co. , on March 2, 3 and 4, 20_____ into tanks Nos. 13 and 14. Balboa.

Flash Point, P. M. C. C. ······ 230°F

Viscosity, Saybolt Furol Seconds:

86°F ······ 39

122°F ······ 18

Water and sediment, per cent by volume ······ 0.5

Specific Gravity : 15.5°/15.5℃, 60°/60°F ······ 0.922

Beaume Degrees : 15.5°/15.5℃, 60°/60°F

(Modulus 140) ······ 21.84

Chief of Chemist.

시료의 출처 : 20_____년 2. 3 및 4일, 아시아 석유 저장회사 발보아 13 및 14번 탱크로 송유된 기선 "코우너스 호" 선적분

인화점, P. M. C. C. ·················· 230°F

점도, 세이볼트 퓨롤 초 :

86°F ·················· 39

122°F ·················· 18

물 및 침전물 용적 % ·················· 0.5

비중 : 15.5°/15.5℃, 60°/60°F ·················· 0.922

보메도 : 15.5°/15.5℃, 60°/60°F(계수140) ·················· 21.84

제5장 지압도 보고 서식

S.S. "__________________ho"

Date ______________________________________

Voyage No. ________________________________

From ____________________ to _______________

Draft. Forward ____________ Aft _____ Mean ______

Diameter of Cylinders, H. P._____ I. P._____ L.P._____

Stroke of Piston ______________________________________

Diameter of Propeller _____________ Pitch ______________

Revolutions per minute ________________________________

Speed of Screw Propeller ______________________________

Speed of Ship per hour ________________________________

Percentage of Slip _____________________________________

Boiler Pressure. ______________________________________

Receiver Pressure. H. P. _______ I. P. _______ L. P. _______

Vacuum, Inches _______________________________________

Grade of Expansion, H. P. _____ I. P. ______ L. P. ______

Wheel ____

Stop Valve ____

Throttle Valve _______________________________________

Temperature of Sea Water _____________________________

Temperature of Discharge Water ________________________

Temperature of Hot Well ______________________________

Temperature of Feed Water ____________________________

Temperature of Engine Room ____________________________

Temperature of Superheated Steam, Boiler _______________

Temperature of Superheated Steam, H. P. Slide Casing _____

Name of Fuel used

Quality of Ditto

Fuel Consumption per hour per I. H. P.

I. H. P. Per sq ft. of Fire Grate

Scale H. P. I. P. L. P.

Mean Effective Pressure H. P. I. P. L. P.

I. H. P. High Pressure

I. H. P. Intermediate Pressure

I. H. P. Low Pressure

I. H. P. Combined

Wind

Sea

Date of Last Docking

No. of Boilers in use

Exhaust Steam of Auxiliary Machineries into

Remarks:

____

Chief Engineer

기선 "________ 호"

연월일 년 월 일

제________차,________항

자 : ________항,　　　지 : ________항

홀수 : 선수________, 선미 ________, 평균________,

실린더 직경 : 고압________, 중앙________, 저압________

피스톤 행정 ____________________________

프로펠러 직경 ______________, 피치 _________________

배분 회전수 ______________________

추진기 속력 ______________________

매시 선속 ________________________

실각율 ___________________________

보일러 압력 ______________________

수기실 압력 : 고압________, 중압________, 저압________

진공(인치) ________________________

기통 단기점 : 고압________, 중압________, 저압________

휠 ______________________________

스톱 밸브 ________________________

드로틀 밸브 ______________________

해수온도 _________________________

배수온도 _________________________

온수조온도 _______________________

급수온도 _________________________

주기관실 온도 ____________________

과열증기 및 보일러 온도 ____________________

고압 슬라이드 케이싱 온도 ____________________

사용 연료명 ______________________

사용 연료량 ______________________

지시 마력당 시간당 연료 소모량 ____________

화격차 ft^2당 지시마력 ______________________

스케일 : 고압______, 중압______, 저압______

평균 유효압력 : 고압______, 중압______, 저압______

지시마력, 고압 ______________________

지시마력, 중압 ______________________

지시마력, 저압 ______________________

지시마력, 총합 ______________________

\- -

바람 ______________________________

바다 ______________________________

전회 도킹 년월일 ______________________

사용 보일러 수량 ______________________

보조기계 내 배출증기______________________

기사. ____________________________________

____

기관장 ______________

제6장 해난보고(海難報告) 서식

6.1 해난의 정의

해사법규 중 해난 심판법의 해난을 다음과 같이 규정하였다.

(1) 선박이 훼손 또는 멸실(滅失)되거나 선박의 운용에 관련하여 선박 이외의 시설에 손상이 생긴 경우.
(2) 선박의 구조 · 설비 또는 운용에 관련하여 사람을 사상(死傷)한 경우.
(3) 선박의 안전 또는 운항이 저해된 경우.

이상과 같은 경우에 해난이 발생한 것으로 보며, 기관부에 관계되는 사항은 다음과 같다.

(1) 선박의 안전 또는 운항이 기관의 운전에 의하여 저해된 경우
즉, 기관의 중요부분에 자연 파손 또는 손상이 생기거나, 기관의 주요설비 및 비품에 손상이 생긴 경우
(2) 기관실 내에서 사람이 사상한 경우
(3) 기관실에 화재가 발생한 경우

6.2 해난보고 서식 (1)

Vessel
- Name(선명) ______________________________
- Description(선종) ______________________________
- Official Number(선박번호) ____________________

Port of Registry(선적항) ______________________________

Gross Tonnage(총톤수) ______________________________

Name of Owner(선박 소유자 성명) ____________________

Master
- Name(선장 성명) ______________________________
- Address(주소) ______________________________
- Class & Grade of Certificate(해기사 면허장의 종류) ______________________________

Chief Engineer
- Name(기관장 성명) ______________________________
- Address(주소)______________________________
- Class & Grade of Certificate(해기사 면허장의 종류) ______________________________

Port of Despatch(출발항) ______________________________

Port of Arrival(도착항) ______________________________

Place where Casualty Occurred(해난 발생장소) __________

Date & Hour of Occurrence(해난 발생일시) _____________

Details of Casualty(사고의 상세) _______________________

____

____

I hereby affirm the correctness of the above report.
(나는 이에 의하여 상기 보고가 정확함을 증언합니다.)

Signature(서명) ______________________________

Master M.S. (S.S.) "_____________ ho"[機船(汽船) "______ ________호" 선장]

Place & Date(장소와 연월일) ______________________________

To the Marine Office, for the Port of _________ (______ 항 해운관청 귀중)

해난보고(선박 재해보고) : Report on Shipping Casualty
톤 수 : tonnage
  총톤수 gross tonnage
  배수량 톤수 displacement
  재화중량 톤수 dead-weight tonnage
마 력 : horse power(H. P.)
  도시 마력 indicated horse power(I. H. P.)
  제동 마력 brake horse power(B. H. P.)
  축 마 력 shaft horse power(S. H. P.)
  전달마력 delivered horse power(D. H. P.)
  유효마력 effective horse power(E. H. P.)
  공칭마력 nominal horse power(N. H. P.)
해기사 면허장의 종류와 등급 : class & grade of certificate
  1급 first(lst) grade
  2급 second(2nd) grade
  3급 third(3rd) grade
  기관장 chief engineer (C/E)
  1등 기관사 first engineer (1/E)
  2등 기관사 second engineer (2/E)
  3등 기관사 third engineer (3/E)
  실습 기관사 apprentice engineer (A/E)

6.3 해난보고 서식 (2)

_____년 ____월 ____일

____________________귀 중

____________보고서, 보고자_________

선종	선명	선박 번호	선적항	총톤수	항행구역 종업제한	기관의종류 · 수 · 공칭마력

<table>
<tr><td rowspan="2">선 박 소 유 자</td><td>주 소</td><td colspan="6"></td></tr>
<tr><td>성 명 또 는
명 칭</td><td colspan="6"></td></tr>
<tr><td rowspan="2">선 장</td><td>주 소</td><td colspan="2"></td><td rowspan="4">해
기
사
면
허
장</td><td>종류</td><td colspan="2"></td></tr>
<tr><td>성 명</td><td colspan="2"></td><td>번호</td><td colspan="2">제 호</td></tr>
<tr><td rowspan="2">기 관 장</td><td>주 소</td><td colspan="2"></td><td>종류</td><td colspan="2"></td></tr>
<tr><td>성 명</td><td colspan="2"></td><td>번호</td><td colspan="2">제 호</td></tr>
<tr><td colspan="2">출발항 및 도착항</td><td>출발항</td><td></td><td colspan="2">도착항</td><td colspan="2"></td></tr>
<tr><td colspan="3">사실발생의 년월일시 및 장소</td><td colspan="5"></td></tr>
<tr><td>사
실
의
전
달</td><td colspan="7"></td></tr>
</table>

제4편 기관사 상식백과

제1장 '해양의 오염방지를 위한 국제조약 제9조'에 의한 기름기록부의 개정양식과 기재요령

1.1 탱커용 기름 기록부의 양식

선 명______________________

선박의 총화물창 적재용적(입방미터로 표시)__________

(a) 화물유의 적재

적재일 및 장소 적재한 기름의 종류 기름을 적재한 탱크의 식별기호	1. 2. 3.

(b) 항해 중 화물유의 전적

전적일 탱크의 식별기호 5(i)의 탱크는 비어 있는가.	i ii	부터 으로	4. 5. 6.

(c)

양화일 및 장소 기름을 양하한 탱크의 식별기호 탱크는 비어 있는가.	7. 8. 9.

1.1 FORM OF OIL RECORD BOOK FOR TANKERS

Name of ship ....

Total cargo carrying capacity of ship in cubic meters

(a) Loading of oil cargo

Date and place of loading Types of oil loaded Identity of tank(s) loaded	

(b) Transfer of oil cargo during voyage

Date of transfer Identity of tank(s) Was(were) tank(s) in 5(i) emptied?	i ii	from to	

(c) Discharge of oil cargo

Date and place of discharge Identity of tank(s) discharged Was(wcre) tank(s) emptied?	

(d) 화물유 탱크로의 밸러스트 적재

밸러스트를 적재한 탱크의 식별기호	10.
밸러스트의 적재 개시일 및 개시 당시의 선박위치	11.

(e) 화물유 탱크의 세정

세정한 탱크의 식별기호	12.
세정일 및 세정에 소요된 시간	13.
세정방법(주)	14.

(주) 호스를 사용한 수동 세정인가, 기계적 세정인가 혹은 화학세제에 의한 세정인가를 명기할 것. 화학세제에 의한 세정인 경우 그 화학세제와 사용량을 기입할 것.

(f) 오손된 밸러스트의 배출

탱크의 식별기호	15.
해중으로의 배출 개시일 및 개시 당시의 선박위치	16.
해중으로의 배출 종료일 및 종료 당시의 선박위치	17.
배출 중의 선박속력	18.
해중으로 배출된 양	19.
슬롭 탱크로 전적한 오수의 양(슬롭 탱크의 식별기호를 표시할 것.)	20.
연안 수용시설에 배출한 경우에는 그 배출일과 항구 명	21.

(g) 슬롭 탱크로부터의 물의 배출

슬롭 탱크의 식별기호	22.
오수를 최후로 넣고 나서부터의 세틀링 시간, 또는 전회 배출로부터의 세틀링 시간	23. 24.
배출 개시의 일시 및 개시 당시의 선박위치	25.
배출 개시 당시의 내용물 총량	26.
배출 개시 당시의 유수 경계면 위치	27.
최종단계 전에 배출한 양과 배출속도	28.
최종단계에서 배출한 양과 배출속도	29.
배출종료의 일시 및 종료 당시의 선박위치	30.
배출 중의 선박속력	31.
배출종료 당시의 유수 경계면 위치	32.

(d) Ballasting of cargo tank

Identity of tank(s) ballasted Date and position of ship at start of ballasting	

(c) Cleaning of cargo tank

Identity of tank(s) cleaned Date and duration of cleaning Method of cleaning	

* Hand hosing, machine washing or chemical cleaning.
Where chemically cleaned, the chemical cleaned and the almost used should be stated.

(f) Discharge of dirty ballast

Identity of tank(s) Date and position of ship at start of discharge to sea Date and position of ship at finish of discharge to sea Ship' s speed(s) during discharge Quantity discharged to sea Quantity of polluted water transfered to slop tank(s) [identify slop tank(s)] Date and port of discharge into shore reception facilities (if appliable)	

(g) Discharge of water from slop tank

Identity of slop tank(s) Time of settling from last entry of residues, or Time of settling from last discharge Date, time and position of ship at start of discharge Sounding of total contents at start of discharge Sounding of interface at start of discharge Bulk quantity discharged and rate of discharge Final quantity discharged and rate of discharge Date, time and position of ship at end of discharge Ship' s speed(s) during discharge Sounding of interface at end of discharge	

(h) 잔류물의 처분

탱크의 식별기호	33.
각 탱크로부터 처분된 양	34.
잔류물의 처분방법	35.
(a) 연안 수용시설의 이용	
(b) 화물과의 혼합	
(c) 다른 탱크로의 전적(탱크의 식별기호를 표시할 것)	
(d) 기타 방법	
잔류물의 처분일 및 항구 명	36.

(i) 기름을 함유하는 오수로 입항기간 중에 기관구역(펌프실을 포함)에 괸 것을 선외로 배출 (주)

항구 명	37.
입항기간	38.
처분한 양	39.
처분일 및 장소	40.
처분방법(분리기의 사용유무를 표시할 것)	41.

(주) 기관구역(펌프실을 포함한다) 빌지로 부터의 기름을 함유 하는 오수의 해상에서 통상적인 배출은 기름 기록부에 기입할 필요가 없다. 다만 기입하지 않는 경우에는 그 배출을 분리기의 사용유무와 함께 적당한 항해일지에 기입할 것. 펌프가 자동적으로 시동하고 또한 오수가 상시 분리기를 통하여 배출되는 경우에는 당일마다「분리기를 통하는 오수로부터의 자동적 배출」이라고 기입하면 충분하다.

(j) 사고 기타의 이유에 의한 예외적인 기름의 배출

배출일시	42.
배출 당시의 선박의 장소 또는 위치	43.
기름의 근사량 및 종류	44.
배기 또는 유출상황 및 일반적인 기술	45.

당해작업 책임자 서명________

선장 서명______________

(h) Disposal of residues

Identity of tank(s) Quantity disposed from each tank Method of disposal of residue: (a) Reception facilities (b) Mixed with cargo (c) Transferee! to another (other) tank(s) [Identify tank(s)] (d) Other method Date and port of disposal of residue	

(i) Discharge overboard of bilge water containing oil which has accumulated in machinery spaces (including pump room) whilst in port.*

Port Duration of stay Quantity disposed Date and place of disposal Method of disposal(state whether a separator was used)	

* The routine discharge at sea of bilge water containing any oil from machinery spaces including pump room bilges need not be entered in the oil record book, but if not, it must be entered in the appropriate log book, stating whether or not the discharge was made through a separator. Where the pump starts automatically and discharges through a separator at all times it will be sufficient to enter each day'Automatic discharge from bilges through a separator.'

(i) Accidental or other exceptional discharges of oil

Date and time of occurence Place or position of ship at time of occurence Approximate quantity and type of oil Cirumstances of discharge or escape and general remarks	

_______Signature of Officer or Officers in charge of operation concerned

___________Signature of Master

1.2 탱커 이외의 선박용 기름 기록부의 양식

선 명 ______________________

(a) 연료유 탱크로의 밸러스트 적재 또는 연료유 탱크의 세정

밸러스트를 적재한 탱크의 식별기호	1.
탱크는 최후로 기름을 넣은 후 세정했는가, 세정하지 않은 경우에 탱크에 들어있던 기름의 종류	2.
세정의 개시일 및 개시 당시의 선박위치	3.
밸러스트의 적재 개시일 및 개시당시의 선박위치	41.

(b) (a)의 연료유 탱크로부터 오손된 밸러스트 또는 세정수의 배출

탱크의 식별기호	5.
배출 개시일 및 개시당시의 선박위치	6.
배출 종료일 및 종료당시의 선박위치	7.
배출 중의 선박속력	8.
배출방법(분리기의 사용유무를 표시할 것)	9.
배출한	10.

(c) 잔유물의 처분

선내에 남은 잔류물의 양	11.
잔류물의 처분방법 (a) 연안 수용시설의 이용 (b) 다음에 적재할 연료와 혼합 (c) 다른 탱크로의 이적	12.
잔류물의 처분일과 항구명	13.

(d) 기름을 함유하는 빌지수로 입항기간 중에 기관구역에 고인 것을 선외로 배출(주)

항구 명	14.
입항기간	15.

1.2 FORM OF OIL RECORD BOOK FOR SHIP OTHER THAN TANKERS

Name of ship

(a) Ballasting or cleaning of bunker fuel tanks

Identity of tank(s) ballasted Whether cleaned since they last contained oil and, if not, type of oil previously carried Date and position of ship at start of cleaning Date and position of ship at start of ballasting	

(b) Discharge of dirty ballast or cleaning water from reffered to under(a)

Identity of tank(s) Date and position of ship at start of discharge Date and position of ship at finish of discharge Ship's speed(s) during discharge Method of discharge (state whether separator used) Quantity discharged	

(c) Disposal of residues

Quantity of residue retained on board Method of disposal of residue: (a) reception facilities (b) mixed with next bunkering (c) transferred to another(other) tank(s) Date and portof disposal of residue	

(d) Discharge overboard of bilge water containing oil which has accumulated in machinery spaces whilst in port*

Port Duration of stay	

처분한 양	16.
처분일 및 장소	17.
처분방법(분리기의 사용유무를 표시할 것)	18.

(주) 기관구역(펌프실을 포함한다) 빌지로부터의 기름을 함유하는 오수의 해상에서 통상의 배출은 기름 기록부에 기입할 필요가 없다. 다만 기입하지 아니하는 경우에는 그 배출을 분리기의 사용 유무와 함께 적당한 항해일지에 기입할 것. 펌프가 자동적으로 시동하고, 또한 오수가 상시 분리기를 통하여 배출되는 경우에는 당일마다 분리기를 통하는「빌지로부터의 자동적 배출」이라고 기입하면 충분하다.

(e) 사고 기타 이유로 인한 예외적인 기름 배출

배출일시	19.
배출 당시의 선박장소 또는 위치	20.
기름의 개량 및 종류	21.
배기 또는 유출의 상황 및 일반적인 기술	22.

당해작업 책임자 서명__________

선장 서명__________________________

1.3 탱커용 기름 기록부의 해설

선박의 총 화물창 적재용적 : 탱커의 화물류 탱크 총용적을 m3로 나타낸 것을 기입한다. 제3조의 규정에 따라 공선 항해 중 탱커가 배출할 수 있는 유분의 총량은 이 값의 1/15,000 이하로 제한된다.

(a) 의 2 : 원유·중유·중 디젤유·윤활유 등으로 기입한다.

(b) : 트림의 조정 기타 이유로 인하여 화물유를 이적한 경우에는 이 난에 기입해야 한다.

(b)의 6 : Yes 또는 No를 기입한다.

Quantity disposed Date and place of disposal Method of disposal (state whether separator was usd)	

* The routine discharge at sea of bilge water containing any oil from machinery spaces need not be entered in the oil record bock, but if not, it must be entered in the appropriate log book, stating whether or not the discharge was made through a separator. Where the pump starts automatically and discharges through a separator at ail times it will be sufficient to enter each day'Automatic discharge from bilges through a separator'

(e) Accidental or other exceptional discharge of oil

Date and time of occurence Place or position of ship at time of occurence Approximate quantity and type of oil Circumstances of discharge or escape and general remarks	

__________________ Signature of Officer or Officers in charge of operation concerned

__________________ Signature of Master

(c) 통상 화물유의 양하 또는 타선으로의 전적작업을 한 경우에 기입한다. 사고로 인한 경우에는 별도 란에 기입한다.

(c)의 9 : Yes 또는 No를 기입한다.

(e)의 14 : Hand hosing(수동세정). Machine washing(기계적세정), Chemicall washing(화학적 세정)의 하나를 기입한다.

(f)의 16 : 오손된 밸러스트의 단수작업, 개시 일시 및 당시의 선박위치를 경위도로 기입한다. 그러나 선박의 위치가 가장 가까운 육지로 부터 50마일 이내에 있을 때에는 작업을 금지한다.

(f)의 18 : 대수속력을 기입한다.

(f)의 19 : 오손된 밸러스트 배출시에 있어서 유분 배출율 및 유분 배출량은 다음과 같이 추정한다.

(1) 17항과 16항과의 차에 의하여 배출시간을 산출한다.

(2) 배출시간과 그 동안의 속력(18항)의 곱으로 항주시간을 산출한다.

(3) 19항의 배출량과 유분 농도의 곱으로 해수 중에 배출된 유분량 측정용 유분 농도계를 비치하고 있는 선박에서는 그 지시 값에 따른다. 실적에 의하면 이 농도는 밸러스트 상면에서 2~3m를 남기고 배출한 경우에는 50ppm이하이다.

(4) 전기 (3)의 유분량을 (2)의 항주거리로 나눈 몫이 유분 배출율이며, 이것은 60 ℓ/M 이하이어야 한다.

(f)의 20 : 특설 슬롭 탱크 또는 슬롭 탱크에 준용되는 화물유 탱크로 옮기 오수량을 각 탱크의 식별번호 또는 부호와 함께 기입한 다.

(f)의 21 : 오손된 밸러스트를 해수 중으로 버리지 않고 육상의 폐유 수용시설 또는 바아지 등으로 양하한 경우에는 이 난에 기입한다.

(g)의 23 : 오손된 밸러스트 탱크의 세정수를 최후에 넣은 때로부터 단수작업을 개시하기까지의 시간을 기입한다.

(g)의 24 : 일단 단수작업을 한 후 정치하고 나서 다시 단수작업을 했을 때에는 전회 단수작업 종료시로부터 재차 단수작업을 개시할 때까지의 시간을 기입한다.

(g)의 25 : 24항의 오손된 밸러스트 배출과 같이 선박의 위치는 가장 가까운 육지로부터 50마일 이상 떨어져 있어야 한다.

(g)의 26 : 배출개시 전에 슬롭 탱크 내에 있는 슬롭의 깊이를 측정하여 그 값을 기입한다.

(g)27 : 배출개시 전에 유수 계면계 또는 Water paste 등으로 유수 경계면을 계측하고 그 깊이를 기입한다.

(g)의 28 : 통상 단수작업을 최초에는 메인 펌프로 하는데 메인 펌프로 배출한 양을 기입하며, 이때의 단위시간당 배출량도 아울러 기입한다.

(f)의 29 단수작업의 종료가 가까워지면 스트리핑 펌프로 절환하고 주의 깊게 배출해야 한다. 스트리핑 펌프로 절환 한 후 배출된 양 및 단위시간당 배출량을 기입한다.

(h)의 35 : 잔사유의 처리방법은 (a)~(d)의 어느 하나를 기입한다.

(b) : Load on top하여 양륙한 경우는 여기에 해당한다.

(c) : Load on top하지 않고 슬롭 탱크로서 사용한 탱크 이외의 탱크로 옮기고 선내에 보류해 두는 경우가 여기에 해당한다.

(d) : 타선으로의 전적 또는 다른 방법으로 처분한 경우가 여기에 해당한다.

(i) : 항해 중 일과작업으로서 기름을 포함한 기관실, 빌지를 투기 할 경우에는 여기에 기입할 필요가 없다. 이 경우에는 Engine log book (기관일지)에다 투기시 분리기의 사용유무를 기입해야 한다. 펌프가 자동 발정하여 항상 분리기를 통해서 배출되는 구조로 된 경우에는'Automatic discharge from bilges through separator' (분리기를 통하여 자동배출)라고 기입하면 된다.

(i) : 제4조에는 제3조의 규정에 따르지 않고 예외적으로 배출 할 수 있는 규정이 있으므로 그러한 사례가 있었던 경우에 기입 한다.

(j)의 45 : 사고의 개요 및 배출 또는 유출을 방지하고 또는 감소시키기 위하여 취한 조치에 관하여 기술한다.

1.4 이외의 선박용 기름 기록부의 해설

(a)의 2 : Yes 또는 No를 기입한다. No의 경우 기름의 종류를 기입한다.

(a)의 3 : 가능하면 세정의 목적(예 : 검사, 공사)및 방법(수동 세정 및 화학적 세정)을 기입한다.

(b)의 6 및 7 : 배출개시 일시, 배출종료 일시와 각각의 선박위치를 기입한다.

(b)의 8 : 대수속력을 기입한다.

(b)비 9 : 사용 펌프의 종류·유수 분리기의 사용유무·정치분리·기타 유수 분리의 방법과 연안 수용시설의 이용 등을 기입한다.

(b)의 10 : 탱크 내의 배출해야 할 유수의 총량을 기입한다.

(c)의 11 : 상온에서 유동성이 적은 유성물질로서 청정잔사·연소잔사·스캐밴지·슬러지·웨이스트·탱크 잔류물 등의 양에 대하여 매 항해 또는 처리에 요하는 때의 잔류물량을 kg 단위 또는 용량단위로 기입한다.

(c)의 12 : 잔류물을 어떻게 처리했는지 (a)~(c) 중 어느 하나 또는 선내 해당하는 것을 기입하면 된다.

(c)의 13 : 항해 중에는 처분한 일시를 기입한다.

(d) : 항해 중 일과작업으로서 기름을 포함한 기관실 빌지를 투기할 경우에는 여기에 기입할 필요가 없다. 이 경우에는 Engine log book에다 투기시에 분리기의 사용유무를 기입해야 한다.

펌프가 자동발정하여 항상 분리기를 통해서 배출되는 구조로 된 경우에는 'Automatic discharge from bilges through separator'(분리기를 통하여 자동배출)이라고 기입하면 된다.

(e) : 제4조에는 제3조의 규정에 따르지 않고 예외적으로 배출할 수 있는 경우의 규정이 있으며, 이러한 사례가 있는 경우에 기입한다.

(e)의 22 : 사고의 개요 및 배출 또는 유출을 방지하고 또는 감소시키기 취한 조치에 관하여 기술한다.

제2장 기관부 선용품 일람표

[List of Ship's Store (Engine Department)]

2.1 의장품(艤裝品) 및 공구 품명표(工具品名表)
List of Outfit and Tool

A

acetylene gas welder	아세틸렌 가스용접
adjustable speed wrench	능률(能率) 렌치
alphabet character punch	영문자 타인기(英文字打印器)
apron for welding	용접용 애프론
arctic boot	방한화(防寒靴)
arctic cap	방한모(防寒帽)
arctic coat	방한복(防寒服)
axe	도끼

B

bucket, polyethylene	폴리에틸렌 물통

C

calking(caulking) tool	코킹 도구
calking chisel engine use	기관용 코킹 끌

callipers(inside)	내경 캘리퍼스(내경 퍼)
callipers(outside)	외경 캘리퍼스(외경 퍼)
callipers screw	스크류 캘리퍼스
cape(cross cut) chisel	케이프 치즐
center gauge	센터 게이지
center punch	센터 펀치
chain block 1/2 ton	체인 블록, 1/2톤용
chain hook of drum	드럼용 체인 훅
claw bar	클로우 바
clinometer	경사계(傾斜計)
coir mat	야자섬유 매트
combination plier	콤비네이션 플라이어
compass	양각기(兩脚器)
copper hammer	코퍼 해머
crank hammer	크랭크 해머
cutter, packing use	패킹 절단기
cutting joint tool	조인트 절단기

D

depth gauge	깊이 게이지
dial gauge	다이얼 게이지
dies and taps(round)	다이스 및 탭(원형)
dies and taps(square)	다이스 및 탭(각형)
diestocks	다이스토크 · 다이핸들
double heads spanner	양면 스패너
double heads S type spanner	S형 양면 스패너

drawing instrument	제도기(製圖器)
triangles large	3각자
T-square	T자
French curve	운형(雲形)자
drill twist straight shank	드릴 트위스트(스트레이트 생크)
drill twist taper shank	드릴 트위스트(테이퍼 생크)
dryer	열풍 건조기

E

ear plug	귀마개(소음 방지용)
eye bolt	아이 볼트

F

feeler gauge	틈새 게이지
fuse plier	퓨즈 플라이어

G

gear puller	기어 풀러
glass cutter(plate glass use)	유리칼(판유리용)
glass cutter(tube glass use)	유리칼(튜브 유리용)
goggles and mask	방진안경 및 마스크

H

hack saw frame	쇠톱 프레임

hand hammer	핸드 해머
head lamp	헤드 램프
helmet	헬멧
hose band	호스 밴드
hydraulic jack(oil)	유압 잭
hydrometer	비중계
hydrometer glass for 500cc	비중계 유리 500cc

I

inspection flashlight	검사등(檢査燈)
irrigator for eye washing	세안기(洗眼器)

J

jack knife, electrician	잭 나이프(전기용)

K

knurling tool	너얼링 공구

L

lead hammer	레드해머
long nose plier	롱 노우즈 플라이에
L type square	L형 스퀘어, 직각자

M

magnifying glass	확대경
measuring flask	측정용 플라스크
measuring cylinder	메저링 실린더
micrometer, inside	내측 마이크로미터
micrometer, outside	외측 마이크로미터
monkey spanner	몽키 스패너

N

nipper with insulating handle	절연 핸들 부착 니퍼
nipper with ordinary handle	보통 핸들 부착 니퍼
number character punch	수자 타인기(數字打印器)

O

oil stone	기름 숫돌
oil funnel	기름용 깔때기
oil cans with filter	필터 부착 기름통
oil syringe	주유기(注油器)
oil testing machine	기름 시험기
oxygen gas for acetylene gas welder	아세틸렌 용접기용 산소 가스

P

padlock	맹꽁이 자물쇠

palm	손바닥 골무
pin punch set	핀 펀치 세트
pipe wrench	파이프 렌치
pitch gauge	피치 게이지
plier with insulating handle	절연 핸들 부착 플라이어
pneumatic oil pump with ail hose	공기 호스 부착 공기 작동 기름 펌프
portable hand pump	휴대식 수동 펌프
punches cutting joint use	조인트용 펀치 카터

R

radio plier	라디오 플라이어
rain coat	레인 코트
ratchet spanner	라쳇 스패너
Red Wood viscometer	레드우드 점도계(粘度計)
ring spanner	링 스패너
rope ladder	줄 사다리
rubber boots	고무 장화

S

salinometer	검염계(檢鹽計)
salinometer pot	샐리노미터 포트
scissors	가위
scraper, cleaning use, triangle type	3각형 소재용 스크래퍼

scraper, engine use	엔진용 스크래퍼
screw driver	스크류 드라이버
screw extractor	나사 발취기(技取器)・역 탭
scriber	금긋기 침(針)
sea knife for packing	패킹용 시 나이프
shackle	샤클
single head spanner	편면 스패너
sledge hammer, 4.5kg	큰 해머 4.5kg
socket spanner	소켓 스패너
socket wrench	소켓 렌치
soldering tool	납땜 도구
spike	스파이크
spring balance	용수철 저울
spring callipers	스프링 캘리퍼스
steel measuring tape	강철제 줄자
steel rule	강철제 곧은 자
steel tape for oil measure	기름 계측용 강철제 줄자
steel wedge	강철제 웨지
stop watch	스톱 워치
sun glass for welding	용정용 선 글라스
surface gauge	서피스 게이지
surface plate	정반

T

tackles and falls	태클 및 줄
tester	테스터

test tube	시험관(試驗管)
test tube holder	시험관 받침
thermometer	온도계
tongs	집게
torch lamp case	토치 램프 케이스
T type square	T형 스퀘어

U

universal machine	만능 공작기(萬能工作機)

V

valve seat cutter	밸브 시트 커터(자)
V block	V형 블록
vernier callipers	버어니어 캘리퍼스・노기스
vinyl coat for inspection	검사용 비닐 코트
vise	바이스

W

whistle	기적(汽笛), 경적
wind sail	윈드세일
wooden wedge	목재 웨지

2.2 소모품명표(消耗品名表)
List of Running Stores

A

acid, muriatic (muriatic acid)	염산(鹽酸)
alcohol, methyl (methyl alcohol)	메틸 알코올
asbestos yarn	석면(石綿) 얀
asbestos tape	석면 테이프

B

bandage	붕대(繃帶)
bath towel	목욕 수건
bar, ebonite	에보나이트 바
barium chloride	염화(鹽化) 바륨
battery, dry	건전지(乾電池)
bengine	벤진
blackboard	흑판
blackboard paint	흑판용 페인트
boiler compound	청정제(淸淨劑)
bolt nut	볼트 너트
boric acid	붕산(硼酸)
borax	붕사(硼砂)
brass bar, round	황동환봉(黃銅丸棒)
broom	비
broom, bamboo	대비

brush	브러시
brush for test tube	시험관용 브러시
brush, scrubbing, oval type	타원형 세탁솔

C

candle	양초
can, oil(empty)	기름용 공관(空罐)
can, oil test	시료유관(試料油罐)
canvas	캔버스, 돛베
cement, asbestos	석면 시멘트
cement, portland	시멘트
chalk, colored	착색 분필
chalk, white	백색 분필
chromic acid	크롬산
copal vanish	코펄 와니스
copper bar, round	구리 환봉(銅丸棒)
copper ring	구리 링

D

deck brush	데크 브러시

E

electric lamp, frosted	반투명 전구
electric lamp, transparent	투명 전구

electric welding bar	전기 용접봉
electric wire, captirecord	전선, 캡타이어 코드
electric wire, cotton	전선, 면
electric wire, nichrome	전선, 니크롬
electric wire, vinyl	전선, 비닐
emery cloth, coarse	거친 사포(砂布)
emery cloth, fine	가는 사포
emery cloth, medium	중간 사포
eye lamp	아이 램프

F

felt.	펠트
file, assorted	줄 세트
file, flat, fine	가는 날 평줄
file, flat, medium	중 날 평줄
file, flat, rough	거친 날 평(平) 줄
file, for lead	연용(鉛用) 줄
file, half round	반환(半丸) 줄
file, square	각(角) 줄
file, triangle	3각 줄
filter cloth	필터 클로드
filter paper	여과지
fire clay	내화점토(耐火粘土)
fluorescent lamp	형광등(螢光燈)

G

galvanized sheet	함석판
gas welding bar, brass	가스 용접봉 황동
gas welding bar, iron	가스 용접봉 철
glove, asbestos	석면 장갑
glove, rubber	고무 장갑
graphite, paste	페이스트 흑연
graphite, power	분말흑연(粉末黑鉛)

H

handle, hand hammer	핸드 해머 자루
handle, sledge hammer	큰 해머 자루
hemp	삼(大麻)

I

iron, round bar	철환봉(鐵丸棒)
iron, hexagonal bar	철 6각봉
insulating putty	전기절연 퍼티
insulating tape, black	흑색 절연 테이프
insulating tape, cotton	면 절연 테이프
insulating tape, lino	리노 절연 테이프
insulating tape, rubber	고무 절연 테이프
insulating tape, silk	견 절연 테이프
insulating tape, vinyl	비닐 절연 테이프

insulator tube	애자(碍子) 튜브

J

joint packing, asbestos	석면 조인트 패킹
joint packing, asbestos cloth	석면 클로드 조인트 패킹
joint packing for steam	증기용 조인트 패킹

J

leather packing	가죽 패킹
lamp glove for fluorescent lamp	형광등용 램프 글로우브

M

machine screw, counter sunk with nut	접시머리 작은 나사, 너트부
machine screw, round head with nut	둥근머리 작은 나사 · 너트부
manila rope	마닐라 로프
manila rope, flag line	마닐라 로프 · 플래그 라인
marline	마아린
matches	성냥
marine thinner	신너
metal polish	금속광택 촉진제
mica	마이카 · 운모(雲母)
mica paper	마이카 페이퍼

mica steel, round bar	연강환봉(軟鋼丸棒)

N

nail	못
needle for sail	돛 바늘
newspaper, old	헌 신문지
nitric acid	질산
nut, iron	철 너트
nut, brass	황동 너트

O

oxidized chrome	산화 크롬

P

packing condenser	콘덴서 패킹
packing cotton	코튼 패킹
packing, hemp grease	햄프 그리스 패킹
packing, insertion rubber	인서션 고무 패킹
packing oil	오일 패킹
packing paper	페이퍼 패킹
paper board	마분지
paste	풀
paste carborundum fine	페이스트 카버런덤, (고운)
paste carborundum medium	페이스트 카버런덤, (보통)

paste carborundum rough	페이스트 카버런덤, (거친)
phenolphthalein	페놀프탈레인
plate, bakelite	베이클라이트 반
plate electric heater	전기 히터 열반(熱盤)
polishing sand	연마사(研磨砂)
potassium chromate	크롬산 칼륨
potassium chloride	염화 칼륨
projector lamp	투광구(投光球)

R

red lead paint(powder)	광명단(光明丹), 분말
refrigerator gas FREON 12	냉동기 가스 프레온 12
rivet, copper	동 리벳
rubber packing	고무 패킹
rubber packing ring	고무 패킹 링

S

sand paper	샌드 페이퍼
saw dust	톱날
saw metal blade	쇠톱날
screws for wood, brass, round head	나무 나사 · 황동 · 둥근머리
screws for wood, brass, counter sunk	나무 나사 · 황동 · 접시머리
seed oil	종유(種油)

seizing wire	시이징 와이어
sheet, lead	연판(鉛板)
sheet, brass	황동판
sheet, copper	동판
silver nitrate	초산은(硝酸銀)
silver paint, liquid	액체 은 페인트
silver paint, powder	가루 은 페인트
snake gourd	수세미
soap, bar	막대 비누
soap, powder	가루 비누
soda caustic	가성(苛性) 소다
solder paste	연납 페이스트
solder, silver	은연납
solder, soft bar	연질납
split pin, copper	동(銅) 할(割) 핀
split pin, iron	철(鐵) 할 핀
sponge piece	스폰지 조각
stud and nut, brass	황동 스터드 및 너트
steel, round bar	강철, 환봉(丸棒)
steel, square bar	강철, 각봉(角棒)
steel wire	강선
straw hat	밀짚 모자
stud and nut, iron	철 스터드 및 너트
swab, cotton	코튼 스와브(자루 걸레)
swab, deck	갑판 스와브

T

tag	꼬리표
Three Bond	스리본드
torch lamp glass	토치 램프 유리
trichroethylen	트리크로에틸렌
twine	트와인
thymol blue B	티몰 블루 B

V

vanish, black	블랙 배니쉬
vaseline	와셀린
vinyl hose	비닐 호스
vinyl sheet	비닐 시트
vinyl sponge sheet	비닐 스폰지 시트
vinyl tube	비닐 튜브

W

washer brass	황동 워셔
washer copper	동 워셔
washer iron	철 워셔
washer locking	로킹 워셔
washer spring	스프링 워셔
waste rag	색 웨스
waste white cotton	백 웨스

wax belt dresser	벨트용 왁스
white lead paint	화이트 레드 페인트
white putty	백색 퍼티
wire brass	황동 와이어
wire gauze, brass	황동 거즈 와이어
wire iron	철 와이어
wire lead	연 와이어
woolen yarn	털실

Z

zinc slab	아연판(亞鉛板)

2.3 공구류 용어집(工具類用語集)
Term of Tools

2.3.1 절삭공구(切削工具)

adjustable reamer	조정(調整) 리머
adjustable reamer set	조정 리머 세트
angular type stockes and dies	영국식 시나이즐형 스톡 및 다이스
bridge reamers with morse taper shank	테이퍼 생크 브리지 리머
broaches	브로우치
burring reamers with spiral or straight flute	스파이럴 또는 스트레이트 홈 버리잉 리머
carbide alloy tool bit	초경합금(超硬合金) 비트

casted drill	주조(鑄造) 드릴
countersink cutter	센티 프라이스
cutting-off cutter	스틱 비트
drill stand	드릴 스탠드
drill and countersink combined	접시형 구멍파기 드릴
expansion reamer with spiral flute	스파이럴 엑스펜션 리머
flexible hack saw blade	고주파 담금질 쇠톱날
file	줄
file cleaner brush	줄 청소용 솔
file handle	줄 자루
hack saw blade	쇠톱날
hand reamer	핸드 리머
hand tap	핸드 탭
high speed steel	고속도강
H.S. steel tool bit	고속도강(高速度鋼) 완성 비트
key way broach	키 홈 브로우치
Little Giant type stockes and dies	리틀 자이언트식 스톡 및 다이스
machinist's file	철공용 줄
machine nut tap	기계 탭
machine saw blade	기계용 톱날
metal slitting saw	철제 톱
morse taper shank twist drill	모르스 테이퍼 생크 트위스트 드릴
needle file	침상(針狀) 줄
pipe dies	가스 다이스
pipe tap	가스 탭

precision(swiss pattern) extra fine file	정밀용 줄
rasp	라습(이가 거친 줄, 목공용)
round split type stockes and dies	볼트 나사용 스톡 및 다이스
set of valve seat cutters	밸브 시트 절단기 세트
sets of stockes and round dies	둥근 스톡 및 다이스 세트
straight flute	홈 버리잉 리머
straight shank twist drill	스트레이트 생크 트위스트 드릴
tap	탭
taper reamers for pipe joint	파이프 조인트용 리머
threading dies	다이스
threading round dies	라운드 다이스
three grooved twist drill	세줄 홈 드릴
thumbscrew type stockes and tool bit	나비형 나사용 스톡 및 비트
twist drill for bakelite	베이크라이트용 드릴
valve seat cutter	밸브 시트 절단기
welded tipped tool bit	용접 붙임날 비트

2.3.2 측정공구

accessories for gauge block	블록 게이지 부속품
air gauge	공기 게이지
angle gauge	앵글 게이지(角度計)
arbor for drill chuck	드릴 척용 아아버
Armstrong type turning tool	암스트롱형 터닝 툴
automatic drill	자동 드릴
beam compass	빔 컴퍼스

bench drill	벤치 드릴
bench hand grinder	수동그라인더
bevel edged square	양날형 표준 스퀘어
bevel protractor	베벨 프로트랙터
bit tool holder	비트 툴 홀더
boring machine	보링 머신
brest drill	브레스트 드릴
brinell type hardness tester	브리넬 경도 시험기
broaching machine	브로치반
cast iron angle plate	주철제 가로 정반
cast iron precision surface plate	고급 정밀 정반
cast iron surface plate	주철제 상자형 정반
center gauge	센터 게이지
center rest	진동 방지구
combination square	콤비네이션 스퀘어
convex rule	콘벡스 룰(포켓형 줄자)
counter with stop watch	스톱 · 워치 부착 회전계
cylinder gauge	실린더 게이지
(carlmahr type)	(카알마르형)
(ames type)	(에임스형)
depth micrometer	깊이 마이크로미터
dial boring gauge	다이얼 보링 게이지
dhl caliper	다이얼 캘리퍼
dial crankshaft gauge	다이얼 크랭크 샤프트 게이지
dial gauge	다이얼 게이지
dial gauge tester	다이얼 게이지 테스터
dial inside gauge	다이얼 인사이드 게이지

dial pipe gauge	다이얼 파이프 게이지
dial swift gauge	다이얼 스위프트 게이지
dial thickness gauge	다이얼 딕네스 게이지
direct drive tachometer	직결형(直結型) 회전계
double caliper	다블 캘리퍼
drill chuck	드릴 척
drill drift	드릴 드리프트
drill gauge	드릴 게이지
drilling machine	드릴링 머신
drill sleeve	드릴링 슬리브
eye gauge	아이 게이지
folding steel rule	강제접자
gauge block	블록 게이지
gear hobbing machine	기어 호브반
graduated combination caliper	눈금매긴 내외겸용 캘리퍼스
hack saw machine	기계톱
hand drill	핸드 드릴(수동 볼)
hand lever shear	수동 레버 전단기(剪斷器)
hand spring balance	자동 스프링 저울
hand vibrograph	수동 진동계(手動振動計)
handy counter	휴대용 계수기(計數器)
hard nester	하드네스터
hard scope	하드스코우프
hardy brinell type hardness tester	휴대용 브리넬 경도 시험기
health meter	헬스미터
high speed precision lathe holder	고속도 정밀 선반(旋盤) 홀더
hook spring balance	후크 스프링 저울

improved firm-joint caliper	고정 캘리퍼스
indicating thermometer	지시격측(指示適測) 온도계
infinitely variable speed	무단 변속기(無段變速機)
inside micrometer caliper	내측 마이크로미터, 캘리퍼형
integrating revolution counter	적산 회전계(積算回轉計)
involute gear tooth gauge	인볼루트 기어 투스 게이지
iron level	철제 수평기
3 jaws geared scroll chuck	3악식(三握式) 스크로울 처크
jointed inside micrometer	접합식 내측 마이크로미터
lathe center	선반용 센터
lathe dog	선반 돌리개
limit gauge	한계(限界) 게이지
limit groove gauge	한계 내폭(內幅) 게이지
linen measuring tape	포제(布製) 줄자
medium duty-geared scroll chuck	강력형 스크롤 척
metal beam balance	금속제 빔 저울
micro hardness tester	미소 경도계(微小硬度計)
micrometer head	마이크로미터 헤드
milling machine	밀링
inside micrometer caliper	캘리퍼용 내측 마이크로미터
oil pump for lathe	선반용 기름펌프
outside micrometer caliper	외측 마이크로미터, 캘리퍼형
plain boring bar	보링용 플레인 바
planer	전동대패
platform scale	앉은뱅이 저울
plumb bob	측량추(測量錐)
pocket level	포켓 레벨

pocket type slide caliper	포켓 경편(輕便)노기스
precision steel rule	정밀 강철자
precision steel square	정밀 강제 스퀘어
pressure gauge	압력계(壓力計)
pyrometer	파이로미터
radius gauge	아알 게이지
recording speed indicater	레코드식 회전계
rock joint transfer caliper	록 조인트 트랜스퍼 캘리퍼
rockwell type hardness tester	록웰 경도 시험기
rolling center	회전 센터
rolling center for pipe	산형(傘型) 회전 센터
rule depth gauge	룰 뎁스 게이지
scale balance	천칭(天秤)
screw pitch gauge	스크류 피치 게이지
self-recording thermometer	자기(自記) 온도계
shaping machine	셰이핑 머신
shaping tool holder	셰이퍼용 홀더
shore type hardness tester	쇼어 경도 시험기
sine bar	사인 바
spring caliper	스프링 캘리퍼
spring cutting-off tool holder	절단 헤일 홀더
spring dividers	스프링 디바이더
spring holder	스프링(헤일) 홀더
spring platform scale	스프링 앉은뱅이 저울
standard block for hardness	경도 기준편(基準片)
standard for micrometer	마이크로미터용 표준게이지
standard piece for spark test	불꽃 시험 기준편

stationary vertical tachometer	정치(定置) 수직형 회전계
steel compass	강철 컴퍼스
steel measuring tape	강철 줄자
steel protractor	스티일 프로트랙터(分度器)
steel rule	강철자
steel square	강철 스퀘어
strobo-scope	스트로보스코프
steel straight edge	강철 스트레이트 에지
steel tape with weight	유조용(油槽用) 분동(分銅) 부 줄자
surface gauge	토스칸
taper drill chuck	테이퍼축 드릴 척
taper gauge	테이퍼 게이지
taper gauge for pipe	파이프용 테이퍼 게이지
thermometer	온도계
thermo couple	열전대・써모 커플
thickness gauge	틈새 게이지, 필러 게이지
thickness tape	딕네스 테이프
time limited hand tacho meter (Hasler type)	하슬러형 회전계
tool holder for lathe	회전(回轉) 공구 고정구
T type square	T형 스퀘어
tubular type inside micrometer	봉형(棒型) 내측 마이크로미터
turret lathe	터렛 선반
universal holder	유니버설 홀더
universal surface gauge	유니버설 서피스 게이지
vernier calipers	노기스
vernier depth gauge	버니어 뎁스 게이지

vickers type hardness tester	비커스 경도 시험기
water meter	양수계(量水計)
wire gauge	와이어 게이지
working driving dog	선반 돌리개

2.3.3 작업공구(作業工具)

A

adjustable angle wrench	몽키렌치, 몽키스패너
adjustable frame for fret saw	실톱용 조정 프레임
acetylene gas cylinder	아세틸렌 가스 용기
adjustable hack saw frame	조정 핵 소오 프레임
adjustable speed wrench	능률 렌치
adjustable tap wrench	탭 핸들
alr gun	에어 건
air impact wrench	에어 임팩트 렌치
air sander	공기 샌더
all drop forged spanner double head	양면 스패너(단조품)
all drop forged spanner single head	편면 스패너(단조품)
alternating current arc welder	교류전호 용접기(交流電孤鎔接機)
automatic driver	자동 드라이버
axe for carpenter	목공용 도끼

B

baby pipe cutter	베이비 파이프 카터
bahco type screw clamp	바코형 클램프
bar bender	철근 굴곡기
blacksmith's forging tool	단조용 공구
bits auger	비트 오거
be1t punch	벨트 펀치
blacksmith's hammer	철공용 해머
blower	송풍기(送風機)
bolt clipper	볼트 클리퍼
brushes assorted	각종 브러시

C

ca1king chisel	코킹 치즐
cam wrench	캠 렌치
cape chisel	케이프 치즐
cast iron swage block	주철제 벌집형 철대(鐵台)
cast steel anvil	주강제 앤빌
center punch	센터 펀치
chain pipe cutter	체인식 파이프 커터
chain pipe vise	체인식 파이프 바이스
circular saw	둥근 톱
claw bar	노루발 지렛대
cold chisel	콜드 치즐
combination exchange screw driver	조합 교환 드라이버

combination vice plier	바이스 플라이어
combination plier	콤비네이션 플라이어
copper hammer	동 해머
countersink drill	접시형 구멍파기 송곳
cross offset driver	십자 오프셋 드라이버
cross point screw driver	크로스포인트 드라이버
cutting nipper	니퍼
cutting torch	절단기구

D

deep socket	딥 소켓
diagonal cutting nipper	경사날 니퍼
drill tap	드릴 탭
double edged saw	양날 톱
double jaws chain tong	양악식 체인 통
double offset wrench	더블 오프셋렌치
drop forged screw clamp	낙하단조 클램프

E

electric bench grinder	양두(兩頭) 그라인더
electric drills stand	전기 드릴용 스탠드
electric driver	전기 드라이버
electric floor grinder	상상용(床上用) 전기 그라인더
electric hand tapper	전기 테이퍼
electric scaling machine	전기 스케일링기

electric solder melting pot	연질납 용해 전기 남비
electric soldering iron	전기 땜 인두
electric tube cleaner	전동 튜브 클리너
engine cleaner	엔진 클리너
extension bar	익스텐션 바

F

flexible shaft	가요축(可撓轉)
flexible shaft and tube set	플렉서블 세트
flexible tube	가요(보호)관
figure and letter punch	영자 · 수자 타인기
fret saw frame	실톱 프레임

E

gasoline torch	가솔린용 토치 램프
gear puller	기어 풀러

H

hack saw frame	핵 소 프레임(고정형)
hand bellows	혁제(革製) 풀무
hand hammer	한손 해매
hand vise	수동 바이스
handy set	핸디 세트
heavy oil burner	중유 버너

hexagon socket wrench set	6각 소켓 렌치 세트
hoof type hand magnet	말발굽형 마그네트

I

ignition wrench set	이그니션 렌치 세트
ink jar	먹물 단지
insulated cutting plier	절연 펜치

J

joiner hammer	조이너 해머

K

knife for electrician	전공용 나이프
knurl	널
knurling tool holder	널링 툴 홀더

L

lead cutting hand saw	연관(鉛管)용 핸드 소
leaden hammer	연 해머
leg vise	레그 바이스
long nose plier	롱 노우즈 플라이어
leather sack and belt for electrician tool	전공 도구용 가죽 색과 벨트

M

machinist's hammer	기계용 한손 해머
mechanite metal vise	미하나이트 메탈 바이스
metal tinner's scissors	함석용 가위
motor siren	모터 사이렌
motor wrench	모터 렌치

N

nail puller	네일 풀러, 서양 펜치
nut runner	너트 러너
nut spinner handle	너트 스피너 핸들

O

offset box wrench	오프셋 박스 렌치
offset driver	오프셋 드라이버
offset handle	오프셋 핸들
oxygen regulator	산소 조정기

P

parkinson type quick acting parallel vise	파킨슨형 급속작동 평행 바이스
petroleum oil torch	석유용 토치 램프
piercing fret saw blade	정밀 실톱날
pipe bender	파이프 벤더

pipe cutter	파이프 커터
pipe tool	파이프 공구
pincer=cutting plier	펜치
pin punch	핀 펀치
pipe vise	파이프 바이스
pipe wrench	파이프 렌치
piston groove cleaner	피스톤 홈 청소기
piston ring compressor	피스톤 링 콤프레서
piston ring tool	피스톤 링 툴
piston vise	피스톤 바이스
plane for wood working	목공용 대패
plastic handle insulated crew driver	플라스틱 핸들 절연 드라이버
plastic hammer	플라스틱 해머
plate work tool	판금공구
plug wrench	플러그 렌치
pneumatic grinder	에어 그라인더
pneumatic rotary drill	뉴메틱 로터리 드릴
portable convenient acetylene generator	휴대용 경편 아세틸렌 가스 발생기
portable electric blower	휴대용 전기 송풍기
portable electric grinder	휴대용 전기 그라인더
portable electric hand drill	휴대용 전기 드릴
precision pincers assorted	각종 핀세트
propane gas cylinder	프로판 가스 용기
propane gas regulator	프로판 가스 압력 조정기
propeller fan	프로펠러 팬

R

radio plier	라디오 펜치
rail anvil	I 형 앤빌
rail type bench anvil	레일형 앤빌
ratchet brace	수동 드릴
ratchet screw driver	래치트 드라이버
ratchet handle	래치트 핸들
ratchet spanner	래치트 스패너
reed type parallel vise	리드형 평행 바이스
ring auger	링 오거
riveting hammer	리베팅 해머
rod cutter	로드 커터
round cutter	라운드 커터
round nose punch	둥근 펜치
round scissors for nickel	니켈용 둥근 가위
rotary sander	로터리 샌더
rubber hammer	고무 해머

S

scissors for cloth	헝겊 가위
scissors for cutting	지그재그 재단 가위
scraper	스크래퍼
screw driver for electrician	전공용(電工用) 드라이버
screw extractor	스크류 익스트랙터
seamless steel cylinder, fit for high pressure gas	고압 가스 용기

sheet cutter	시트 커터
short auger bit	나사송곳
side cutting plier	펜(플라이어)
sliding hammer	슬라이딩 해머
silver solder	은(銀) 납
six wrenchs set	6개 세트 스패너
sliding handle	슬라이딩 핸들
small bench anvil	소형 앤빌
small wire clipper	소형 와이어 클리이퍼
socket	소켓
socket adapter	소켓 어댑터
socket driver assortment	소켓 드라이버 세트
solder	연질납
solder fire pot	철제 파이어 포트
solder melting pot	연질납 용해 남비
soldering iron	땜 인두
soldering paste	페이스트
solid steel bar wrench	고체 강철봉 스패너
spanner for drum can	드럼관용 만능 스패너
spark testing screw driver	검전(檢電) 드라이버
speeder	스피더
spiking hammer	스파이킹 해머
spray gun	스프레이 건
spring lever punch	스프링 레버 펀치
square cutter	스퀘어 커터
steel tool box	강철 공구박스
stock for round split dies	둥근 분할 다이용 스토크

stud remover and setter	스터드 리무버 및 세터

T

tap cutter	탭 커터
tap holder	탭 홀더
tappet wrench set	태핏 렌치 세트
test hammer	테스트 해머
thin bent nose plier	딘 벤트 노즈 플라이어
thin straight nose plier	딘 스트레이트 노즈 플라이어
three leaves plier	3엽 펜치
tin's plier	함석용 집게
tongs for flat and round stock	단조공용 집게
torque wrench	토크렌치
tube cleaner tool and parts	전동 튜브 클리너 공구 및 부품
tube expander	확관기(擴管器)
tube flaring and cutting tool set	튜브 플래어링 커팅 툴 세트
T type wrench	T형 렌치

U

universal joint	유니버설 조인트
universal plier	유니버설 플라이어
universal socket	유니버설 소켓
universal swiveling vise	자재 회전 바이스

V

va1ve lifter	밸브 리프터

W

water pump plier	워터 펌프 플라이어
water safety device	수식 안전기(水式安全器)
welding torch	용접기구
wire brush	와이어 브러시
wire wheel	와이어 휠
wooden handle screw driver for radio	라디오용 나무자루 드라이버
wooden handle stubby driver	나무자루 스터비 드라이버
working lamp	작업등

2.3.4 건설기구(建設機構)

air hoist	공기 호이스트
ball bearing journal jack	볼 베어링 저널 잭
chain wheel	체인 휠
electrical hoist	전동 호이스트
hydraulic jack	유압(油壓) 잭
link chain	링크 체인
motor chain block	전동 체인 블록
pick	곡괭이
roller chain	롤러 체인
scoop	삽(대형)

shackle	샤클
shovel	삽(중형)
short link chain	쇼트 링크 체인
snatch block	스내치 블록
sprocket	스프로켓
spur geared chain hoist	3중식 평치차식(平齒車式) 체인 블록
steel wire rope	강철 와이어 로프
tackle block	철제 블록
trolley	트롤리
turn buckle	턴 버클
wire clip	와이어 클립
wire hoist	와이어 호이스트
worm gear chain hoist	웜기어식 체인 블록

2.3.5 전동장치(電動裝置)

amazon packing	아마존(스파이럴) 패킹
babbit metal	배빗 메탈
ball bearing	볼 베어링
ball bearing unit	볼 베어링 유니트
bearing	베어링
belt button fastner	벨트 버튼 패스너
belt punch	벨트 펀치
belt wax	벨트 왁스
brake lining	브레이크 라이닝
cotton belt	면 벨트
compression coupling	콤프레션 커플링

crescent type belt fastner	크레센트형 벨트 패스너
double thrust ball bearing	복식 스러스트 볼 베어링
flange coupling	플랜지형 커플링
flat endless belt	평형(平型) 엔드리스 벨트
leather belt	가죽 벨트
needle roller bearing	침상(針狀) 롤러 베어링
oil seal	오일 실
plummer block with ball bearing	볼 베어링용 플러머 블록
rivet puller	리벳 풀러
roller bearing	롤러 베어링
round endless belt	환형(丸型) 엔드리스 벨트
rubber belt	고무 벨트
safety belt oval	안전 벨트 오발
self aligning ball bearing	자동조심 볼베어링
self oiling bearing	자동 주유식 포금(自動注油式砲金), 메탈
spherical roller bearing	구면(球面) 롤러 베어링
single cylindrical roller bearing	단열 원통(圓筒) 롤러 베어링
single row deep groove ball	단열심구(單列深溝) 볼
single row magneto ball bearing	단열 마그네토 볼 베어링
single taper roller bearing	단열 원추 롤러 베어링
single thrust ball bearing	단식 스러스트 볼 베어링
solid roller bearing	봉상(棒狀) 롤러 베어링
spiral packing	스파이럴(아마존) 패킹
split muff coupling	스플리트 머프 커플링
steel belt racing	벨트 레이싱
vinyl V belt	비닐제 V형 벨트

V type endless belt	V형 엔드리스 벨트

2.3.6 밸브 및 콕

automatic double tube injector	복식 인젝터
automatic ejector	자동 이젝터
automatic injector	자동 인젝터
automatic pressure reducing valve	자동 압력조절 밸브(감압밸브)
automatic regulation valve for temperature	자동 온도조절 밸브
bellows type	벨로즈식
blow off valve	급속개폐 밸브
cast iron check valve	주철제 체크 밸브
cast iron flange type angle valve	주철제 플랜지형 앵글 밸브
cast iron flange type globe	주철제 플랜지형 글로브
cast iron flange type inside	주철제 플랜지형 내측 나사
cast iron flange type outside	주철제 플랜지형 외측 나사
cast iron screw type gland cock	주철제 나사식 글랜드 콕
cast iron screw type globe valve	주철제 나사형 글로브 밸브
cast iron Y type strainer with flange	주철제 플랜지 Y형 스트레이너
diaphragm type	다이어프람식
double safety valve	복식 안전 밸브
drain cock	드레인 콕
drainage fitting	드레이네지 이음
expansion join	신축(伸縮) 조인트
faucet	수도 꼭지(水栓)

flange	플랜지
flange type gauge cock	플랜지형 게이지 콕
foot valve	풋 밸브
gas pipe	가스 파이프
gauge glass	게이지 글라스
glass oiler	글라스 오일러
grease cup, brass made	그리스 컵, 황동제
grease pump	그리스 펌프
grease nipple	그리스 니플
gunmetal cock	포금제 콕
gunmetal feed check valve	포금제 급수 체크 콕
gunmetal feed cock	포금제 급수 콕
gunmetal flange type sluice valve	포금제 플랜드형 슬루스 밸브
gunmetal screw type angle valve	포금제 나사형 앵글 밸브
gunmetal screw type cock	포금제 나사형 콕
gunmetal screw type valve	포금제 나사형 밸브
gunmetal valve	포금제(砲金製) 밸브
handle cock	핸들 콕
high pressure double gland	2중 글랜드식 고압 플랜지
hydrant valve	소화전용 밸브
iron sheet plated grease cup	그리스 캡, 동판제
klinger gauge glass	클링거 게이지 글라스
klinger type gauge cock	클링거형 게이지 콕
malleable cast iron pipe of fitting	가단(可鍛) 주철제 관이음
metercock	미터 콕
oil cup brass made	오일 컵, 황동제
oil syringe	주유기(注油器)

oil gauge	오일 게이지
oil gun	오일 건
pee cock(air cock)	피이 콕(에어 콕)
piston type	피스톤식
polyethylene pipe	폴리에틸렌 파이프
radiator angle valve	라디에이터용 앵글 밸브
radiator trap	라디에이터용 트랩
rotary oil pump	로터리 오일 펌프
rubber gauge ring	고무 게이지 링
safety valve	안전 밸브
screw sluice valve	슬루스식 밸브
screw type gauge cock	장동(長胴) 게이지 콕
screw Y type strainer	나사식 Y형 스트레이너
sink faucet	배수구용 꼭지
sluice valve	슬루스식 밸브
siphon pipe	사이폰 콕
special oil cup	특수형 오일 게이지
spring lever weight type safety valve	스프링 공한식 밸브
steam trap	스팀 트랩(증기 트랩)
test cock	테스트 콕
test pump	테스트 펌프
three way cock	3방(三方) 콕
two way gland cock	2방 글랜드 콕
type flange cock	콕
valve	밸브
vinyl pipe	비닐 파이프

vinyl pipe fitting	비닐 파이프용 이음
water cock	워터 콕
water gauge valve	게이지 밸브
wing pump	윙 펌프

2.3.7 볼트 · 너트 · 숫돌 및 기타

abrasive cloth	연마포(研磨布)
abrasive disc	연마 디스크
abrasive paper	연마지
alundum oil stone	알런덤 기름 숫돌
alundum oil stone wheel	알런덤 원형 기름 숫돌
artificial abrasive	인조 연삭제
bright hexagon head bolt	연마 6각 볼트
bright hexagon head SAE bolt	SAE 연마 6각 볼트
coated abrasive	연마포지(研磨布紙)
combination oil stone	콤비네이션 기름 숫돌
emery paper	정밀 다듬질 연마지
grinding wheel	연삭 숫돌
hexagon head bolt and nut	6각 볼트 · 너트
hexagon head coach screw	6각 코치 스크류
hexagon wrench key	6각봉(六角棒) 스패너
iron round head rivet	철제 둥근머리 리벳
iron cement	철 시멘트
machine screw	작은 나사, 기계 나사, 피스
natural abrasive	천연 연마재
plug	플러그
red lead paint	광명단(光明丹)

round washer	라운드워셔
SAE bright hexagon castle nut	SAE연마 6각 캐슬 너트
SAE bright hexagon plain nut	SAE연마 6각 플레인 너트
socket head cap screw	소켓 헤드 캡 스크류
socket set screw	소켓 세트 스크류
split pin	분할 핀
spring washer	스프링 워셔
standard shaft key	표준 샤프트 키이
standard taper pin	표준 테이퍼 핀
vinyl solder	경질 비닐 접착제
vvhite paint	화이트 페인트
wood screw	나무 나사

제3장 기계용 유류(機械用油類)의 명칭

가고일 기통유(汽筒油)
GARGOYLE CYLINDER OIL

Gg. Cylinder Oil Rarus
Gg. Cylinder Oil Red "V"
Gg. Cylinder Oil Extra Hecla
Gg. Cylinder Oil 600 "W"
Gg. Cylinder Oil Vaxs
Gg. Cylinder Oil "H"
Gg. Valve Oil
Gg. Crank Case Oil

가고일 디, 티, 이, 오일
GARGOYLE D. T. E. OILS

Gg. D. T. E. Oil Extra Heavy
Gg. D. T. E. Oil Heavy
Gg. D. T. E. Oil Heavy " X"
Gg. D. T. E. Oi1 Heavy Medium
Gg. D. T. E. Oil Heavy Light

가고일 박트라 오일
GARGOYLE VACTRA OILS

Gg. Vactra Oil Extra Heavy

가고일 비스코라이트 오일
GARGOYLE VISCOLITE OILS

Gg. Viscolite Oil "A.A"

가고일 에트나 오일
GARGOYLE ETNA OILS

Gg. Etna Oil Extra Heavy
Gg. Etna Oil Heavy Medium
Gg. Etna Oil Light

가고일 배큐어린 오일
GARGOYLE VACUOLINE OILS

Gg. Vacuoline Oil Extra "A"
Gg. Vacuoline Oil Extra "B"
Gg. Vacuoline Oil Extra "C"

가고일 벨로시트 오일
GARGOYL VELOCITE OILS

Gg. Velocite Oil Bleached
Gg. Velocite Oil "A"
Gg. Velocite Oil "E" in cases
Gg. Velocite Oil "E" indrums

가고일 아크틱 오일
GARGOYLE ARCTIC OILS

Gg. Arctic Oil “A”

Gg. Arctic Oil Extra “C”

Gg. Arctic Oil “C”

가고일 퓨솔린 오일
GARGOYLE FUSOLINE OILS

Gg. Fusoline Oil Medium

선박유(船舶油)·기타
MARINE OILS, ETC.

Gg. Voco Engine Oil

Gg. Almo Engine Oil

Swan Engine Oil

Gg. Voco Cylinder Oil Dark

Gg. Cylinder Oil “H” Mineral

Gg. Vaclite Burning Oil “AA”

Tunnel Bearing Grease Dark

변압기유(變壓器油)
TRANSFORMER OILS

Gg. Transformer Oil “A” in cases

Gg. Transformer Oil “A” in drums

Gg. Transformer Oil “D” in cases

Gg. Transformer Oil “D” in drums

Gg. Switch Oil in cases

Gg. Switch Qil in drums

피혁유(皮革후 油)
LEATHER OILS

Gg. Curriers Oil No.3

Gg. Curriers Oil

절삭유(切削油)
CUTTING OILS

Solvac “X”

Solvac “C”

Cutting Oil K-1

Cutting Oil K-2

Cutting Oil K-3

잡 유(雜油)
MISCELLANEOUS OILS

Gg. Product 8855

Gg. Dark Lubricating Oil “H”

Dark Lubricating Oil “L. M.”

Gg. Flurit Oil (10-1)

Gg. Flurit Oil (2-5)

Gg. Wire Rope Oil “A”

모빌 오일
MOBIL OILS

Gg. Mobil Oil “ARCTIC”

Cg. Mobil Oil “A”

Gg. Mobil Oil “B”

Gg. Mobil Oil “E”

Gg. Mobil Oil “C”

Gg. Mobil Oil “CC”

Gg. Mobil Oil “BB”

Gg. Mobil Oil “TT”

모빌류브리컨트
MOBILUBRICANT

Mobilubricant in barrels

그리스
GREASES

Petrolatum Grease No.0

Compound Grease No.2 1/2

Compound Grease No.3 1/2

Compound Grease No.4 1/2

Penn Grease No.3

Product No.2295-A

Product No.2295-B

Voco Gear Grease Dark

Dark Axle Grease

Gg. Insulatum

Voco I. R. Grease No.5

Hot Neck Grease

Mixing Grease

"Acme" Oil Filter No.0

"Acme" Oil Filter No.1

"Acme" Oil Filter No.2

"Acme" Oil Filter No.3

Bottle Oiler

제4장 기관 수리주문(機關修理注文)의 분류법

ENGINE DEPARTMENT
CLASSIFICATION OF REPAIRS

Ⅰ. Ordinary Repair	(a) Running Repair (b) Annual Survey
Ⅱ. Extraordinary Repair	(a) Special Survey (b) Alteration (c) Sea Casualty (d) Large Repair

Division	Sub-division	Remarks
Ⅰ. DOCKING	1. Propellers etc.	Propeller, Tail shaft, Stern tube, Bush & gland. Work done to Spare propeller, shaft etc included.
	2. Sea cocks & valves	Sea cock & valve, Bottom plug.
Ⅱ. BOILERS	3. Main boilers, Donkey boilers	Works in connection with Boiler structures. All internal fittings & external mountings excepted.

- Ⅲ. BOILER & STOKEHOLD FITTINGS
  - 4. Boiler mounting
    - Steam collecting pipe, Internal feed pipe, Scum pipe, Hydro-kinetic & other water circulation apparatus, Zine suspender, Main & other steam stop valves on Boiler, Feed check valve, Safety valve, Glass water gauge & Test cock, Blow off cock.
  - 5. Stokehold Fitting
    - Funnel, Funnel stays, Damper, Uptake, Furnace front, bearer, Bar etc. Ash pan, Asbestos & Metal lagging, ventilators. Wood & metal floorings, Ash guards, Fore & aft chock, Boiler seating, Stays supporting boiler.
  - 6. Boiler cleaning
    - Labor & material used for cleaning Main & Donkey boilers.
- Ⅳ. MAIN ENGINE
  - 7. Cylinders, Pistons etc.
    - Cylinder & cover, Piston, Piston rod, Connecting rod, Crosshead, Guides & Guide shoes, Stuffing box, Receiver pipe.
  - 8. Slide Valves & Gear
    - Slide valve, Valve face, Valve spindle & guide, Quadrant links & bushes : Eccentric sheave, rod & straps, Balance piston, Starting & reversing engine & gear.

	9.Shaftings	Crank, Thrust & Intermediate shafts : Main bearing, Tunnel bearing, Sole plate & Engine seating, column, Thrust shoes & Blocks, Chocks, Turning engine & gear.
	10. Main Pumps	Air, Circulating, Main feed & Bilge pumps, Pump levers, their bushes & Links : Centrifugal pump with engine, Weir's pump or other independent Main feed pump.
	11. Condensers	Main & Auxiliary condensers.
V. AUXILIARY MACHINERY	12. Pumps	Ballast, General service, Small donkey, Ash & Fresh water, Sanitary & Evaporator pumps, Pulsometer, Water valves & Valve chests on pumps included. Pumps for Refrigerator excepted.
	13. Ash Disposal & Forced Draft Arrangement	Fan engine & Fan, Air casing & Tubos, Ash ejector, Ash engine, & other Ash hoist gear, Ash pipes
	14. Evaporator etc	Evaporator, Distiller, Calorifier, Air compressor, Blower, Feed water filter & Heater, Exhaust & Drain tank etc.

Ⅵ. ELECTRIC & REFREGERATING PLANT	15. Electric plant	Electric engine & Dynamo, Motor, thermo tank with heating & Ventilating system : Clayton engine with pipings etc, Wireless telegraphy : Switches, Wirings etc, Calling bells.
	16. Refrigerating Plant	Refrigerating engine : Brine tank, Pipes etc. ice tank & Moulds : Chamber & Fittings : Brine, Circulating & Oil pumps.
Ⅶ. DECK MACHINERY	17. Steam Winches	Steam winch, Crane etc.
	18. Windlass, Steering engine	Windlass, Capstan Steering engine.
Ⅷ. ENGINE PIPING	19. Valves& Cocks	Valves & Cocks in Machinery space except those on Boilers : viz. Main stop & Throttle valves, relief & Escape valve, Lubricator, Reducing valve, Impermeator, Pulsator, Indicator cocks. Working gear for the above included.
	20. Piping	All Water, Steam & oil pipes in Machinery space such as Main & Auxiliary steam pipes, Exhaust pipe, Steam connection for aux. Mach, feed pipes, Ballast tank pipes. Blige pipes, sea pipes, Water service pipes, oil pipes : Asbestos work to the above included.

IX. DECK PIPING	21. Steam Heaters etc.	Steam heater, pipe, valve & cock, Rice boiler : Gallery Pantry pipes & Valves in connection with steam & hot water, asbestos work included.
	22. Deck Pipes	Steam & Exhaust pipes for Windlass, Capstan. Winch, Steering engine etc. Sanitary tanks(Cold & Hot water), including pipes & valves on deck, Guards, Fastening brackets etc. Asbestos work to the above included.
X. BALLAST TANK	23. Coal Bunkers	Bunker casings : Doors, Floorings, ladders etc. in bunker, Coal hatch, Coal port, Coal tunnel. Cleaning & painting included. Extensive repairs such are to be classed "Extraordinary repairs", to be included into "structural Iron Work" of Deck Department.
	24. Ballast Tanks etc.	Ballast tanks under Machinery space. Screen bulkhead, Tunnel : Flooring in Engine room & Tunnel. Cleaning & painting included. Extensive repairs such as are to be included into "structural Iron Work" of Deck Department.

XI. OUTFIT & TOOLS	25. Outfit	Gauges, Lamp, Firemen's tank, Oil tank, Telegraph, Counter, Beam traveller, Blocks & Falls Sling, Stages, Bucket, Template, Clock, Speaking tube.
	26. Tools	Spanner, Eye-bolts, Viccs & Bench, Forge & Bellow, Firing tools.
XII. MISCELLAN-EOUS	27.	Fresh water, Store room, Engine room painting, Driver, Lock & Key. grating Ladders, Hand rails.

제5장 소모품 등 운반·보존상의 경고 문구

Away from boilers and engines	기관실 부근에 두지 말 것.
No to be stowed near boilers.	보일러 부근에 쌓아두지 말 것
Bonded goods	관세 미납 전송품
In bond	보세화물(保稅貨物)
Dangerous goods	위험물
Fragile	망가지기 쉬운 물품.
Guard against wetness	젖지 않게 조심할 것.
Glass, with care	유리-주의할 것.
With great care	특히 주의를 요함.
Handle carefully.	취급주의
Handle with care.	취급주의
Keep cool.	찬 곳에 보관할 것.
To be kept cool.	찬 곳에 보관할 것.
Keep dry.	습기주의
Keep cool and dry.	찬 곳에 보관하고 습기에 주의할 것
Stow dry and cool place.	찬 곳에 보관하고 습기에 주의할 것
Keep flat.	편평하게 쌓아둘 것.
Not to be laid flat.	편평하게 두지 말 것.
Not to be thrown down.	던지지 말 것.
No hook.	갈고리를 쓰지 말 것.
Perishable by heat.	열에 의해 썩기 쉬운 물품
Poison	독약 · 유독물
Porcelain	도자기류(陶磁器類)
This side top.	이쪽을 위로 할 것.

This side up.	이쪽을 위로 할 것.
This end up.	이 끝을 위로 할 것.
To be kept upright.	똑바로 세울 것.
Fragile Article. Handle very carefully	파손되기 쉬운 물품, 취급주의
Must be kept dry.	습기주의
To be kept dry.	습기주의
Books. To be kept perfectly dry	서적재중(書籍在中), 절대로 젖지 않게 할 것.
Water or rain will damage.	물 또는 비에 손상될 우려가 있음.
If exposed to wet or damp, will be damaged.	물기 또는 습기에 노출되면 손상될 우려가 있음.
Stow cool.	냉장할 것.
To be kept in a dark cool place.	냉암소(冷暗所)에 보관할 것.
Keep out of the sun.	일광에 노출하지 말 것.
Never lay flat.	편평하게 쌓아두지 말 것.
Do not turn over.	뒤집어 엎지 말 것.
Open this side	이쪽부터 (포장을)풀 것
Unpack from bottom.	밑바닥부터 풀 것.
Examine wire before signing receipt.	수령 중 서명하기 전에 봉함철선을 검사할 것.
Perishable goods.	변질성 물품.
Inflammable cargo	가연성(可燃性) 화물.
Liquids.	유동물(流動物)

제6장 영문이력서 서식

6.1 영문 이력서 서식 ①

외국상사에 취직할 때에는 반드시 이력서(Personal History) 또는 신상명세서(Personal History Statement)를 제출하게 된다. 다음은 미군에서 사용하고 있는 영문 신상명세서의 서식인데 보통의 영문 이력서는 이 가운데의 중요 항목을 기입하면 된다.

PERSONAL HISTORY STATEMENT

(PLEASE PRINT)

Date :__________

Position Applied For :___________________

Name :___________ Sex :_____________

(Last) (First)

Age :_____ Date of Birth :_______________

(Day) (Month) (Year)

Birthplace : _________________________

(City) (Prefecture) (Country)

Citizenship : _________________________

Hight :__ Ft.__ In. Weight :__ Lbs. Color of Hair :____

Identifying Marks, Scars etc. : _______________

Present Address : ______________________

(Number) (Street) (Ward)

____

(District) (City) (Prefecture)

Last Place of Residence : ________________

(Number) (Street) (Ward)

____

(District) (City) (Prefecture)

Father's Name : ______________________

(Last) (First)

Father's Address : ______________________

(Number) (Street) (Ward)

____

(District) (City) (Prefecture)

Mother's Name : ______________________

(Last) (First)

Mother's Address : ______________________

(Number) (Street) (Ward)

____

(District) (City) (Prefecture)

Husband's or Wife's Name : ________________

(Last) (First)

Address : _________________________

(Number) (Street) (Ward)

____

(District) (City) (Prefecture)

Education : ________________________

(School) (City)

______________ From :__ To :__ Grad :__

______________ From :__ To :__ Grad :__

______________ From :__ To :__ Grad :__

Last Three Places of Employment :

1. Name of Employer : ____________________

   Address : __________________________

   (No.) (St.) (Ward) (District) (City) (Prefecture)

   Name of Immediate Superior : _______________

   (Last) (First)

   Position : ___ From : ___ To : __ Salary : ___

2. Name of Employer : ____________________

   Address : __________________________

   (No.) (St.) (Ward) (District) (City) (Prefecture)

   Name of Immediate Superior : _______________

   (Last) (First)

   Position : ___ From : ___ To : __ Salary : ___

3. Name of Employer : ____________________

   Address : __________________________

   (No.) (St.) (Ward) (District) (City) (Prefecture)

   Name of Immediate Superior : _______________

   (Last) (First)

   Position : ___ From : ___ To : ___ Salary : ___

Travel Outside Korea :

Country Visited : Length of Stay : Purpose of Visit :

_________ _________ _________

_________ _________ _________

_________ _________ _________ Membership in Organizations :

(Political, Military, Social) _________________

____

____

____

Signature must be written.

____

Unit Assigned To : Job Classification : Date :

__________ __________ __________

__________ __________ __________

__________ __________ __________

____

Signature of Processor

6.2 영문 이력서 서식 ②

영문 이력서는 자신의 과거를 자서전 형식으로 쓰는 방법과 4.1과 같은 방법 이외에 외국상사 제출용으로서 국문 이력서를 영역한 다음의 형식이 대체로 무난할 것이다.

PERSONAL HISTORY

photo

Full Name : Gildong Hong

Address : 7, 3-ga, Chungmuro, Jung-gu, Seoul

Age : 28 years 9 months.

Date of Birth : May 11, 1983.

Family Relationship : Second son of Panseo Hong, Head of Family

Permanent Domicile : 56, Suan-dong, Dongrae-gu, Busan.

EDUCATION

1. Busan Middle School :
 Completed the whole course in March 1998.
2. Seoul High School :
 Entered in March 1998 and finished the third year course in February 2001.
3. Incheon Merchant Marine College, Department of Engineering :
 Entered in March 2001 and graduated in January 2005.

LICENSE

2nd engineer of the 1st grade

OCCUPATION

1. Dongbang Trading Co., Ltd. Seoul :
 Employed as 3rd Engineer on board the S. S. 'Silver Star'from April 15, 2005 up till September 20, 2006.
2. Namyangsa Co., Ltd. Seoul :
 Entered its service in October 1, 2006 and assigned to
 Marine Engineering Section :
 Appointed Chief Marine Engineer in June 1. 2007, serving in that capacity up to this date.

REFERENCES

Prof. A. Chang, Busan National University, Busan.

Gildong Hong

December 24, 20___.

이 력 서

본 적 : 부산시 동래구 수안동 56번지

현주소 : 서울 특별시 중구 충무로 3가 7번지

호주 홍판서의 차남 홍 길 동

서기 1983년 5월 11일생 (29세)

학 력

1. 부산 중학교 서기 1998년 3월 졸업
2. 서울 고등학교
   서기 1998년 3월 입학 서기 2001년 2월 졸업
3. 인천 상선대학 기관학과
   서기 2001년 3월 입학 서기 2005년 1월 졸업

면 허

2등 기관사

경 력

1. 동방 무역 주식회사(서울 특별시)
   서기 2005년 4월 15일부터 서기 2006년 9월 20일까지 기선 '실버 스타호'에 승선하여 3등 기관사로서 근무함
2. 남양사 주식회사(서울 특별시)
   서기 2006년 10월 1일 입사, 조선공무과 근무.
   서기 2007년 6월 1일 주임 조선기사로 임명되어 현재에 이름.

상벌 공히 없음

상기와 같이 상위 없음

서기 20 년 12월 24일

홍 길 동 (인)

[주]

① '이력서'를 영미인은 Curriculum Vitae 보다 Personal History로 많이 쓴다.

② 외국에서는 현주소·본인의 신장, 체중, 건강상태에 중점을 두고 본적은 생략하는 수가 많다.

③ 학력을 간단히 다음과 같이 쓰기도 한다.

Gunsan Merchant Marine College (2001-2005), 또는

Graduate of Gunsan Merchant Marine College, 2005.

④ 경력은 입사 연월일·직책·근무기간·본봉 및 직속상사명 등과 취급사무의 내용 및 근무성적을 상세히 쓰기를 권한다.

⑤ 상벌 공히 없음을 직역하면 Rewards and Punishments : one 으로 된다.

⑥ 상기와 같이 상위 없음을 번역하면 I hereby certify that the above statement is true and correct in every details.이다.

그러나 보통은 신원조회처(REFERENCES)의 주소·성명을 쓰고 있다.

즉, 부산시 부산 국립대학교 장 A. 교수와 같다.

제5편 기관사 필수 해사용어(Sea-term)

A

abaft	후방으로, 선미로
abaft the port beam	좌현정횡(左舷正横)후로
abaft the starboard beam	우현정횡 후
abandon ship	총원 퇴거부서(總員退去部署)
abeam	정횡으로
above	의 위에, 상방에, 상기한
above deck	선상으로
absence without leave	허가없이 근무장소를 이탈하는것
absent on duty	근무 이탈
absolutely	전혀, 절대로
absorption dynamometer	흡수 동력계
accessories	부속품
accident	사고, 고장, 재난
account	계산, 이유, 원인
accuracy	정도(精度)
accurate	정확한
across grain	횡 섬유(横纖維)
acting chief engineer	대리 기관장
action	작동, 활동
act of god	불가항력
actual ground	현지(現地)
adamant bend	호상관(弧狀管)

added	증가된
additional allowance	추가급여수당
address	주소
adjusted	조정된
adjusting dial	조정 다이얼
adjusting table	조정표
admiralty courts	해군 재판소, 선원 심판소
adrift	표류(漂流)하여
advance	전진(前進), 전도금(前渡金)
aerial voyage	공중여행
aerial wire	공중선, 안테나
aerology	대기학(大氣學)
a few	조금은 있다
affirm	증언하다, 단언하다
afore the mast	마스트 전방으로
aft (abaft 의 약자)	후방으로, 선미로
after	후방, 선미로
after cabin	후부선실(後部船室)
air blast	공기 송풍
air compressor	공기 압축기
air course	통풍로
air gap	공극(空隙)
air pressure	공기압력
air reservoir	공기조(空氣槽)
air running	공기운전(空氣運轉)
air speed	비행속력(飛行速力)
ahead	전진, 전방으로

alarm	경보기
alarm thermometer	경보 온도계
All board!	총원승선(總員乘船)!
all hands	총원
All hands abandon ship!	총원 퇴선(總員退船)!
all night	철야(澈夜)
all ready	모든 채비를 갖추다
all right	좋아, 알았어, 틀림없이, 확실히
all well	모두 만족스럽게
alone	단독으로, 고립하여
alongshoreman longshoreman	하역인부(荷役人夫)
alongside	와 나란히, 의 곁에
also	역시
altar	드라이 독의 계단
alter	변경하다
ambulance party	구호반(救護班)
amidships	선체 중앙으로, 선체 중앙부
amount	양(量)
anchored	투묘(投錨)한, 정박(碇泊)한
anchor light	정박등(碇泊燈)
angry waves	노도(怒濤)
animal char coal	골탄(骨炭)
annealing	풀림(燒鈍)
annual	매년의, 1년에, 1회의
annual survey	중간(中間)검사
annual valve	링 밸브

another	다른, 별도의
antarctic exploration	남극(南極)탐험
anti-corrosive paint	방청페인트
anti-fouling composition	방식제(防蝕劑)
anti-friction metal	감마금속(減磨金屬)
anti-trades	반대 무역풍(反對貿易風)
aport	좌현으로
apparel	함선장구(艦船製具)
appear in sight	시계(視界)에 나타나다
applied	사용한, 적용한, 응용한, 신청한
appointed	지명(指名)된, 임명된
approach	진로(進路), 수로(水路)
arc	아크, 전호(電孤)
Arctic ocean	북극해(北極悔)
arc good working condition	양호한 작동상태이다
armature	전기자(電機子), 아마츄어
arm of the sea	해만(海灣)
around	주위에 이르는 곳마다
arrival	도착
article of consumption	소모품
artificial draught	인공통풍(人工通風)
artificial fuel	가공연료
artisan	직공(職工), 기술공
asbestos	석면(石綿)
ascertained	확인한
as follows	다음과 같이
ashore	육상으로

as necessary	필요에 따라
as require	요구대로, 필요에 따라
astern	선미로, 후방으로
astigmatizer	신광기(伸光器)
astronomy	천문학(天文學)
as under	다음과 같이
at arm's length apart	한 팔 간격으로
at full sea	만조시(滿潮時)
athwart the bow of a ship	타선의 선수를 횡단하여
athwart the forefoot	선수 직전에서
athwart ships	선수미선의 직각방향으로
at least	적어도
atmospheric pressure	대기압력
atmospheric electricity	공중전기(空中電氣)
at sea	해상에서, 항해 중
at times	때때로
at the gauge	게이지로
atomizer	분무기, 분유기(噴油器), 분연기
attached ship	부속선박
attention	주의
attention signal	주의신호
attrition	마멸(磨滅), 손모(損耗)
automatic	자동(의)
automatic pilot	자동 조종장치
auxiliary	보조(의), 부(의)
average adjuster	해손정산인(海損폄精算人)
average agreement	공동 해손계약(共同海損契約)

average loss	평균(平均)해손
avoid	피하다
A. V . R	자동전압 조정기
(automatic voltage regulator의 약자)	
awash	수면(水面)에 나타나서
aweather	풍상(風上)으로

B

back	후방, 뒤로 되돌리다
backing	이판(裏板)
backing power	기계의 후진력
back ground	배경(背景)
back pressure	배압, 배면압력(背面壓力)
bad	나쁜
bailer	타래박
bail out	퍼내다
ballast	밸러스트
ballast tank	밸러스트 탱크
ball bearing	볼 베어링
band brake	밴드 브레이크(帶制動機)
band saw	띠톱
bare wire	나선(裸線)
barge	바지 부선(艀船)
beach-comber	(해안에 밀어 닥치는)큰 파도
beam	양(梁)대들보, 선폭(船幅)
beam clamp	보받이판

bearing	베어링
bearing bolt	베어링 볼트
bearing metal	베어링 메탈
beetle	큰망치, 메
before	이전에, 보다 먼저
began	시작했다. 착수했다.
being hurt	부상했으므로
bell crank	벨 크랭크
bellows	풀무
bending test	굴곡시험
bent	굽은
berth	정박위치, 묘박지
berthage	묘박지(錯泊地), 정박세(碇泊稅)
between	사이에
B. H. P. (brake horse power)	제동마력(制動馬力), 축(軸) 마력
bilge	빌지
bilge well	빌지 웰
bipolar dynamo	2극 발전기 (二極發電機)
blast pipe	송풍관(送風管)
blew	불어 보냈다. 불어 댔다
blind washer	블라인드 워셔
blowing engine	송풍기관(送風機關)
board	널, 선반널, 받침, 게시판, 칠판, 선내, 선현, 현측, 식사, 부, 국
boat-fare boat-hire	선임(船賃)
body	본체(本體), 동체(胴體)

boiler water	보일러 물, 관수(罐水)
bondage	붕대
booster pump	이송(移送) 펌프
bore	구경(口徑), 구멍(孔)
both	양쪽의
bottom	밑바닥, 저부(底部)
bound	속박된, ~행의, 경계
bow	선수(船首)
brasses	황동(黃銅)
bridge	브리지, 선교(船橋)
broad ocean	외양, 대양, 공해
brother officer	동료사관(同僚士官)
bulkhead	격벽(隔壁)
bunkering	연료적재
buoy	부표(浮標)
burial at sea	수장(水葬)
by	의 곁에, 까지에, 의하여, 에 대하여, 으로
by mean of	에 의하여
by order	의 명령에 의하여
by the board	선외(船外)로
by the head	선수각(船首脚)
by the stern	선미각(船尾脚)

C

calculated	계산된, 산정된

calking. caulking. cauking	틀어 막다, 코킹 , 충극(塡隙)
call sign	전신 호출부호
canal	운하(運河)
canvas	돛베, 캔버스
carbon brush	카본 브러시
carbonized	탄화(炭化)된
card	기록서, 카드
care	근심, 걱정, 주의, 주의하다
careful(ly)	주의깊은(주의 깊게)
cargo	화물(貨物), 선적(船積), 적하(積荷)
cargo coal	화물용 석탄
carried	운반된
casing	용기(容器), 상자
cast anchor	투묘하다
castaway	난파선(難破船), 난파자(難破者)
casualty	사상(死傷), 재해, 사고
certificate	증명서, 면허장
chamber	실(室)
chandler	잡화상(雜貨商)
changed over	절환(切換)한, 전환한
channel iron	홈쇠
charge	책임, 의무, 관리
checked	점검한, 검사한, 표지를 한
chequered(checkered) plate	망목판(網目板), 줄무늬판
chest	상자
Chief engineer	기관장
Chief Engineer's order	기관장의 명령

Chief officer	1등 항해사
Chief steward	조리장
chipped	깎은, 가른, 깍아낸
chipping chisel	치핑 치즐(속파기 끌)
choked	막은
chopping sea	3각파(三角波)
circuit	회선(回線), 회로(回路)
circulated	순환(循環)시킨
circumnavigate	세계를 주항(周航)하다
circumnavigation	세계주항
clack valve	클랙 밸브
class	클라스, 종류
claw clutch	클로 클러치
cleading	의판(衣板), 덮개
cleaned	청소한
clearance	간극, 클리어런스
cleared away cleared up	(날씨, 안개 등이) 개었다
closed all up	모두 완전히 복구했다
closed nut	조임(조임) 너트
closed valve	밸브를 닫았다
Co. (company)	회사
coal	석탄(石炭)
coal barge	석탄 바지
coal block briquette coal	연탄(煉炭)
coaling depot	급탄소(給炭所)

coaling jetty coaling wharf coaling pier	재탄잔교(載炭棧橋)
coated	(페인트를)칠한, (주석 등을) 입힌
coiled	감은
coke	코크스
collision at sea	해상에서의 충돌
combustible gas	가연성(可燃性)가스
coming on	내습(來襲)
commenced (comced)	개시한
composite ship	철골 목피선(鐵骨木皮船)
composition	합제(合劑), 작문(作文), 합성(合成)
commutator	정류자(整流子)
completed	완전히 된, 완성시킨
compressed	압축한, 압축된
compression	압축
condensed water	복수(復水), 응결수(凝結水)
cone	콘, 원추, 원추형(圓錐形)
connected	연결된, 접속된
connecting rod	연결봉(連結棒)
connection	결합, 연결
cooled down	완전히 냉각된
cooler	냉각기
cooling water	냉각수
copper	구리, 동(銅)
consignor	하송인(荷送人)
consort ship	요선(僚船)

constant	일정한, 불변의
constructional drawings	구조도(構造圖)
contract speed	계약속력
contractor	청부업자(請負業者)
contraband	금제품(禁制品), 밀수품(密輸品)
contrabandist	밀수배(密輸輩), 밀수자
contraflow condenser	반류(역류) 복수기(反流復水器)
controlling valve	관제(管制) 밸브
convert	개조(改造)하다
core disc	철심판(鐵心板)
corrected	고친, 정정한, 수정한
correctness	정확
corroded	부식된
corrosive	부식하다
corrugated plate	파형판(波形板)
corsair	해적, 해적선
counter electro-motive force	역기전력(逆起電力)
counter shaft	중계축(中繼軸)
counter weight	분동(分銅), 추
coupling bolt	커플링 볼트
cover	커버, 뚜껑
crack	균열, 크랙
crash report	파손보고
creeping	탐해(探海)
crew	승무원(乘務員)
cross wind	역풍
crow bar	쇠지레

crude	천연(天然), 그대로
current	해류(海流), 조류(湖流), 전류(電流)
cut-out	차단기
cylinder (cyl)	실린더, 기통(汽筒)
cylinder cooling water	실린더 냉각수

D

damaged	손상된, 상한
dash pot	대시 폿
date	일자, 년월일
day light	일광(日光), 낮, 새벽
dead center	사점(死點)
dead loss	순손(純損)
debarkation	상륙(上陸), 육양(陸揚)
debenture	사채(社債), 환세(還稅)증명서
deck	갑판(甲板)
decreased	감소된
deep	심해(深海), 대양, 깊은
defect	결함, 고장, 결손(缺損)
defective	결점있는, 불완전한, 불비한
deflector	배플판, 차폐판
delivery	인도(引渡), 배달, 토출(吐出)
demobilize	복원(復員)하다, 제대(除隊)하다
demonstrate	시위(示威)하다, 실제로 설명하다
demurrage	체선료(滯船料)
dense	짙은

dense fog	농무(濃霧)
department	부(部), 부문(部門)
departure	출항, 출발
deposit	퇴직물, 부착물, 침전물
depth	깊이
derelict	표류물(漂流物)
description	종류
despatch	발신, 급송, 전보, 운송 대리점
destination	목석지, 행선지, 지정지(指定地)
detail	상세, 상보(祥報)
detain	억류하다, 차압하다
deterioration	악화, 퇴화, 저하
diagram	도(圖), 선도(線圖)
diameter	지름
diaphragm	격판(隔板)
differential motion arrangement	차동운동장치(差動運動製置)
direct drive	직결식 터빈 추진(推進)
dirt	먼지, 쓰레기
disc	원판(圖板), 평원판(平圖板)
discharge	방출, 배출, 해직, 발사, 방전, 방출하다, 배출하다, 해직하다.
disconnected	분리된, 나누어진, 멘, 자른
disconnecting gear	분리장치(分離裝置)
discovery ship	탐험선(探險船)
disembarkation	상륙, 육양(陸揚)
disinfectant	소독제, 살균제
disinfection by sunlight	일광소독(日光消毒)

dismantlement	의장해제(艤裝解除), 무장해제
dismissal at one's own reqeust	의원사직(依願辭職)
displacement tonnage	배수톤수(排水噸數)
disposition	배치, 배열, 처분(處分)
distance	거리(距離)
distinguished service	수훈(殊勳)
distress signal	조난신호
distribution box	분전로함(分電路函)
diving apparatus	잠수기구
dock	도크, 선가(船架), 선거(船渠)
docking	도킹, 도크에 들어가는 것, 입거(入渠)
docking accommodation	입거시설(入渠施設)
dock dues, dockage	선거 사용료
docking scheme	입거계획
docker	선거인부(船渠人夫)
dock yard	조선소
dockyard overhaul	입거검사
dolphin	계선주, 상광어
donkeyman	조관수(操罐手) 부관수(副罐手)
donkey watch	정박당직(碇泊當直)
double bottom tank (W. B. T)	2중저(二重底)
double reduction gear	2중 감속장치
down	아래로, 감소하여
draft, draught	흘수(吃水), 통풍(通風), 설계(設計)
drafting room	제도실(製圖室)
draftsman	제도사, 기초자(起草者)
drained	배출된, 유출된

draught gauge	통풍계(通風計)
drawing	제도, 추첨, 도형, 도화, 색안
drew out	끄집어 낸
dried	마른, 닦아 낸
drifting ship	표류선
driftage	표류물, 유정(流程)
drill ship	연습선
drill test	구멍뚫기 시험
driver	원동차(原動車), 동륜(動輪)
driven wheel	종동차(從動車)
drop speed	감속하다
dry dock	건선거(乾船渠)
due	정당한, 당연히 지불해야 할 부채, 세금, 보수, 의무
dummy clearance	유극(遊隙)
dummy funnel	모의연돌(模擬煙突)
dummy ring	평형 링
dunnage	더네지, 수화물, 짐깔개
during	의 동안에, 기간 중
duty	의무, 임무, 직무
duty officer	당직사관(當直士官)
duty on board	선내근무
dynamo	발전기(發電機)
dynamometer	동력계(動力計)

E

each	각각의
earth	지구, 지면, 접지(接地)
earth detector	누전계(漏電計)
ease speed	감속하다
eased	속력을 줄인(기관의)
easy	안락한
ebb tide	썰물
eddy	회오리, 와류(渦流), 선풍(旋風)
effected	실시했다, 수행했다, 시행했다
electric	전기의
electric accumulator	축전지(蓄電地)
electric bell	전령(電鈴)
electric car	전차(電車)
electric fan	선풍기
electric drive	전기추진(電氣推進)
electric welding	전기용접
electric wiring	전선(電線)
electro chronograph	전기시계(電氣時計)
elementary training	기초훈련
embargo	출항정지, 수출금지, 징발하다
embark	승선하다, 탑재하다
emergency governor	비상용 조속기
empty	빈, 비어 있는
end	끝, 종료
end on	용골(龍骨)과 일선으로

engaged	종사한, 종사시킨
engine	기관(機關)
engineering	기관술(機關術), 공학기술
engineer repair crew	기관부 수리요원
engine room	기관실
entered	에 들어간
entrance	입구
entrenching tools	공작기구(工作器具)
equator	적도(赤道)
equilibrium ring	조압(調壓) 링
equip	의장(艤裝)하다
equipment officer	의장원(艤裝員)
escape pressure	도출압력
escort ship	호위함
essential particulars of a ship	선체요목(船體要目)
etc. (etcetera)	등(等)
evaporator	증발기(蒸發器), 조수기(造水器)
even up	평등하게 하다
even keel	평각(平脚)
examination	검사, 조사, 시험
examined	검사했다, 조사했다, 시험했다.
except	을 제외하고
exchanged A for B	A와 B를 교환했다
exciter	여자기(勵磁機)
exhaust fan	배기 송풍기
expanded	확장한, 넓힌
expander	확관기

expert	전문가, 기사(技師)
exploration ship	탐험선
extracted	빼어냈다, 추출했다
faced	의 면을 반듯하게 깎았다
faced up	의 면을 반듯하게 다듬었다
fall	떨어지다, 내리다, 내려앉다, 처지다
false report	허위보고

F

fan motor	선풍기
fatigue clothing	작업복
fatigue duty	잡역(雜役)
fatigue party	작업원(作業員)
feeding apparatus	급수장치(給水裝置)
feed water	(보일러의) 급수
feeler (gauge)	필러 게이지
ferrule	입구 조임쇠, 연결관
ferry-boat	도선(渡船)
few	소수의, 조금밖에 없다
file	줄
filed	채웠다
filed away (down, off)	줄로 깎아 내었다
filed up	줄로 깎았다
filter	필터 여과기
finished off	끝냈다, 해치웠다
finished up	끝내었다, 다 써버렸다

finished with engine	기관종료
fireman	화부(火夫), 기관원(機關員)
fishing banks	어장(漁場)
fitter	조립공
fittings	용구, 부속품, 내부시설
fitting shop	다듬질 공장
fixed	고정된, 결합된
fixed vane	고정익(固定翼)
flag at halfmast	반기(半旗)
flange	플랜지
flap valve	나비형 밸브
flat bar iron	철평봉(鐵平棒)
flat coiled spring	평형(平形), 코일 스프링
flatter, flattener	플래터(판판하게 펴는 망치)
flaw	결점, 흠
float	부자(浮子), 뗏목
floating dam	부선거문(浮船渠門)
floating derrick	부동 기중기(浮動起重機)
floating dock	부상(浮上)선거
floating frame type reduction gear	유동(遊動) 기어식 감속장치
floating stage	현측(舷側)발판
floor	마루바닥
flow	흐르다, 유출하다
F.O (fuel oil)	연료유
fog-bell	농무경종(濃霧警鐘)
fog-signal	농무신호
fog-whistle	농무경적

folding	주름, 접은 자리
folding measure	접자(折尺)
follow	을 쫓다, 따라가다, 에 계속하다
follower	종동차(從動車)
F. O. piping to high pressure	고압 연료유관(高壓然料油管)
for	에 대하여, 을 위하여, 의 목적으로
forced	강제적인
forced lubricating plant	강압 주유장치(强壓注油裝置)
fore and aft	선체 선수미선(船首尾船)
foremast hand	수부(水夫)
found	발견했다, 알았다, 인지했다
foundry shop	주물(鑄物)공장
frame	주조(構造), 골조(骨組), 프레임
free	자유로운, 방해없는
free board	건현(乾舷)
frequently	빈번히, 자주
fresh water pump	청수(情水)펌프
friction	마찰
formal visit official visit	공식 방문
from within	내부(內部)로부터
from without	외부(外部)로부터
fuel injection pipe	연료 분사관
full away, rung up engine	전속 항해상태
full capacity	전용적(全容積)
full complement	전정원(全定員)
full load	만재선하(滿載船荷)

full power run	전력항주
full power trial	전력시험
full speed	전속력
fumigate	훈증소독(燻蒸消毒)하다
fumigation	훈증소독
fur	물때(水垢)
furlough	외출, 외출증, 휴가, 휴가증, 외출을 허가하다, 휴가를 주다
furring the boilers	보일러 물때

G

galley	취사실
galvanic action	전류작용
galvanized plate	함석판
galvanometer	전류계(電流計)
gangway	현문(舷門)
gangway ladder	현문 사다리
gantry crane	고가 기중기
gas	가스
gas welding	가스 용접
gauge	게이지
gauge tester	게이지 시험기
gazette	신문, 관보(官報)
gear	기어, 장치, 도구(道具)
gear casing	감속차실(減速車室)
gearing	구동장치(驅動裝置)

gearing face	기어 면(面)
gear wheel	대치차(大齒車)
general service	잡용(雜用)
generatmg set	발전장치(發電裝置)
generator	발전기 가스 발생기
generator tube	증발관(蒸發管)
get hurt	부상하다
get equal	과 같게하다
get ready for sea	출항준비를 마치다
gib and cotton	평형 쐐기
gimbal joint	짐벌 조인트(水平自在關節)
give	주다
give attention to	에 주의하다
glass	유리, 캡, 거울, 한난계, 유리 그릇
glasses	안경
glove valve	구형(球型) 밸브
glow lamp	백열등(白熱燈)
go (went) to the hospital	입원하다(했다)
"Gone by the board!"	"사람이 빠졌다!"
governor	조속기(調速機)
grade	등급, 계급
green	녹색
grating	격자(格子)
graving(dry) dock	드라이 도크, 건선거
gradually	차차로, 점차로
grease	그리스, 수지(獸脂)
greyhound	쾌속선(快速船)

grinder	연삭기, 분쇄기
grinding machine	연삭반(硏削盤)
grommet, grummet	그로미트, 밧줄 고리
groove	홈
gross tonnage	총톤수(總噸數)
ground detector	누전계(漏電計)
group valve	집합 밸브
guard	안내(案內), 보호물(保護物)
gudgeon pin	거전 핀, 피스톤 핀
guide vane	안내 날개

H

hair	털, 털 모양의 것, 미소량
half	반
half night	반야(半夜)
hammering	망치질
hammered	해머 시험
hammer test	해머 시험
hand	손, 선원, 인원
hand bellows	수동 풀무
hand flag signal	수기신호(手旗信號)
hand gear	인력장치(人力裝置)
handle	핸들 손잡이
hand riveting	수공(手工) 리벳
harbour, harbor	항(港)
harbour dues harbor duty	입항세

harbour master	항장(港長)
hard	굳은, 튼튼한, 거친, 고된, 독한
hard solder	경질(硬質)땜납
header	해더
head valve	출구(出口) 밸브
hearth	화로
heat apoplexy heat stroker	일사병(日射病)
heated	가열한
heater	가열기(加熱器), 난방장치
heating	가열하는 것
heating steam pipe	가열 증기관(加熱蒸氣管)
heavily	무겁게, 답답하게, 몹시, 침울하게
heavy	무거운, 심한, 대단한, 힘겨운
heavy industries	중공업(重工業)
heavy sea	격랑(激浪)
heavy weather	황천(荒天)
helical gear	나선(螺旋)기어장치
hemp packing	대마 패킹
hereby	이에 의하여
high tension transmission	고압송전(高壓送電)
hinged valve	힌지(경첩) 밸브
hitch	히치(結索)
homeward -bound	본국행(本國行) 의
hogging	호깅 상태
hoist	권양장치(捲揚裝置)
hoisting engine	권양기(捲揚機)

hold	선창(船艙)
holder	보지기(保持器)
holding down bolt	고정(固定)볼트
hone	기름 숫돌
hopper	깔때기
hour	시간
humidity	습기, 습도
hurt	부상
hydraulic jack	수압 기중기
hydraulic main	수압주관(水壓主管)
hydraulic pumping engine	수압 펌프 기계
hydro dynamics	유체역학(流體力學)
hydrokineter	관수 순환기(鑵水循環器)
hydrometer	비중계(比重計)
hygrometer	습도계

I

iceberg	빙산(氷山)
ice field	빙원(氷原)
ice free harbor	부동항(不凍港)
idle wheel	유동 바퀴(중간 톱니바퀴)
ignite	점화하다, 백열(白熱)하다
igniter	발화기(發火器)
I. H. P. (indicated horse power)	지시마력(指示馬力)
illness	병(病)
immediate superior	직속상관

impeller shaft	날개차축, 임펠러 샤프트
imperfect combustion	불완전 연소
important	중요한
in	안, 의 안에, 에 관하여, 이므로
in bad repair	손질이 잘 되어 있지 않아서
increased	증가했다
in connection with	에 대하여
in course of construction	건조 중인
index	색인, 지침(指針), 눈금
indicator	지압기(指壓機), 표시기
induction motor	유도 전동기(誘導電動機)
industry	산업, 공업
informal visit	비공식(非公式)
information	보고, 통보, 정보, 보도
in good order	양호한 상태로
ingot mould	주형(鑄型)
in his working	그의 작업 중
initial	최초의, 전의, 발단의
injection pressure	분사압력
injector	주사기
injure	부상하다
inland sea	내해(內海)
inlet	입구
inlet valve	흡구(吸口)밸브, 흡기(吸氣)밸브
in many ways	여러가지 방법으로
in order	고장없이, 순서있게, 정돈되어
inquiry, enquiry	조사, 심문

inside	내측
inshore fishery	연근해 어업
inspection	검열, 점검, 시찰, 참관
inspector	검사관, 감독관
instead	대신에
instruction	교훈, 훈령, 명령
instruction book	지시서
instrument	계기, 기구, 측기
insulation	절연
insulation lamp	격리등
intelligence	정보, 통지, 첩보
interchanged A and B	A와 B를 교환했다
intermediate shaft	중간축(中間軸)
invoice	송장(送狀)
iron foundry	제철소(製鐵所)
iron plate	철판(鐵板)
iron works	철공소(鐵工所)
It rains cats and dogs.	폭우가 쏟아지다

J

jobs	일
joined	승선(乘船)했다.
joint	조인트
joint box	접속상(接續箱)
join the ship	승선하다.
journal	저널, (항해)알지

junction box	접속상(接續箱)
junk bolt	정크 볼트

K

keel line	선수미선(船首尾線)
keep plate	누름 판
killed and wounded	사상자(死傷者)
K. L (kilo liter)	킬로 리터
knot	노트

L

ladled	두레박으로 퍼내었다
lagging	래깅, 보온재
landed	육상으로 끌어 올렸다, 상륙했다
Land ho!	육지가 보인다!
landing pier	상륙잔교(上陸棧橋)
lap-weld	겹침 용접
lascar	(동인도의) 수부
launch	론치, 진수(많水)하다
laundry	세탁소, 세탁장, 세탁물
lavatory	화장실, 변소
lay days	선하 적양일(船荷積揚日)
lead	납
leak	누설, 누전
leakage	누설

leaking	새는 것
leaky	새기 쉬운
lee side	풍하현(風下舷)
left-handed screw	좌회전 스크류
legal	법률상의
Let go the anchor!	투묘!
life saving apparatus	구명기구
lift pump	흡양(吸揚) 펌프
light	가벼운, 빛, 등불
light oil	경유(輕油)
lined up	1열로 늘어놓은
liner	정기선(定期船), 라이너
liquid fuel	액체 연료
L. O. (lubricating oil)	윤활유
loaded	적하(積荷)한, 부하(負荷)를 건
loader	적재기(積載機)
loading	적하 · 선적
lock nut	로크 너트
loft man	현도공(現圖工)
L. O flow through night	밤새 흐른 윤활유
longshoreman	부두 인부
loose	매지 않은, 풀린
looseness	느슨함, 헐거움
loosening bar	형(型)뽑기 봉(棒)
loud speaking telephone	고성전화(高聲電話)
low water alarm	감수 경보기
lubricated	기름 친, 기름을 바른

lubricating system	윤활장치
lubricator	주유기(注油器)
lying	정박(停泊)

M

made	만들었다, 준비했다, 하게 했다
maden voyage	처녀항해(處女航海)
magnet	자석(磁石)
magnet bell	마그네트 벨
magnetic	자석의, 자기(磁氣)의
magnetic brake	전자(電磁) 브레이크
mail-boat	우편선(郵便船)
main	주요한, 주된
main engine	주기관(主機關)
maintenance cost of ship	선박 유지비
make (take) a holiday	휴업하다
make a holiday of it	휴업하여 축하하다
make higher	높게하다
make lower	낮게하다
make sure of	~을 확인하다
manifest	적하목록(적하목록)
man power	인력
manual	편람(便覽), 교범(教範)
maneuvering gear	조종장치(操縱裝置)
mariner	선원, 해원
master	선장(船長)

mean	뜻하다
mechanics	기계학, 역학
medical	의료의
medical examination medical survey	신체검사
melting point	융해점(融解點)
mess-room	식당
mess-president	식탁장(食卓長)
metal	금속, 메탈
metal to metal	금속접촉(金屬接觸)
metalic	금속의
mileage	여비(旅費), 이정(里程)
mitre gear	정사치차(正斜齒車)
motor	발동기, 전동기, 내연기관
M. S. (motor ship)	발동기선, 기선(機船)
moved	움직였다, 이동시켰다
moving part	작동부
mud	진흙
mud box	머드 박스
mud scow	진흙 운반선
muffler	소음기(消音器)
muster	인원점호(人員點呼)

N

national	국민의
national holiday	축제일

nautical astronomy	천문항법
navigation	항해, 항행, 항해술, 선박
navigation light	항해등
navigation watch	항해당직(航海當直)
Nea East	근동(近東)
necessaries	필요품(必要品)
net weight	정미중량(正味重量)
neutral waters	중립국 영해(中立國領海)
newly appointed	새로 임명된, 신임(新任)
nickel plating	백동도금(白鋼渡金)
night duty	야간당직
night work	야간작업
nippers	니퍼
No. 1 oiler	조기장(操機長)
noon	정오
normal	보통의, 표준의
normal speed	원속(原速)
notch	노치, 절결(切缺)
noted	기록한, 저명한, 주목되는
notification	통지, 고지
no volt release	무전압 해방기(無電壓解放器)
now	지금, 현재
number (No, or #)	수, 번호, 제~번

O

observed (obs')	주의한, 관측한, 인지한

obtained	얻은, 손에 넣은
occurred	생긴, 일어난
occurrence	발생, 발견
of	~의
off	멀리 떨어져서
off Busan	부산 난바다에서
off duty	비직(非直)의
official	공무의, 공식의, 공인의, 공무원
oil	기름, 기름치다
oil channel	기름 홈
oil cooler	기름 냉각기
oil cooler tube	냉각기의 세관(細管)
oiler	조기수(操機手)
oil deflecting plate	배플판(板)
oil extractor	유분리기(油分離器)
oil paper	유지(油紙)
oil service	배유장치(配油裝置)
oil skins	유포(油布), 방수포(防水布)
oil way	유도(油道)
old	늙은, 낡은, 중고의
old salt	노련한 선원
on	의 위에, 에서, 따라, 에 의거하여
on account of	때문에, 의 이유로
on board	선상으로, 선내로
on duty	당직의
one	하나, 1회
on gauged	계측한 다음

only	단지, 만, 최상의, 오직, 겨우
on shore	육지로, 육지에서
on the beam	정횡(방향)으로
on the engine after	엔진 출구에서
on th early morning	이른 아침에
on the sea	해상으로
on the wind	바람을 거슬러서
open belt	오픈 벨트
opened	열었다, 개방했다
open flame	불길, 화염
opening	통로, 입구, 구멍, 광장, 공지
opening pressure	계개압력
open sea	공해(公海)
order	명령, 순서
ordinary	보통의, 평범한
other	다른, 남은, 이외의
our	우리의
out	밖의, 밖으로, 완전히, 난바다로
outer	외부의, 외면의
outlet	출구
out of repair	파손되어
outward-bound	외국행의
over	의 표면에, 을 덮어, 에 걸쳐, 완전히
overboard	선외로, 현외로
overhauled	분해검사(分解檢査)했다
overheat	과열(過熱)하다
overheating	과열

over load release	과부하 계전기(過負荷繼電器)
over sea	해외의, 해외로
overseas	해외로부터, 해외에서
overtaken vessel	피추월선(被追越船)
overtaking vessel	추월선(追越船)
owing	에 기인한, 에 돌려야 할
owing to	로 인하여, 때문에
owner	임자, 소유자
oxide	산화물(酸化物)
oxidize	산화시키다, 녹슬게 하다

P

packet-boat	우편선
packing ring	패킹 링
painted	페인트 칠한
parallel	평행의
partly	부분적으로
parts	부품
passed	통과했다, 급제(及第)했다
passing	통과
past	과거의, 넘어서
patch	패치
patched	패치를 대고 수리했다
patent	특허
pattern	모형(模型), 목형(木型)
pay-day	봉급일(俸給日)

pay-roll	봉급 지불부(支佛簿)
peak	뾰죽한 끝, 선수미의 돌출부
peep hole	검사공(檢査孔)
per	에 의하여, 에 대해
perfect	완전한, 우수한, 정확한
periodical	주기적(周期的)인, 정기 간행물
periodically	주기적으로, 정기(定期)로
periodical survey	정기(定期) 검사
personal	개인의, 본인 스스로의, 신체의
personnel	직원(職員), 인원(人員)
petral	경유(輕油)
petty average	소(小) 해손
pet valve	페트(豆) 밸브
pewtes	백랍(白臘), 땜납
pick up	도중에서 태우다
pier-dues	잔교 사용료(棧橋使用料),부두세
pierage	
pig-metal	선철(銑鐵)
pilot-valve	안내(案內) 밸브
piping	관계(管系), 배관(配管), 관장치(管裝置)
piracy	해적행위
piston	피스톤
pitch	피치, 역청, 선체종요(船體縱搖)
pitching	선체종요. 피칭
pitting	점부식(點腐蝕)
plain clothes	평복

planking	외판(外板)
plate	판금(板金), 엷은 판
plate gauge	플레이트 게이지
platform	플랫폼, 단(壇), 상판(床板)
plugged	마개로 막았다
plummer block	중간(中間) 베어링
poach	밀어(密漁)하다
polished	닦았다, 윤을 내었다
polymeter	습도계
plumber shop	제관(製管) 공장
pontoon-bridge	부교(浮橋), 배다리
port	항구, 좌현, 좌측의
port of call	기항지(寄港地)
port of shipment	선적항(船積港)
portside	좌측
position	위치, 지위
postponed	연기(延期)했다
power	힘, 출력(出力), 동력(動力)
prepare for sea!	출항준비!
present	존재, 현재, 선물, 있는, 제출하다, 나타나다.
pressure	압력
primed	마중물을 넣었다, 미리 채웠다
primely pump	공급(供給) 펌프
proceeded	진행되었다, 계속했다
proceeding	진행, 행동, 처치
produced	생겼다, 일어났다

promoted	진급시켰다, 승진했다
propeller	프로펠러, 추진기
properly	당연히, 적당하게, 똑바로
protective	보호하는, 보호물
provided	준비했다, 공급했다
provision-room	식량창고
psychrometer	건습구 온도계
public vessel	공용선(公用船)
pulverizer	분유기(噴油器)
pumped	펌프로 물을 퍼 올렸다
pure	순수한, 맑은, 깨끗한
purifier	청정기
purity	순도
put	놓다, 설치하다, 종사시키다
put aback	되돌려 놓다, 느리게 하다.
put engine	기관을 ~상태로 했다
put in	넣다, 끼우다
put into	에 삽입하다, 에 주입하다
put off	연기하다, 미루다
put on	에게 ~을 지우다, 씌우다
put out	끄다, 내쫓다, 내밀다, 나타내다
pyrometer	고온도계(高溫度計)

Q

quarantinable disease	검역을 요하는 질병
quarantine	검역

quarantine station quarantine ground	검역소
quarters	부서(部署), 배치(配置)
quickly	즉시, 신속히

R

racing	공전(空轉)
radiogram radiotelegram	무선전보(無線電報)
radiograph	무선전신(無線電信)
ralll gauge	우량계(雨量計)
rain water	빗물
raised	끌어 올린, 상승 시킨
rapid	신속한
rapping bar	형(型)뽑기, 봉(棒)
ratio of expansion	팽창율
ratio of reduction	감속율
ready for	준비가 된
rebrazed	다시 납땜을 했다
received	수령했다
recoiled	다시 감았다
record	기록(記錄), 기록하다
recovered	다시 덮었다
red lead	광명단(光明丹)
reduce speed	감속하다
reduced scale	축척

reduce speed to ten knots	10노트로 감속하다
refaced	면을 다시 반듯하게 했다
refit	수리
refitted	복구
refitting	개조, 수리
refloating operation	인양작업
refrigerator	냉동기
registry	등록
regulated	조정(調整)한, 가감(加減)한
regulating handle	가감(加減)핸들
regulating valve	가감 밸브
reinforced	보강한
released	해방된
relined	뒤를 댄
remade	고쳐서 만든
removed	옮긴, 떼어낸, 제외한
renewed	새롭게 했다, 신품과 교환했다
repacked	다시 채웠다
repainted	다시 칠을 했다
repaired	수리한, 수리했다
repairing	수리
repairing shop	수리공장
repair shop	공작선(工作船)
replace	복구했다
required	필요로 했다, 요구한
rescrewed	고쳐서 조였다
reseated	시트를 다듬었다

restated	재 출발했다, 다시 발동했다
result	결과
result as under	결과는 다음과 같다
resumed	다시 시작했다
resumption	재 개시
return acting engine	환동식(環動式)기관
returned	복귀(復歸)했다.
returned to duty	직무(임무)에 복귀했다
return visit	답방(答訪)
return voyage	귀항(歸港)
reversed	뒤집었다, 역으로 했다
reversing engine	역전기(逆轉機)
reversing gear	역전장치(遊轉裝置)
revolution	회전, 회전수(回轉數)
ridge	융기, 높은 곳
right	우, 올바른
right aft	정선미(正船尾)로
rocking coast	바위로 이루어진 해안
rocking skaft	발정축(發停輔)
rolling	선체횡요(船體橫搖), 롤링
roost	급격한 조류
roughened	거칠어진
round	주위, 순회
rounds make	순시(巡視)하다
routine boat service boat	정기선(定期船)
R. P. M. (revolution per minute)	매분 회전수(每分回轉數)

rubber	고무
rule of the road at sea	해상 교통규칙
run	운전하다
run goods	밀수품
running	운전
running trial	시운전(試運轉)

S

safety valve	안전 밸브
sagging	새깅 상태
saloon passage	일등선객(-等船客)
salvage operation	구조작업
salvor	해난 구조자
sand paper	사포
sanitary pipe	위생관(衛生管)
satisfactory	만족스러운, 생각대로의, 더할 나위없는
scaffold	발판
scale	물때, 측척(삐R), 천칭, 눈금
scarf joint	스카프 조인트
scavenging	청소하기
scavenging port	소기문(掃氣門)
scavenging valve	소기(掃氣) 밸브
scraped	문질렀다, 깎아서 반듯하게 했다
scraping	깎기, 긁기, 문지르기
screwed	조였다, 비틀었다

screw thread	나사산
scrubbed	세게 문질렀다
scrubbing brush	갑판 청소용 브러시
sea	바다, 해상의
sea allowance	항해수당
sea-borne commerce	해상무역
sea dog	노련한 해원
sea-farer	항해자
sea-fowl	해조(海鳥)
sea going	원양 항로의, 대양을 항해하는
sea-gull	갈매기
seal pipe	봉수(封水) 파이프
seaman	해원, 항해자, 수병(水兵)
seaman life	해상생활
sea-route	항로
sea routine	항해일과
seas	해수
sea service	해상근무(海上勤務)
seasickness	배멀미
sea stores	항해용 필수품
sea valve	해수 밸브, 선외 밸브
sea wall	방파제
seaweed	해조(海藻)
seaworthiness	능파성(凌波性)
section	구분, 부분, 단면(斷面)
second engineer (2/E)	2등 기관사
secured	안전하게 한

seeing condition	시계(視界)의 상황
self-acting lubricator	자동 주유기(自動注油器)
semi-metallic	반금속성(半金屬性)의
separator	분리기(分離器)
sent to the hospital	입원시켰다
service ashore	육상근무
service tank	상용(常用)탱크, 공급 탱크
set	두다, 놓다, 앉히다, 배치하다, 붙이다.
set square	삼각자
settling tank	세틀링 탱크
several times	수회
shaft-alley	축로(軸路)
shafting	축계(軸系)
sheet	매(枚), 박판(薄板)
shifted	이동시킨
shifting berth	전묘(轉錨)
shifting pump	이송(移送) 펌프
ship chandler	선구상(船具商)
shipper	선적인(船積人), 하주(荷主)
shipping	선박
ship's	선박의
ship's bell	시종(時鐘)
ship's entry	입항 증명서(入港證明書)
shipside	선측(船測)
ship's husband	선박 관리인
shore boat	통선(通船)
short	짧은, 부족한, 단락(短絡)

shrinking	수축, 끼워맞춤
shut off	멈추었다, 닫았다
sick and wounded	상병자(傷病者)
sick room	병실
side scuttle	현창(舷窓)
side ladder	현측 사다리, 현제(舷梯)
side light	현등(舷燈)
sight glass	사이트 글라스
sign(s)	전조, 증후
signature	서명
silencer	소음기
silent blow off valve	소음취관(消音吹管) 밸브
siphon lubricator	흡양 주유기(吸揚注油器)
skeleton crew	기간요원(基幹要員)
skeleton drawing	골조도(骨組圖)
skimmed up	완전히 다듬었다
skin friction	표면마찰(表面摩標)
skipper	어선선장
skylight	채광창(採光窓)
slacken the speed	감속하다
slab	평판, 엷은 판
slag	광재(鑛滓)
sleeve	슬리브
sleeve joint	슬리브 조인트
slide valve	슬라이드 밸브
sling	슬링
slip	슬립

slip dock	인상(引上) 도크
slip ring	슬립 링
slipway	조선대(造船臺)
slope	경사, 구배(勾配)
slot	(핀을 꽂는) 구멍 또는 홈
slow down	감속
sludge	슬러지
smack	어선, 소형선
smelting furnace	용광로
Smoke ho!	연기가 보인다!
smoke tube	연관(煙管)
smooth file	다듬질 줄
snap head bolt	둥근머리 볼트
socket spanner	소켓 스패너
soda solution	소다 용액
soil pipe	배설관
solder	땜납
soldering flux	땜납 용제(溶劑)
solstice	동지(冬至), 하지(夏至)
some time	언젠가, 한때의, 이전의
some tlmes	때때로, 때로는, 일찌기
sonic depth finder	음향 측심의
space	공간, 장소
spare	예비품, 예비원, 예비실
spark gap	불꽃 간극(間隙)
specification	명세서, 사양서
speed	속력

spherical valve	구형(球形) 밸브
spigot	스피곳, 마개, 주둥이
spike	긴 못
spray	물보라
sprocket wheel	스프로켓 휠
spur gear	정륜 연동기(正輪聯動機)
spy-glass	망원경(望遠鏡)
S. S.(steam ship)	기선(汽船)
standard speed	원속(原速)
stanchion	기둥, 지주(支柱)
Stand at ease!	쉬어!
stand by	준비
Stand easy!	쉬어!
standing	신분, 격식, 상설의, 고정의
starboard	우현(右舷)
start (spring) a leak	새기 시작하다
starter	기동기, 기동 저항기(起動低抗器)
starting air	시동공기(始動空氣)
staple vice	스테이플 바이스
station	위치, 배치, 부서, 구역, 정거장, 신분, 지위
Station!	부서배치
state room	큰 응접실, 특별실, 알현실
stay light	정박등
steam	수증기, 김을 내다
steam heater	증기 가열기
steamed on	통기(通汽)했다

steam piping	증기관계(蒸汽管系)
steerage	조타(操舵), 운전, 3등선실
stem	선수(船首)
step bolt	단붙임 볼트
stern	선미(船尾)
stern tube	선미관(船尾管)
stiffener	보강재(補强材)
stiffening ring	보강 링
stock	스토크(닻의), 저장품
stoned	숫돌로 갈았다
stopper	스토퍼
stopping	중지, 정지
storage	저장, 보관, 창고, 보관료, 창고료
stored goods	재고품
store keeper	고수(庫手)
stores	필수품(必需品)
storm-belt	폭풍대(暴風帶)
storm-track	태풍권(颱風圈)
stowage	적재, 저장, 석재품, 적하료
stowaway	밀항자(密航者)
straightened	똑바르게 했다, 정리했다
strainer	여과기
strand	물가, 해안, 섬유, 가닥실, 좌초하다
strength	강도(强度), 인원수(人員數)
stuck	고착된
stud bolt	스터드 볼트
stuff	원료(原料), 재료

submarine-armour	잠수복
subordinate	부하(部下), 하급자
sub surface	수면하(水面下)
suction port	흡입구
suction valve	흡입 밸브, 급기(給氣) 밸브
sufficient	충분한, 충족한
sunken vessel	침선(沈船)
superheated steam	과열 증기(過熱蒸汽)
superintendent	관리자, 감독
superior	선배, 상관, 우세한
supply	보급, 보급품, 공급하다
sure	확실히, 확실한
surface	표면, 표면의
surgeon	외과의(外科醫), 군의(軍醫)
survey	검사
surveyor	검사원
sustained	지지(支持)했다, 지속했다
swab	자루 걸레
swage	원평기(圓平器)
sweeping	소해(掃海), 소제
switch	스위치, 개폐기
switched off	전등을 껐다
switched on	전등을 켰다
swivel	스위블, 회전고리
synchronizer	동기계(同期計)
system	계통
syringe	주사기, 주유기

T

tachometer	속도계
tail	선미, 후미, 말단
tail shaft	선미축(船尾軸)
take place	그에 대신하여 일하다
take the place of	에 대신하다
tally	계산하다, 기록하다, 부신(符信)
tap	탭(전기회로의), 중간접점(中間接點)
technical	전문의, 학술의, 기예의, 공예의
teeth	이
telephone	전화
tell-tale	타각 지시기(舵角指示器)
temperature	온도
temperature change	온도변화
temporarily	임시로
temporary	일시의, 임시의
tendency to heat up	발열(發熱)의 경향
terminal	단자(端子)
the ceremony of crossing the Equator	적도제(赤道祭)
the shipping supply company	선용품 회사(船用品會社)
thick fog	농무(濃霧)
thick oil	니유(泥油 : 걸쭉한 기름)
thimble	팀블, 쇠고리
through the all night	철야(徹夜)
throttle valve	교축(絞縮) 밸브

thrust	추력(推力)
thrust bearing	스러스트 베어링
thrust block	스러스트 블록
tide	조석(潮汐), 조류(潮流)
tie bolt	지주(支柱) 볼트
tightened up	단단히 조였다
tightly	단단히
tin liner	함석 라이너
te be cast ashore to be thrown ashore	육안(陸岸)에 좌초하다
to bury on shore	육장(陸葬)하다
to charge air	공기를 채우다
to charge the battery	전지에 충전하다
to collide with	타선과 충돌하다
to construct a tanker	유조선을 건조하다
to develop condenser detects	복수기가 고장나다
to drop anchor	투표하다
to enter harbor	입항하다
to fall aboard of	타선과 충돌하다
to fall calm	(바람이) 자다, 가라앉다
to gain advancement	진급하다
to get aboard	충돌(衝突)하다
to get a ship afloat	선박을 인양하다
to get (or go) on board	승선하다
to give an order	명령을 내리다
to give a word of command	호령을 내리다
to go aboard	승선하다

to go alongside a wharf	부두에 접현(接舷)하다
to go ashore	상륙하다
to go by the board	현외로 떨어지다
to half mast the flag	반기를 게양하다
to hand over a duty	당직을 인계하다
to heave anchor	닻을 감아 올리다
to lay aboard	타선의 현측(舷側)에 접근하다
to leave harbor	출항하다
to lie at anchor to ride at anchor	묘박(錨泊)하다
to make allotments from one's pay	봉급중에서 분배하다
ton	톤
tonnage	톤수
took change	책임진, 직을 맡은
took correct	수정했다
took in	적재(積載)했다
took off	제거(除去)했다
took out	빼어냈다, 제거했다
top dead center	상사점
to retune a condenser	복수관(復水管)을 다시 조율하다
torsional test	비틀림 시험
to run aground	좌초하다
to spread the awnings	천막(天幕)을 치다
to strike (take) ground	좌초하다
to take fuels on board	연료를 적재하다
to take over a duty	당직을 인수하다
tota1	총계

tow	끌다
towing alongside	현측예항(舷側曳航)
tow rope	예강(曳綱), 끄는 밧줄
to yaw about to make a yaw	선수가 흔들린다
track	항적(航跡)
trades	무역풍(貿易風)
traffic	교통, 운수, 무역
training cruise	연습항해
tramp, tramp steamer	부정기선(不定期船)
transformer	변압기(變壓器)
transit	통과, 운송
transmit	회송하다, 전달하다
transatlantic	대서양(大西洋) 횡단
transport	수송, 운수
transporter	화물 양륙용 기중기
transship	화물전재(貨物轉載)
transverse section	횡단면(橫斷面)
trawl	트롤 어업
treaty	조약
treble	3중의, 3배의
trial	시험, 재판, 시운전
trial speed trial trip speed	공시속력
trim	선각(船뼈)의 균형
triple	3중의, 3배의
T square	T자

3 turns of packing	패킹 3뭉치
turning gear	회전장치
twilight	황혼, 땅거미
two sheets of	2매

U

under	의 아래에
under construction	건조 중
under repairs	수리 중
under way	항해 중
under weigh	발묘 중(拔錨中)
underneath	의 바로 아래
uniflux condenser	균류(均流) 복수기
unit	단위
unopened port	불개항(不開港)
until further orders	다음 명령이 있을 때까지
upper	상부의
upright	똑바로
urgent instruction urgent order	긴급명령
used	사용한, 실행한
using	사용하는 것
using engine variously	기관을 여러가지로 사용

V

vacancy	결원
vacuum gauge	진공계
valve seat	밸브 시트
valve seating machine	밸브 시트 연삭기
valve wings	밸브의 가이드
vane	날개
vaporizer	증발기
variable condenser	가변 축전기
various	여러가지의
variously	여러가지로
varnish	니스
velocity stage	속도단락(速度段落)
veneer	합판(合板)
verbal report	구두보고
Vernal Equinox	춘분(春分)
vertical circle	수직권(垂直圈)
via America	아메리카 경유(經由)
vice bench	바이스 벤치
vice damp	바이스 클램프
vicinity	부근, 근처
victualling allowance	식료수당
violently	맹렬하게, 급격하게
visibility	시계(視界)
visit, call	방문
visit of condolence	조의(弔意)를 표하기 위한 방문

visit of congratulation	축의(祝意)를 표하기 위한 방문
visit of courtesy	사후(伺候)
visit of thanks	사의(謝意)를 표하기 위한 방문
voltage regulator	전압 조정기
volume	부피, 양
voyage	항해
vulcanized India rubber	유화(硫化) 고무(가황고무)

W

wait for	을 기다리다
waiting for the pilot	도선사(導船士) 대기(待期)
waiting for the tide	조석대기
wake current	추적류(追跡流)
was buried at sea	수장했다
was heavily worn	심하게 마모된
wash board	방파판(防波板)
wash deck gear	간판 청소도구
was seriously injured	중상을 입다
watch	당직(當直)
watch and watch	양현직(兩舷直)
watch bill	당직표(當直表)
watch keepers	당직자
water ballast	하각수(荷脚水)
water cement	물 시멘트
water hammer	수격작용(水擊作用)
water head	수고 (水高)

water level	수준기
water line	수선
water marks	반점
water-proof	방수의, 수밀(水密)의
water testing	수압시험
water-tight compartment	방수구획
wave making resistance	조파저항(造波抵抗)
wave period	파도의 주기
wear down	마모되다
wear out	소모되다
weather prediction	일기예보
weather side	풍상현(風上舷)
W. B. T. (double bottom tank)	2중저(二重底) 탱크
wedge	쐐기
weigh anchor	발묘(拔錨)하다
welding	전기용접
well	우물, 샘, 우물모양의 장소
wet dock	계선(繫船)
wetted surface	침수면적
whale fishery	포경업(捕鯨業)
wharf	부두(埠頭), 잔교(棧橋)
wheel-gearing	기어 장치
while in transit through the canal	운하 통항 중(運河通航中)
white boot-top	선체 주위로 칠한 백선(白線)
white metal	백색합금
winch	윈치, 양화기(揚貨機)
windlass	윈들러스, 양묘기(揚錨機)

wildcat	캡스턴의 체인이 닿는 면
wireman	전선공(電線工)
wire	철선(鐵線)
wire brush	와이어 브러시
wire gauze	가는 철망
wire netting	철망
wire rope	와이어 로프
with attention	주의하여, 정중히
working diagram	접속도(接續圖)
working hot	발열(發熱)
working mark	사용 마아크
working strain	사용력(便用力)
work loose	헐겁게 되다
workmen	공원(工員)
workshop	공장(工場)

Y

yard	야드, 조선소(造船所)
yarn	얀
year end leave	연말휴가
yellow flag	전염병기(傳染病期)
Z-bar frame	Z자형 늑재(Z字形肋材)
zero hour	시간측정 개시시각
zero line	영선(零線)
Zeuner's valve diagram	조이너식 밸브 선도(線圖)
zigzag riveting	지그재그 리베팅

zinc plate	아연판
zinc protector	보호아연
zoom	급각도 승등법(急角度昇騰法)

제6편 기관사 실무영어회화

Part I REFUELING OF FUEL OIL

1. Previous arrangements

Oil dealer : Good morning, sir. I'm from the Shell Oil Co.

Chief engineer : Good morning. I am the chief engineer.

Oil dealer : I have come to load the marine fuel and diesel oil.

Chief engineer : Thank you for coming.

Oil dealer : You have placed an order for eight hundred kiloliters of fuel and one hundred kiloliters of diesel oil, haven't you?

Chief engineer : That's right. By the way, can I have a look at the oil specification?

Oil dealer : Here it is. Take a look at this order form and sign it, please.

Chief engineer : The viscosity of the fuel oil seems higher than what I placed the order for. Don't you have fuel oil of lower viscosity?

Oil dealer : We don't have marine fuel of any viscosity other than this, sir.

Chief engineer : Then, this will have to do. You can load the diesel oil first, then load the fuel oil.

Oil dealer : Very good, sir. The fuel oil is heated up to one hundred and ten degrees Fahrenheit. Do you have enough space? I mean, can I load all this amount?

Chief engineer : Yes, lots of room for that amount. Are you going to load from the quay or the barge?

제1장 연료유 보급

1. 사전 협의

유류상 : 안녕하십니까? 쉘 석유 회사에서 왔습니다.

기관장 : 안녕하십니까? 기관장입니다.

유류상 : 연료유와 디젤 오일을 적재하러 왔습니다.

기관장 : 와주셔서 감사합니다.

유류상 : 연료유 800킬로리터와 디젤 오일 100킬로리터를 주문하셨죠?

기관장 : 그렇습니다. 그런데 기름의 성상표를 보여주시겠습니까?

유류상 : 여기 있습니다. 이주문서를 보시고 서명하여 주십시오.

기관장 : 연료유의 점도가 주문했던 것보다 높아 보입니다. 조금 더 낮은 점도의 연료유는 없습니까?

유류상 : 이것과 다른 점도의 연료유는 없습니다.

기관장 : 그러면 이걸로 하죠. 먼저 디젤 오일을 싣고 그 후에 연료유를 실어 주십시오.

유류상 : 예, 좋습니다. 연료유는 화씨 110도로 가열되어 있습니다. 공간은 충분합니까? 이 모든 양을 실을 수 있는가 말입니다.

기관장 : 예, 그 양에 충분한 장소가 있습니다. 안벽(부두)으로 또는 바지로부터 싣겠습니까?

Oil dealer : I'll bring the barge alongside the ship, for both the diesel oil and fuel oil.

Chief engineer : How many kiloliters an hour do you pump for the marine fuel?

Oil dealer : One hundred and fifty kiloliters, sir.

Chief engineer : Can't you make it two hundred kiloliters an hour?

Oil dealer : No, sir. I can't. It will take about five hours and a halt, but this is the limit of pump's capacity. Are you sure that you have blocked up all the scuppers?

Chief engineer : I'll make another check and let you know.

Oil dealer : The barge has come alongside now. Please witness the sounding.

Chief engineer : Well, the third engineer will witness the sounding.

Oil dealer : Will you give the signal to stop loading, or shall I have the barge stop on its own?

Chief engineer : Have the barge stop it. Is it all right if I order you to stop loading when any trouble occurs on board?

Oil dealer : Yes, sir. I can stop at any time.

Chief engineer : Whom shall I tell to stop loading if I want to?

Oil dealer : I will post a man at the hose to keep watch all the time, so you can order him, sir.

Chief engineer : I get it. Thank you.

2. Refueling work

Ship : You be sure to tighten the hose connection.

Barge : O.K.. It's all right now. Are you ready on board the ship?

Ship : O.K.. We arc ready. Wc are beginning with the diesel oil, aren't we?

유류상 : 디젤 오일과 연료유의 바지 모두 본선에 접현 하겠습니다.
기관장 : 연료유를 1시간당 몇 킬로리터씩 펌프로 넣을 수 있습니까?
유류상 : 150킬로리터 입니다.
기관장 : 시간당 200킬로리터를 넣을 수 있겠습니까?
유류상 : 아니, 그렇게는 안됩니다. 약5시간 반 걸리지만 이것이 펌프용량의 한도입니다. 본선의 스커퍼를 확실히 막았습니까?
기관장 : 다시 조사해서 알려드리겠습니다.
유류상 : 바지가 막 접현 하였습니다. 사운딩에 입회하시죠.
기관장 : 네, 3기사가 사운딩에 입회할 것 입니다
유류상 : 본선에서 급유중지를 신호하시겠습니까? 아니면 제가 바지에서 중지하도록 할까요?
기관장 : 바지에서 중지하십시오. 만약 본선에서 어떤 사고가 일어 났을 때에 중지하도록 명령해도 되겠습니까?
유류상 : 예, 저는 언제든지 중지 할 수 있습니다.
기관장 : 만일 제가 원할 때에는 급유중지를 누구에게 말하면 됩니까?
유류상 : 제가 항시 한사람을 호스 부근에 감시시키겠으니 그 사람에게 명령하면 됩니다.
기관장 : 알겠습니다. 감사합니다.

2. 보유작업(補油作業)

본　선 : 호스 접속을 단단히 죄어요.
바　지 : 좋아, 됐어. 본선측은 준비됐소?
본　선 : 네, 준비되었소. 디젤 오일부터 시작할까요?

Barge : Yes, the diesel oil comes first.

Ship : Start it slow, will you?

Barge : O.K.. Here it goes!

Ship : It's leaking a bit from the f1ange. 8top it! Retighten it, will you?

Bnrge : O.K.. It's all right this time.

Ship : Let's start it. Yes, it's O.K. this time. Now, turn it up to one hundred and fifty kiloliters an hour.

Barge : O.K.

Ship : How many more kiloliters to go?

Barge : About thirty kiloliters.
Now, we have finished with the diesel oil. Let me know when you have switched to the other tank, will youl?

Ship : Wait for about ten minutes.
O.K.. It's ready to go. Start !oading the fuel oil.

Barge : Here goes the fuel oil.

Ship : Slow down! We are going to switch to the other tank.

Barge : O.K .

Ship : Turn it up full.
Slow down towards the finish, will you?

Barge : It's near the end. Ten more minutes. Be careful not to lock your valve before we send in the air.

Ship : O.K..

Barge : Finished with the fuel oil. We are going to send in the air.

Ship : O.K..

Barge : That's all. Shall we take the hose off. now?

바　지 : 예, 디젤 오일이 먼저요.
본　선 : 슬로우(미속)로 시작하시오.
바　지 : 자아 갑니다!
본　선 : 플랜지에서 조금 새고 있소. 중지! 다시 죄어요.
바　지 : 네! 이번에는 괜찮을꺼요.
본　선 : 자아 시작합시다. 네 이번에는 좋았습니다. 자자 1시간당 150 킬로리터까지 올려 주십시오.
바　지 : 네!
본　선 : 몇 킬로리터 더 보낼꺼요?
바　지 : 약 30킬로리터요
자. 디젤 오일은 끝났습니다. 다른 탱크로 교환했으면 알려주세요.
본　선 : 10분쯤 기다리시오.
네! 준비됐소. 퓨어 오일 보내시오.
바　지 : 퓨어 오일 갑니다!
본　선 : 슬로우로 낮추시요! 다른 탱크로 교환할까요?
바　지 : 네!
본　선 : 풀로 올리시오.
끝날 때 가까워지면 슬로우로 하시오.
바　지 : 거의 끝나갑니다. 약 십분입니다. 공기를 보내기 전에 본선밸브를 잠그지 않도록 주의하시요.
본　선 : 네!
바　지 : 퓨얼 오일은 끝났소. 공기를 보내겠소.
본　선 : 네!
바　지 : 됐습니다, 지금 호스를 떼어도 됩니까?

Ship : Do it carefully so as not to spi1l the oil.

3. After refueling

Oil dealer : Chief Engineer. we have finished loading.

Chief engineer : Please wait a while. First engineer is checking the amount now.

Oil dealer : When and for where are you leaving?

Chief engineer : We are leaving for Durban tomorrow morning.

1st engineer : Chief Engineer, 1 have calculated the amount loaded.

Oil dealer : Have you confirmed the amount, sir?

Chief engineer : Our calculation shows the diesel oil is exact. but the fuel oil is short by twentv five kiloliters. There is only seven hundred and seventy five kiloliters.
It is strange, isn't it?

Oil dealer : It can't be. We measured the amount with the meter ashore before loading iton the barge, and I doubt if there is anying wrong with the meter ashore. Have you corrected for the trim and heel?

Chief engineer : Of course, I have. I have made the thermal conversion and the correction for the trim and heel. When did you check the meter on the shore?

Oil dealer : I can't tell until I go back and check it, but 1 have refueled many ships and without any trouble like this.

Chief engineer : At any rate, there is a shortage.

Oil dealer : I shal1 be inconvenienced if I don't get you to sign the receipt.

Chief engineer : Then, let's revise the amount of the fuel oil to 775 kiloliters, then I'11 sign it.

본　선 : 기름을 흘리지 않게 주의해서 하시오.

3. 보유작업의 결과 확인

유류상 : 기관장님, 적하가 끝났습니다.

기관장 : 잠깐 기다려주시오. 1 기사가 지금 적하량을 검사하고 있습니다.

유류상 : 본선은 언제 어디로 향하여 출항합니까?

기관장 : 내일 아침 더번을 향하여 출항할 것입니다.

1기사 : 기관장님, 적하량을 계산했습니다.

유류상 : 적하량을 확인했습니까?

기관장 : 본선의 계산으로는 디젤 오일은 정확하나 퓨얼 오일은 25킬로리터가 부족합니다. 775 킬로리 뿐입니다. 이상하지 않습니까?

유류상 : 그럴 수가 있습니까? 바지에 싣기 전에 육상의 계량기로 계량했습니다. 육상의 계량기에 착오가 있다고는 생각되지 않습니다. 본선의 트림과 경사를 수정했습니까?

기관장 : 물론이죠. 온도의 환산과 트림, 경사를 수정했습니다. 육상의 계량기를 언제 수정했습니까?

유류상 : 돌아가서 검사하기까지는 말할 수 없으나 지금까지 많은 선박에 보급해 왔고 이같은 사고는 없었습니다.

기관장 : 아무튼 부족합니다.

유류상 : 영수증에 서명하여 주시지 않으면 곤란합니다.

기관장 : 그러면 퓨얼 오일의 양을 775킬로리터로 정정하고나서 서명하겠소.

Oil dealer : That puts me in a fix. I'm sure that the meter stood at eight hundred kiloliters.

Chief engineer : Then, what do you say about this? Let's leave the figure of 800 kiloliters as it is, but insert a remark that our measurement shows 775 kiloliters, and the meter is to be checked and the correct amount is to be confirmed after this check.

Oil dealer : That seems all right. Can I have your sounding data?

Chief engineer : Yes. I'11 make it up right away.

--------------------------------------.

Chief engineer : Here is my signature.

Oil dealer : Very good, sir. I regret that we couldn't resolve this issue to your satisfaction. I wish you bon voyage.

Chief engineer : Thank you for your service.

유류상 : 곤란한데요. 계량기가 800킬로리터를 가리킨 것이 틀림없습니다.

기관장 : 그럼 이렇게 하지 않겠소? 800킬로리터의 숫자는 그대로 두고 "본선측 계측으로는 775킬로러터이며 계량기를 검사할 필요가 있음. 정확한 양을 검사한후 확인되어야 함."이라고 적요를 삽입합시다.

유류상 : 그렇게 하죠. 본선의 사운딩 데이터를 얻을 수 있겠습니까?

기관장 : 예, 당장 작성하겠습니다.

기관장 : 자 서명했습니다.

유류상 : 좋습니다. 이 결과에 대하여 만족을 드리지 못해서 유감으로 생각합니다. 안전항해를 빕니다.

기판장 : 수고 많았습니다.

Part II REPAIR WORK

1. Previous arrangements (A)

Dock engineer : Where can I find the chief engineer?

Crewman : He should be up in the office room.

Dock engineer : Good morning, Chief Engineer. I am from the TOD Ship Yard.

Chief engineer : Glad to see you. Have a seat, please. We'd like to have you draw out the pistons of No.3 and No.4 cylinders of themain engine. It is an ordinary maintenance job. Have you had experience with the M.A.N.?

Dock eogineer : You can depend on me. I have much experience with it. Now, what is the situation?

Chief engineer : We were to head homeward to Korea with the engine as is, but the blow-by is too excessive and the power has dropped. A1so running at slow speed is unstab1e.

Dock engineer : How much are the liners worn out?

Chief engineer : I think they must be worn out as much as two milimeters if there is not any extraordinary wear.

Dock engineer : Then, it must be caused mainly by a broken piston ring or worn-out piston ring.

Chief engineer : I think so, too.

Dock engineer : Anything you want me to be careful about in the course of doing the job?

Chief engineer : I want you to be careful about setting up the stuffing boxof the piston rod. If it is done incorrectly, it will cause leakage of oil. Once it leaked as much as one hundred and fifty liters a day.

제2장 수선공사(修繕工事)

1. 사전 협의(事前協議) (A)

도크기사 : 기관장님은 어디 계십니까?

승무원 : 사무실에 계십니다.

도크기사 : 기관장님, 안녕하십니까? TOD 조선소에서 왔습니다.

기관장 : 반갑습니다. 앉으십시오. 주기의 3번 및 4번 실린더에서 피스톤을 뽑아주셨으면 합니다. 통상적인 정비작업입니다. M.A.N에 대하여 경험이 있으십니까?

도크기사 : 믿어주십시오. 많은 경험이 있습니다. 그런데 상태는 어떻습니까?

기관장 : 기관을 그대로 두고 한국으로 기항할 예정이었으나 블로우바이가 과도하고 출력이 떨어졌습니다. 역시 저속 회전이 불안정합니다.

도크기사 : 라이너는 얼마나 마모했습니까?

기관장 : 만약 이상마모가 없다면 대체로 2밀리미터가 마모되었다고 생각합니다.

도크기사 : 그렇다면 피스톤 링의 절손이나 마모가 주원인이겠습니다.

기판장 : 그렇게 생각합니다.

도크기사 : 작업과정에서 주의해야 할 점이 있습니까?

기관장 : 피스톤 로드의 스터핑 박스를조립할 때에 충분히 주의하여 주십시오. 만일 불완전하면 기름의 누설이 일어납니다. 그 전에 하루에 150리터정도 누설된 일이 있습니다.

Dock engineer : I understand. Can you lend me some special tools?

Chief engineer : Of course. The engineer in charge and others will help you, so you'd better ask them about about the details. And please use millimeters in measuring.

Dock engineer : Anything else?

Chief engineer : Nothing. But as for checking the crack in the cylinder cover, we'11 do it ourselves.

Dock engineer : Very good, sir. When are you leaving?

Chief engineer : At eight 0 'clock tomorrow morning, so finish it by tonight by all means.

Dock engineer : Very good, sir. I can finish it by ten 0 'clock tonight, I'm sure.

Chief engineer : Then we can have a test run around eleven 0 'clock. Now, you can go about it.

2. Previous arrangements (B)

Chief engineer : Let me present our first engineer and second engineer.

Dock engineer : Yes, sir. Who is the engineer in charge of the main engine?

Chief engineer : It's the second engineer, but the first engineer is in overallcharge, so you can say both of them are in charge of the engine. This is the first engineer and this is the second engineer.

Dock engineer : How do you do? I'd like to hear the details from you.

1st engineer : Oh, go ahead. You can ask me questions.

Dock engineer : Well, in the first place, show me the places where 1 am to use the special tools and where the tools are stored.

도크기사 : 알겠습니다. 특수공구를 빌려 주시겠습니까?

기관장 : 물론이죠. 담당 기관사와 기관부원들이 협조할 것이며 자세한 것은 그들에게 문의하십시오. 그리고 계측단위는 밀리미터로 사용하십시오.

도크기사 : 다른 일은 없습니까?

기관장 : 없습니다. 그러나 실린더 커버의 크래크(균열)검사는 승무원들이 하겠습니다.

도크기사 : 좋습니다. 출항은 언제입니까?

기관장 : 내일 아침 8시인데 오늘 밤 중에 꼭 마쳐주십시오.

도크기사 : 알겠습니다. 오늘 밤 10시까지 마치리라 봅니다.

기관장 : 그러면 11시에 시운전할 수 있겠군. 자 시작하십시오.

2. 사전 협의 (B)

기관장 : 1 기사와 2 기사를 소개합니다.

도크기사 : 예, 주기를 담당하는 기관사는 어느 분입니까?

기관장 : 2 기사입니다만 1 기사도 전반적으로 담당하고 있으므로 두 사람 모두가 담당이라 볼 수 있습니다. 이 사람이 1 기사이고 이 사람은2 기사입니다.

도크기사 : 안녕하십니까. 자세한 설명을 들었으면 합니다.

1기사 : 예, 말씀하세요. 질문하십시오.

도크기사 : 첫째로 특수공구를 사용할 곳과 저장장소를 알려 주십시오.

1st engineer : The tools you will need are right here. This is the tool you use to hoist the cylinder covers, the impact wrench for the cover nuts is ready with the air hose connected. The tool to hoist the pistons is this one here, and this is the tool to take out the piston rings.

Dock engineer : Do you want to replace all the piston rings?

1st engineer : It depends on the result of measuring the rings and ring grooves, but I'm afraid we will have to change them all.

Dock engineer : Do these rings vary in dimension?

1st engineer : They are of three sizes, but I'11 make it easy for you to tell which goes where.

Dock engineer : I have been told by your chief engineer to be careful when putting together the stuffing box of the piston rod.

1st engineer : A lot of oil leaks from the piston rod, so we put them together with lots of care.

Dock engineer : I plan to use the measuring points given in the instruction of our firm's form "A". What do you think of it?

1st engineer : Let me have a look at it. Change these measuring points of the top c1earance to the four points of F, A, P, and S. And the others can be measured according to the instructions in this form.

Dock engineer : I understand. But I may have to ask you some questions later.

3. At work

Dock : Is the cooling water drained out?

Ship : Yes, it is. All is ready now.

Dock : The impact wrench seems to be losing power.

1기사 : 당신이 필요하는 공구는 바로 여기에 있습니다. 이것이 실린더 커버를 끌어올리는 공구이고, 커버 너트용의 임팩트 렌치는 에어 호오스를 접속하여 준비해두었습니다. 피스톤 인상용 공구는 이것이고, 피스톤 링을 떼어내는 공구는 이것입니다.

도크기사 : 피스톤링을 모두 교체하시겠습니까?

1기사 : 링 과 홈을 계측한 결과에 따르면 아마 모두 교체해야 한다고 생각합니다.

도크기사 : 이들 링은 여러 가지 치수의 것을 사용하고 있습니까?

1기사 : 3가지 사이즈 입니다. 어느 것을 어디로 넣을 것인지 알기 쉽게 해두겠습니다.

도크기사 : 피스톤 로드의 스터핑 박스를 조립할 때 주의하라고 기관장께서 말씀하셨습니다.

1기사 : 피스톤 로드로부터 기름의 누설이 많기 때문에 조립할 때에는 세심하게 주의하고 있습니다.

도크기사 : 계측장소를 우리 회사의 A양식의 지침에 따라 할까 합니다만 어떻겠습니까?

1기사 : 잠깐 보여주십시오. 톰 클리어런스의 계측위치를 F.A.P.S의 4개소로 변경하여 주십시오. 그리고 나머지는 이 양식의 지시에 따라 계측하십시오.

도크기사 : 알겠습니다. 그러나 냐중에 몇가지 질문을 할는지 모르겠습니다.

3. 작업 중

도크측 : 냉각수는 모두 배출됐습니까?

본선측 : 예 그렇습니다. 지금 모두 준비되어 있습니다.

도크측 : 임팩트렌치는 힘이 약해 보입니다.

Ship : I'11 check the air pressure. You test it, wi1l you?

Dock : I heard you are going to check the cracks in the covers. How about c1eaning them? Are you also going to c1ean them too?

Ship : We want to leave that to you. Let us know when you have finished c1eaning.

Dock : Can I rub off the collars of the liner with the grinder?

Ship : Yes, and you can use our grinder.

Dock : I've finished c1eaning the ports. Will you inspect them?

Ship : The diagonal face on the side is not cleaned well enough. Wi1l you try it again?

Dock : I'd like to c1ean only the places on the rings to be measured, and c1ean the ones to be used again What do you say about that?

Ship : That's O.K.. Wi1l you measure them as sooo as you have finished c1eaning the grooves?

Dock : I've finished c1eaning the rings and the grooves. Now, show me the rings to be used again, wi1l you?

Ship : I have set the rings in order like this......, these to go into No.3 cylinder, this way, these to go into NO.4 cylinder, and from the fore, top ring, second ring. and so on. Put them back without any mistake, will y어1

Dock : Shall I also measure the c1earance between the new ring and the groove?

Ship : Yes, please.

Dock : I'm going to put in the piston, O.K.?

Ship : O.K..

Dock : Where can I find the cylinder oil to apply to the piston?

Ship : That's it between No.1 cylinder and No.2 cylinder.

본선측 : 공기양력을 점검하겠습니다. 테스트해 주시겠습니까?

도크측 : 본선측에서 커버의 크래크를 점검할 것이라고 들었습니다. 청소는 어떻습니까? 본선측에서 역시 청소하겠습니까?

본선측 : 도크측에 맡기겠습니다. 청소가 끝나면 알려주십시오.

도크측 : 그라인더로 라이너의 칼라를 문질러 없애도 됩니까?

본선측 : 예, 본선의 그라인더를 쓰십시오.

도크측 : 포트의 청소가 끝났습니다. 검사하시겠습니까?

본선측 : 측방의 경사면이 충분히 청소되지 않았습니다. 다시 해주시겠습니까?

도크측 : 링을 계측할 면만 청소하고 재사용할 것만 청소했으면 합니다. 의견은 없으십니까?

본선측 : 좋습니다. 홈의 청소가 끝나면 곧 계측해 주시겠습니까?.

도크측 : 링과 홈의 청소가 끝났습니다. 자, 재사용할 링을 보여주시겠습니까?

본선측 : 3번 실린더의 것은 여기 있고 4번 실린더의 링을 선수로부터 톱 링, 세컨드 링, 그리고 기타 순서로 준비했습니다. 틀림없이 조립해 주시겠습니까?

도크측 : 새 링과 홈 사이의 클리어런스도 계측합니까?

본선측 : 예.

도크측 : 피스톤을 삽입하겠습니다. 됐습니까?

본선측 : 좋소

도크측 : 피스톤에 칠할 실린더 오일은 어디에 있습니까?

본선측 : 1번 실린더와 2번 실린더의 사이에 있습니다.

Dock : Can I place the rings with the openings facing front and back, or in each direction of one hundred twenty degrees?

Ship : Place them in front and back, facing opposite each other.

Dock : Have you finished checking the covers?

Ship : Yes, I bave. When you have finished putting in the pistons, you can replace the covers.

Dock : What shall I do with the packings of all the pipes and flanges?

Ship : Replace the packings witb the new ones here. And you canu use that annealed ring for the copper ring of the liner. Please paint it with graphite when you put it in. Paint the face of the packing with this Three Bond No.1, and paint the stud bolts for the covers with this Moricote U.

Dock : O.K.. Is the crank case c1eancd well enough?

Ship : Yes, it's O.K.. Check again to see that you haven't forgotten any tools.

4. Test run

Dock : Eventhing has been restored. Please feed the water and oil.

Ship : I'm going to feed the jacket cooling water first. You take out the air from the top of the cover. O.K.?

Dock : O.K..

Ship : It's leaking from the flange on the cover side of the pipe between the jacket and cover. Retighten it, will you?

Dock : O.K.. Anywhere else leaking?

Ship : Seems to be no leaking. Now, I'm going to feed the piston cooling water and the lubricating oil. Is the safety valve open? I'll start turning.

도크측 : 링의 절구는 전후로 하시겠습니까, 그리고 각 방향을 120도씩 으로 배치하시겠습니까?

본선측 : 전후로. 1단씩 교호로 배치하십시오.

도크측 : 커버의 점검은 끝났습니까?

본선측 : 예, 했습니다. 피스톤을 넣고나면 커버를 복구해도 좋습니다.

도크측 : 모든 파이프와 플랜지의 패킹을 어떻게 할까요?

본선측 : 여기 있는 새것으로 바꿔 넣어주세요. 그리고 라이너의 코퍼링은 저기 있는 풀림된 링을 사용하십시오. 그걸 넣을 때 그래파이트(흑연)로 칠하십시오. 패킹의 면에는 이 스리 본드 1호를 칠하고 커버의 스터드 볼트에는 이 모리코트 U를 칠해주십시오.

도크측 : 네. 크랭크 케이스의 청소는 이만하면 됩니까?

본선측 : 예, 됐습니다. 공구를 잊어버리지 않았는지 다시 점검하십시오.

4. 시운전(試運乾)

도크측 : 모두 복구했습니다. 물과 기름을 보급하십시오.

본선측 : 먼저 재키트 냉각수를 보급하겠습니다. 커버의 톱으로부터 공기를 빼내 주십시오. 됐습니까?

도크측 : 됐습니다.

본선측 : 재키트와 커버 사이에 있는 파이프의 커버 쪽 플랜지로부터 누설하고 있습니다. 다시 죄어 주시겠습니까?

도크측 : 좋소 다른 곳에서 누설하고 있습니까?

본선측 : 누설이 없는듯 합니다. 피스톤 냉각수와 윤활유를 보급하겠습니다. 안전 밸브가 열려 있습니까? 터닝을 시작하겠습니다.

Dock : It's open. It's turning O.K..

Ship : The piston cooling water and the lubricating oil are O.K.. I'll feed the air next. Stay near the flange. It is apt to leak from there.

Dock : Are you feeling air already?

Ship : I am.

Dock : There seems to be no leaking. Now, test start, will you?

Ship : Before that, we have to take out the air from the fuel valve.

Dock : Oh! Yes.

Ship : When we have taken out the air, I'm going to test start, so wait a while.

Dock : How many times do you test the starting up?

Ship : Once for the air running and twice for ahead and astern drives.

Dock : I understand.

5. After work is completed

Chief engineer : Thank you. We have finished an hour earlier than I expected.

Dock engineer : You had the spare parts and tools enough, so we were able to make better headway than we had thought. Here is the measuring record. It's stained a little, but you don't mind, I hope.

Chief engineer : I don't mind at all. Isn't it hard to measure in millimeters?

Dock englneer : As 1 am not used to it, it took a little longer. Now, sign this certificate for the work completion. Four copies in all.

Chief engineer : Will you put down that "All packings were provided by the ship", right after where it says "All packings were replaced".

도크측 : 열려 있습니다. 터닝은 O.K입니다.

본선측 : 피스튼 냉각수와 윤활유는 O.K입니다. 다음에는 공기를 보내겠습니다. 플랜지 부근에 있어 주십시오.
거기서 누설되기 쉽습니다.

도크측 : 벌써 공기를 보내고 있습니까?

본선측 : 예

도크측 : 누설이 없는것 같습니다. 자, 기동시험을 해보시겠습니까?

본선측 : 그전에. 연료 밸브의 공기를 빼내어야죠

도크 측 : 오, 그렇군

본선측 : 공기를 빼내고 나면 기동시험을 하겠으니 잠깐만 기다려 주시오.

도크측 : 기동시험은 몇회나 할 셈인가요?

본선측 : 공기운전 1회, 그러고 전진과 후진 2회죠

도크측 : 알겠습니다.

5. 작업의 결과 확인

기 관 장 : 고맙습니다. 기대했던 것보다 1시간 빨리 끝났군요.

도크기사 : 예비품과 공구가 충분했기 때문에 생각했던 것보다 작업진도가 양호했습니다. 여기 계측기록이 있습니다. 약간 얼룩이 졌습니다. 괜찮으시겠지요?

기 관 장 : 전혀 상관 없습니다. 밀리미터로 계측하기가 어렵지 않습니까?

도크기사 : 익숙하지 않아서 약간 오래 걸렸습니다. 그러면 공사완료 증명서에 서명하여 주십시오. 모두 4부입니다

기 관 장 : "모든 패킹을 신품으로 교체했음."이라고 쓴 바로 뒤에 "모든 패킹은 본선으로 부터 공급받았음"이라고 써주시겠습니까?

Dock engineer : Very wel1, sir.

Chief engineer : Is this all right the way I signed?

Dock engineer : Thank you very much, sir. What is your next port of call?

Chief engineer : We are sailing homeward to Incheon via Panama.

Dock engineer : The long voyage must be hard on you. Bon voyage.

Chief engineer : Thank you.

도크기사 : 알겠습니다.

기 관 장 : 이렇게 서명하면 됩니까?

도크기사 : 대단히 감사합니다. 다음 기항지는 어디입니까?

기 관 장 : 파나마 경유로 인천을 향하여 귀항합니다.

도크기사 : 긴 항해는 힘드시겠습니다. 안전항해를 빕니다.

기 관 장 : 고맙습니다.

PartⅢ LOADING PORT SURVEY (REFRIGERATING CARGO CHAMBER)

1. Surveyor comes on board

Surveyor : I am from Lloyd's acting as the loading port surveyor.

Chilef engineer : Glad to see you. I am the chief engineer.

Surveyor : Show me the surveyor report.

Chief engineer : Here is the inspection certificate for the refrigerating installations.

Surveyor : Where are the chambers to be surveyed7

Chief engineer : They are C and D chambers, which are on the lower tween deck of No.3 hatch. C chamber is located on the starboard side and D chamber is on the port side.

Surveyor : Let's start with the engine room, then go to the charnbers.

Chief engineer : The first engineer will show you the way.

1st engineer : We have three refrigerating units with a capacity of twenty two kilowatts each. Two of them are now running.

Surveyor : When did you start running them7

1st engineer : I turned them on at eight o'clock the day before yesterday, but I found the temperature was at minus eighteen degrees centigrade at ten o'clock yesterday, so 1 turned them off temporarily and started running them again at four o'clock this morning. I wanted to be sure so I turned them on beforehand

Surveyor : I see. It is a good thing to be carefu1. Oh, this is the auto-recording thermometer, isn't it? It indicates minus nineteen degrees centigrade in C chamber and minus eighteen degrees centigrade in D chamber. So these are the high pressure and the low pressure gauges.

제3장 적지검사(積地檢査)

1. 검사원 내선

검 사 원 : 로딩 포트 검사원으로 선급에서 왔습니다.

기 관 장 : 반갑습니다. 기관장입니다.

검 사 원 : 검사원 리포트를 보여 주십시오.

기 관 장 : 여기 냉장장치 검사증명서가 있습니다.

검 사 원 : 검사 받을 체임버는 어디입니까?

기 관 장 : C 및 D 체임버이며 3번 해치의 로우어 트윈 데크에 있습니다. C 체임버는 우현에 있고 D 체임버는 좌현에 있습니다.

검 사 원 : 기관실부터 먼저 시작하고 다음에 체임버로 가십시다.

기 관 장 : 1기사가 길을 안내하겠습니다.

1 기 사 : 본선은 22킬로와트의 능력을 갖는 3대의 냉동기가 있습니다. 냉동기 2대가 현재 운전 중입니다.

검 사 원 : 언제 운전을 시작했습니까?

1 기 사 : 그저께 8시부터 운전했습니다만 온도가 어제 10시에 영하18℃로 되었으므로 임시로 운전을 중지하고 오늘 아침 4시에 다시 운전을 시작했습니다. 확실성을 바랐기 때문에 미리 운전시켰습니다.

검 사 원 : 알겠습니다. 조심성이 많으셔서 다행입니다. 아! 이것은 자동기록 온도계이군요. C 체임버는 영하 19℃이고 D체임버는 영하 18℃를 지시하고 있습니다. 그리고 이들은 고압과 저압 압력계이군요.

1st engineer : Both are seven point five kilograms per square centimeter at high pressure and point five kilograms per square centimeter at low pressure.

Surveyor : What is the atmospheric temperature now, I wonder?

1st engineer : Can't tell in here. I'll ask the quartermaster on duty on the way to the chambers, and let you know.

2. In refrigera.ted cargo chamber

Surveyor : Have you had any frozen goods in this chamber recently?

1st engineer : We loaded frozen tuna in Korea and discharged it after forty two days, but there was nothing wrong with the cargo.

8urveyor : Did you adjust the damper at the outlet for the cooled air after that day?

1st engineer : No, 1 didn't. The air in here is circulating so well that there iis no partial temperature difference, so we don't have to adjust the damper.

8urveyor : Where is the thermometer?

1st engineer : This here is the detector of the auto-recording thermometer and these above and on the side which are covered with iron nets for protection are the detecting spots for the bar type thermometers. You can read the one in the ceiling from the deck.

Surveyor : Did you find any temperature difference among the three spots?

1st engineer : The auto-recording thermometer seemed to read lower than the bar type thermometers by half a degree centigrade.

Surveyor : There's no way to measure the temperature near the wall of the engine room, is there?

1 기 사 : 모두 고압에서는 7.5kg/㎠이고 저압에서는 0.5kg/㎠입니다.

검 사 원 : 지금 대기온도는 몇 도일까요?

1 기 사 : 여기서는 알 수 없습니다. 체임버로 가는 길에 당직 조타수에게 물어보고 알려 드리겠습니다.

2. 냉동 화물창(冷演貨物倉)의 검사

검 사 원 : 최근 이 체임버에 냉동화물을 실었습니까?

1 기 사 : 한국에서 냉동 참치를 싣고 42일 지난 뒤에 양륙했습니다만 화물에는 전혀 이상이 없었습니다.

검 사 원 : 냉풍 출구의 댐퍼를 그 후에 조정했습니까?

1 기 사 : 아니, 하지 않았습니다. 여기의 공기는 잘 순환되고 있고 부분 온도차도 없으므로 댐퍼를 조정하지 않아도 됩니다.

검 사 원 : 온도계는 어디에 있습니까?

1 기 사 : 여기 있는 것이 자동온도 기록계의 검출부이고 위와 옆에 철망으로 보호된 것이 봉상 온도계의 계측장소입니다. 천정에 있는 것은 갑판에서 계측할 수 있습니다.

검 사 원 : 3군데 가운데서 온도차를 발견했습니까?

1 기 사 : 자동 온도 기록계는 봉상 온도계와 비교하여 0.5℃가 낮은 듯 합니다.

검 사 원 : 기관실의 벽 부근의 온도를 계측할 방도가 있습니까?

1st engineer : No, but it's no problem because the insulation is thicker than the others.

Surveyor : Did you change the brine in the bilge scupper?

1st engineer : Yes, after taking off the gratings and c1eaning the floor, I changed the brine. Judging from the density, its freezing point is at minus fifty three degrees centigrade.

Surveyor : Let me have a look at one of the scuppers, in C chamber and D chamber.

1st engineer : Yes, sir.

Surveyor : I found a little frost on the door packings of D chamber. Doesn't the packing need to be changed?

1st engineer : It formed there through the opening that was left when the door wasn't shut propcrly when we tested the refrigerating, but since we shut the door tightly this morning, the frost hasn't spread to the outside, as you can see.

Surveyor : I see, then, that's all right. The survey is finished. Everything is in good condition.

1st engineer : Thank you very much. Please come along to the chief engineer's room.

1 기 사 : 아닙니다. 그러나 절연처리가 다른 것보다 두꺼우므로 문제가 없습니다.

검 사 원 : 빌지 스커퍼 안의 브라인을 교환했습니까?

1 기 사 : 예, 그레이팅을 떼어내고 마루바닥을 청소한 뒤에 브라인을 교환했습니다. 농도로부터 판단하여 그 빙결점은 영하 53℃입니다.

검 사 원 : C 체임버와 D 체임버에 있는 스커퍼의 상태를 보여 주십시오.

1 기 사 : 예

검 사 원 : D 체임버 문의 패킹에 서리가 조금 있습니다.
패킹을 교환할 필요가 없겠습니까?

1 기 사 : 냉각을 시험했을 때에 문이 알맞게 닫혀지지 않았고 그 때문에 조금 틈이 생겨서 서리가 생긴 것이고 오늘 아침에 단단히 문을 닫고나서는 보시다시피 서리가 외부까지 퍼져 있지 않습니다.

검 사 원 : 알겠습니다. 됐습니다. 검사는 끝났습니다. 모두 양호한 상태입니다.

1 기 사 : 대단히 감사합니다. 기관장실로 따라 오십시오.

Part IV AGENTS

1. Parts supply

1st engineer : Have you finished your business with our chief officer?

Agent : Yes, I have. Is there anything I can do for you?

1st engineer : Some spare parts should have arrived by air from Korea. Have you heard anything about them?

Agent : I came directly from my home to the ship this morning. The mail that I just brought you was all that had been received at the office by the time I left last evening. Wasn't the package you are expecting among them?

1st engineer : No, it wasn't there.

Agent : I'm on the way back to the office, so I'11 check as soon as I get there. They might have arrived by this time.

1st engineer : The telegram told me that they sent them on the tenth day of this month, so they should have been here by now.

Agent : I think so, too. Anyway, I'11 go back and check. Could you tell me what it looks like and how big it is?

1st engineer : The contents are the discharge valve and the shaft seal of the refrigerating machine. The size of the package may vary according to how they wrapped them, but 1 suppose it would not be bigger than six cubic inches.

Agent : I get it. I'll check and let you know right away.

1st engineer : Yes, thank you. I had planned to repair the refrigerating machine with these spare parts while at anchor in this port.

Agent : I understand.
(Telephone communication)

제4장 대리점

1. 부품(部品) 보급

1 기 사 : 1 항사와의 업무는 마쳤습니까?

대리점원 : 예, 마쳤습니다. 도와 드릴 일이 있으십니까?

1 기 사 : 한국으로부터 항공편으로 예비품이 도착했을 것입니다. 무엇인가 들으신 말씀은 없으신가요?

대리점원 : 나는 오늘 아침 자택에서 본선으로 바로 왔습니다. 방금 가져온 우편물은 어저께 저녁에 사무실을 떠날 때까지 받은 것의 전부입니다. 그 속에 기대하시는 소포가 없었던가요?

1 기 사 : 예, 없었습니다.

대리점원 : 사무실로 돌아갈건데 도착하면 곧 확인해 보겠습니다. 이 시각까지 도착되어 있을 것입니다.

1 기 사 : 전보로는 이 달 10일에 발송했다고 통보했으니까 지금 쯤은 도착해 있을 것입니다.

대리점원 : 저 역시 그렇게 생각합니다. 아무튼 돌아가서 조사하지요. 어떤 모양이고 얼마나 큰것인지 말씀해주시겠습니까?

1 기 사 : 내용물은 냉동기의 디스차아지밸브와 샤프트 시일입니다. 소포의 크기는 포장방법에 따라 크게 달라지겠지만 6입방인치보다 크지는 않을 것입니다.

대리점원 : 알겠습니다. 조사해보고 당장 알려드리겠습니다.

1 기 사 : 예, 감사합니다. 이 항구에서 정박하고 있는 동안에 이들 예비품으로 냉동기를 수리할 예정입니다.

대리점원 : 알겠습니다.

(전화 연락)

1st engineer : Hello!

Agent : Hello! Is this the first engineer?

1st engineer : Yes, this is the first engineer speaking.

Agent : The parts you told me about a little while ago arrived at our office this morning. I'm bringing them to you right away.

1st engineer : Thank you very much. I'll be waiting, please bring them as soon as possible.

Agent : I'll get there in half an hour.

1st engineer : Yes, please.

2. Consumables supply

Agent : First Engineer, 1 believe?

1st engineer : I am.

Agent : The telegram that reached me before your arrival mentioned that you want something in a hurry.

1st engineer : You haven't gotten them yet?

Agent : I haven't got them yet as 1 couldn't understand clearly from your telegram.

1st engineer : 1 want to get calcium chloride to be used as brine for the freezer.

Agent : Oh, yes. You said you wanted three hundred kilograms. Do you really need that much?

1st engineer : Yes, I need it. Without it, we can't take on frozen cargo on our homeward voyage. 1 must have the fu11 amount by all means.

Agent : I'm afraid it will be a large amount as it is contained in one kilogram bottles.

1 기 사 : 여보세요
대리점원 : 여보세요 1 기사님이신가요?
1 기 사 : 예, 1 기사입니다..
대리점원 : 저에게 말씀하신 부품은 오늘 아침 우리 사무실로 도착했습니다. 당장 본선으로 가지고 가겠습니다.
1 기 사 : 대단히 감사합니다. 기다리겠습니다. 지금 가져다 주십시오.
대리점원 : 30분 이내에 그곳으로 가겠습니다.
1 기 사 : 부탁드립니다.

2. 소모품(消耗品) 보급

대리점원 : 1 기사님이십니까?
1 기 사 : 그렇습니다.
대리점원 : 본선이 입항하기 전에 저에게 도착한 전보에 의하면 무언가 급히 보급해야 할 물건이 있는 듯합니다.
1 기 사 : 아직 입수되지 않았습니까?
대리점원 : 그 전보로는 분명히 알 수 없었기 때문에 아직 수배하지 않았습니다.
1 기 사 : 냉장고의 염수로 사용할 염화 칼슘을 원합니다.
대리점원 : 예, 300킬로그람이 필요하시지요.
정말 그렇게 많이 필요하십니까?
1 기 사 : 예. 필요합니다. 그것 없이는 귀항시의 냉동화물을 실을 수 없습니다. 꼭 전량을 보급 받아야 합니다.
대리점원 : 1킬로그람 들이 병에 들어있으므로 굉장한 양이 될 것으로 봅니다.

1st engineer : Oh, that stuff is for medical use. What we need is the stuff for industrial purposes. 1 can get it in twenty five kilograms tin cans back in my country.

Agent : I get it now, but 1'm afraid they haven't got the stuff here in La Guaira.

1st engineer : Can't we get it in Caracas?

Agent : They should have it in Caracas. Anyway, let's try to find the stuff here in this port, and if we fail to find it here, I'll go to the city of Caracas to look for it there.

1st engineer : We need at least one hundred kilograms by all means. I can make up for the shortage in Houston.

Agent : I'll do my best to find the entire three hundred kilograms you want.

lst engineer : Yes, please. We are leaving the day after tomorrow, you know.

Agent : Yes, 1 know.

3. Lubricating oil supply

1st engineer : Are you from the agents?

Agent : Yes.

1st engineer : I am the first engineer. 1 have asked about making arrangements for loading lubricating oil.
How far did you get with it?

Agent : We have made the arrangernents. lt was the Mobile Oil Co., wasn't it, sir?

1st engineer : That's right.

1 기 사 : 그 재료는 약용입니다. 우리가 필요한 것은 공업용으로 사용하는 재료입니다. 우리나라에서는 25킬로그람들이 양철통으로 입수할 수 있습니다.

대리점원 : 잘 알겠습니다만 라가이라에서는 그 재료를 입수할 수 없다고 생각됩니다.

1 기 사 : 카라카스에서는 입수하지 못할까요?

대리점원 : 카라카스라면 입수할 수 있겠습니다. 아무튼 이 항구에서 그 재료가 있는지 찾아보고 만일 없으면 카라카스시로 가서 찾아보겠습니다.

1 기 사 : 어떻게 해서든 적어도 100킬로그람은 필요합니다. 휴스턴에서 부족량을 보충하겠습니다.

대리점원 : 희망하시는 300킬로그람 전부를 입수하도록 최선을 다하겠습니다.

1 기 사 : 예, 부탁드립니다. 아시는 바와 같이 본선은 모래 출항합니다.

대리점원 : 예, 알고 있습니다.

3. 윤활유(潤滑油) 보급

1 기 사 : 대리점에서 오셨습니까?

대리점원 : 예

1 기 사 : 1 기사입니다. 윤활유를 싣도록 수배하시라고 요구했습니다. 어떻게 되어 있습니까?

대리점원 : 수배는 해두었습니다. 모빌 오일 회사였지요?

1 기 사 : 맞습니다.

Agent : They are delivering the oil in a tank lorry arriving at one o'clock tomorrow afternoon. Does that suit you?

1st engineer : Considering the schedule of our maintenance work, the sooner the better. It would be more convenient if it were today.

Agent : They have a tight schedule. I'm afraid they can't make any alternation. But I'll see what they will say.

Agent : They said they can't make any change, but they will be sure to be there as first scheduled.

1st engineer : That's O.K. Our ship has a light draft now, so you tell them to bring plenty of hoses with them.

Agent : I understand. I'11 tell them.

대리점원 : 내일 오후 1시에 도착할 탱크 롤리로 기름을 배달하겠습니다. 본선의 형편은 어떻습니까?

1 기 사 : 정비작업의 예정으로 보아서는 빠를수록 좋습니다. 오늘 배달 된다면 더욱 좋겠습니다.

대리점원 : 그들은 예정이 꽉 차있습니다. 아마 변경을 할 수 없을 것입니다. 그러나 그들의 의견을 알아보겠습니다.

대리점원 : 변경은 할 수 없으나 처음 예정했던 바와 같이 틀림없다고 말합니다.

1 기 사 : 좋습니다. 본선은 흘수가 가볍기 때문에 호스를 충분히 준비하도록 일러주십시오.

대리점원 : 알겠습니다. 그렇게 말하겠습니다.

부 록

1. 상용 단위 환산표

尺 度 (길이)

밀리미터	센티미터	미터	킬로미터	인치	피트	英야드	체인	마일	分	寸	尺	間	町	里
1	0.1	0.001	…………	0.03937	0.00328	0.00109	0.00005	…………	0.33	0.033	0.0033	0.00055	…………	…………
10	1	0.01	0.00001	0.39370	0.03281	0.01094	0.00050	…………	3.3	0.33	0.033	0.0055	0.00009	…………
1000	100	1	0.001	39.3701	3.28084	1.09361	0.04971	0.00062	330	33	3.3	0.55	0.00917	0.00025
1000000	100000	1000	1	39370.1	3280.84	1093.61	49.7097	0.62137	330000	33000	3300	550	9.16667	0.25463
25.40	2.540	0.02540	0.00003	1	0.08333	0.02778	0.00126	0.00002	8.3820	0.83820	0.08382	0.01397	0.00023	0.00001
304.79	30.479	0.30479	0.00030	12	1	0.33333	0.01515	0.00019	100.584	10.0584	1.00584	0.16764	0.00279	0.00008
914.38	91.438	0.91438	0.00091	36	3	1	0.04545	0.00057	301.752	30.1752	3.01752	0.50292	0.00838	0.00023
20116.8	2011.68	20.1168	0.02012	792	66	22	1	0.01250	6638.54	663.854	66.3854	11.0642	0.18440	0.00512
1609340	160934	1609.34	1.60934	63360	5280	1760	80	1	531084	53108.4	5310.84	885.139	14.7523	0.40979
3.03030	0.30303	0.00303	…………	0.11930	0.00994	0.00331	0.00015	…………	1	0.1	0.01	0.00167	0.00003	…………
30.3030	3.03030	0.03030	0.00003	1.19303	0.09942	0.03314	0.00151	0.00002	10	1	0.1	0.01667	0.00028	0.00001
303.030	30.3030	0.30303	0.00030	11.9303	0.99419	0.33140	0.01506	0.00019	100	10	1	0.16667	0.00278	0.00008
1818.18	181.818	1.81818	0.00182	71.5820	5.96516	1.98839	0.09038	0.00113	600	60	6	1	0.01667	0.00046
109091	10909.1	109.091	0.10909	4294.92	357.910	119.303	0.42288	0.06779	36000	3600	360	60	1	0.02778
3927270	392727	3927.27	3.92727	…………	12884.8	4294.92	195.224	2.44029	1296000	129600	12960	2160	36	1

面　　度 (넓이)

平方센티미터	平方미터	平方킬로미터	아르	平方인치	平方피트	平方야드	平方마일	에이커	平方尺	坪(步)	畝	反	町	平方里
1	0.0001	…………	…………	0.15500	0.00108	0.00012	…………	…………	0.00109	0.00003	…………	…………	…………	…………
10000	1	…………	0.01	1550.00	10.7639	1.19599	…………	0.00025	10.8900	0.30250	0.01010	0.00101	0.00010	…………
…………	1000000	1	10000	…………	…………	…………	0.38610	247.106	…………	302500	10083.3	1008.33	100.833	0.06484
1000000	100	0.0001	1	155000	1076.39	119.599	0.00004	0.02471	1089	30.2500	1.00833	0.10083	0.01008	…………
6.4516	0.00065	…………	…………	1	0.00694	0.00077	…………	…………	0.00703	0.00020	0.00001	…………	…………	…………
929.030	0.09290	…………	0.00093	144	1	0.11111	…………	0.00002	1.01171	0.02810	0.00094	0.00009	0.00001	…………
8361.27	0.83613	…………	0.00836	1296	9	1	…………	0.00021	9.10543	0.25293	0.00843	0.00084	0.00008	…………
…………	…………	2.58999	25899.9	…………	…………	…………	1	640	…………	783471	26115.7	2611.57	261.157	0.16972
…………	4046.85	0.00405	40.4685	…………	43560	4840	0.00156	1	44070.0	1224.17	40.8056	4.08056	0.40806	0.00026
918.274	0.09183	…………	0.00092	142.333	0.98842	0.10983	…………	0.00002	1	0.02778	0.00093	0.00009	0.00001	…………
33057.9	3.30579	…………	0.03306	5123.98	35.5832	3.95372	…………	0.00082	36	1	0.03333	0.00333	0.00033	…………
991735	99.1735	0.00010	0.99174	153719	1067.50	118.612	…………	0.02451	1080	30	1	0.1	0.01	…………
…………	991.735	0.00099	9.91735	…………	10675.0	1186.12	0.00038	0.24507	10800	300	10	1	0.1	0.00006
…………	9917.35	0.00992	99.1735	…………	106750	11861.2	0.00383	2.45066	108000	3000	100	10	1	0.00064
…………	…………	15.4235	154235	…………	…………	…………	5.95504	3811.22	…………	4665600	155520	15552	1555.2	1

容 積 (부피)

立方센티미터	立方미터	리터	美갈론	美쿼트	美파인트	立方인치	立方피트	立方야드	英갈론	배럴	合	升
1	0.000001	0.001	0.00026	0.00106	0.00212	0.06102	0.00004	…………	0.00022	…………	0.00554	0.00055
1000000	1	1000	264.171	1056.7	2113.4	61023.7	35.3147	1.30795	219.963	6.28978	5543.52	554.352
1000	0.001	1	0.26417	1.0567	2.1134	61.0237	0.03532	0.00131	0.21996	0.00629	5.54352	0.55435
3785.43	0.00379	3.78543	1	4.0000	8.0001	231.001	0.13368	0.00495	0.83263	0.238095	20.9847	2.09847
946.30	0.00094	0.9463	0.25000	1	2	…………	0.03342	…………	0.20816	0.0059524	…………	…………
473.20	0.00047	0.4732	0.12500	0.5	1	…………	0.01671	…………	0.10408	0.0029762	…………	…………
16.3871	0.00002	0.01639	0.00433	…………	…………	1	0.00058	0.00002	0.00361	0.000103	0.09084	0.00908
28316.9	0.02832	28.3169	7.48051	29.922	59.844	1728	1	0.03704	6.22883	0.178107	156.975	15.6975
764556	0.76455	764.556	201.973	807.89	1615.78	46656	27	1	168.179	4.80884	4238.35	423.835
4545.96	0.00455	4.54596	1.20091	4.8036	9.6073	277.413	0.16054	0.00595	1	0.285938	25.2014	2.52014
158938	0.158938	158.938	42	168	336	9702.00	5.61460	0.207950	34.9726	1	881.3227	88.13227
180.391	0.00018	0.18039	0.04765	0.19060	0.3812	11.0081	0.00637	0.00024	0.039725	0.00113	1	0.1
1803.91	0.00180	1.80391	0.47654	1.9060	3.8120	110.081	0.06370	0.00236	0.397251	0.01134	10	1

重 量 (무게)

캐러트	밀리그램	그램	킬로그램	톤	그레인	온스	파운드	英톤	美톤	분	돈쭝	관	근
1	200	0.2	0.0002	…………	3.08642	0.00705	0.00044	…………	…………	0.53333	0.05333	0.00005	0.00033
0.005	1	0.001	…………	…………	0.01543	0.00004	…………	…………	…………	0.00267	0.00027	…………	…………
5	1000	1	0.001	…………	15.4321	0.03527	0.00220	…………	…………	2.66667	0.26667	0.00027	0.00167
5000	1000000	1000	1	0.001	15432.1	35.2734	2.20459	0.00098	0.00110	2666.67	266.667	0.26667	1.66667
5000000	…………	1000000	1000	1	…………	35273.4	2204.59	0.98419	1.10229	…………	266667	266.667	1666.67
0.32425	64.8	0.0648	0.00007	…………	1	0.00229	0.00014	…………	…………	0.17280	0.01728	0.00002	0.00011
141.750	28350	28.3495	0.02835	0.00003	437.5	1	0.0625	0.000027	0.000031	75.6000	7.56000	0.00756	0.04725
2268	453592	453.592	0.45359	0.00045	7000	16	1	0.00045	0.00050	1209.63	120.963	0.12096	0.75559
…………	…………	…………	1016.06	1.01606	…………	35840	2240	1	1.12	…………	270946	270.946	1693.44
…………	…………	…………	907.185	0.90719	…………	32000	2000	0.89286	1	…………	241920	241.920	1511.97
1.875	375	0.375	0.00038	…………	5.78704	0.01323	0.00083	…………	…………	1	0.1	0.0001	0.00063
18.75	3750	3.75	0.00375	…………	57.8704	0.13228	0.00827	…………	…………	10	1	0.001	0.00625
18750	…………	3750	3.75	0.00375	57870.4	132.275	8.26720	0.00369	0.00413	10000	1000	1	6.25
3000	600000	600	0.6	0.0006	9259.26	21.1640	1.32275	0.00059	0.00066	1600	160	0.16	1

일 및 熱量 (열량)

Joule (絶 對)	kg · m	Ft · Ib	Kw · hr	HP · hr (HP=746watt)	Kcal.	B. t. u.
1	0.1020	0.7376	0.00000028	0.00000038	0.0002389	0.000948
9.807	1	7.233	0.0000027	0.0000035	0.002343	0.009297
1.356	0.1383	1	0.00000038	0.00000050	0.0003239	0.001285
3600000	367100	2655000	1	1.3405	860.0	3413
2686000	273900	1981000	0.746	1	641.6	2546
4186	426.9	3087	0.001163	0.001559	1	3.968
1055	107.6	778.0	0.000293	0.0003928	0.2520	1

Kcal 및 B.t.u는 온도지정에 따라 다르나 모두 평균치(0~100℃)를 채용했다.

IHP = 746와트(한국·일본) = 745.7와트(영·미) = 735.5와트(프)

1절대주울 = 10^7에르그, 1국제주울 = 1,00032절대주울

壓　力 (압력)

바 르	Kg/cm²	lb/in²	atm. (気圧)	水銀柱 (0℃)		水柱 (4℃)	
				미 터	인 치	미 터	인 치
1	1.01971	14.50	0.9869	0.7501	29.53	10.197	401.52
0.9807	1	14.22	0.9678	0.7356	28.96	10.000	393.72
0.06895	0.07031	1	0.06805	0.05171	2.036	0.7031	27.684
1.0133	1.0332	14.70	1	0.760	29.92	10.33	406.8
1.3332	1.3595	19.34	1.3158	1	39.37	13.60	535.2
0.03386	0.03453	0.4912	0.03342	0.02540	1	0.3453	13.596
0.09806	0.10000	1.422	0.09678	0.07355	2.896	1	39.372
0.00249	0.00254	0.0361	0.00246	0.00187	0.0735	0.0254	1

動　　力(工率) (동력)

HP (美)	HP (英)	Kw	Kg·m/s	Ft·lb/s	Kcal/s	B.t.u./s.
1	0.9859	0.7355	75	542.5	0.1757	0.6973
1.0143	1	0.746	76.07	550.2	0.1782	0.7072
1.3596	1.3405	1	101.97	737.6	0.2389	0.9480
0.01333	0.01315	0.009807	1	7.233	0.002343	0.009297
0.001843	0.001817	0.001356	0.1383	1	0.000324	0.001285
5.691	5.611	4.186	426.9	3087	1	3.968
1.434	1.414	1.055	107.6	778.0	0.2520	1

Kcal, B.t.u.양쪽은 0℃~100℃, 32°~212°F의 평균치를 사용했다.

1절대주울/ 초(absolute joule /sec)를 1와트(watt, W.)로 정한다.

온 도 대 조 표

환산식 $℃=\frac{5}{9}\times(°F-32)$, $°F=(\frac{9}{5}\times ℃+32)$

사용법 중앙란에 환산할 온도를 구하고, 섭씨를 화씨로 환산하려면 → 오른쪽, 화씨를 섭씨로 환산하려면 ← 왼쪽의 숫자로 본다.

보기 : 50℃는 122.0°F, 50°F는 10.0℃

℃→°F ℃←°F			℃→°F ℃←°F			℃→°F ℃←°F		
- 240	- 400	……	- 12.2	10	50.0	37.8	100	212.0
- 212.2	- 350	……	- 11.1	12	53.6	38.9	102	215.6
- 184.4	- 300	……	- 10.0	14	57.2	40.0	104	219.2
- 156.7	- 250	- 418	- 8.9	16	60.8	41.1	106	222.8
- 128.9	- 200	- 328	- 7.8	18	64.4	42.2	108	226.4
- 101.1	- 150	- 238	- 6.7	20	68.0	43.3	110	230.0
- 73.3	- 100	- 148.0	- 5.6	22	71.6	44.4	112	233.6
- 67.8	- 90	- 130.0	- 4.4	24	75.2	45.6	114	237.2
- 62.2	- 80	- 112.0	- 3.3	26	78.8	46.7	116	240.8
- 56.7	- 70	- 94.0	- 2.2	28	82.4	47.8	118	244.4
- 51.1	- 60	- 76.0	- 1.1	30	86.0	48.9	120	248.0
- 50.0	- 58	- 72.4	0.0	32	89.6	50.0	122	251.6
- 48.9	- 56	- 68.8	1.1	34	93.2	51.1	124	255.2
- 47.8	- 54	- 65.2	2.2	36	96.8	52.2	126	258.8
- 46.7	- 52	- 61.6	3.3	38	100.4	53.3	128	262.4
- 45.6	- 50	- 58.0	4.4	40	104.0	54.4	130	266.0
- 44.4	- 48	- 54.4	5.6	42	107.6	55.6	132	269.6
- 43.3	- 46	- 50.8	6.7	44	111.2	56.7	134	273.2
- 42.2	- 44	- 47.2	7.8	46	114.8	57.8	136	276.8
- 41.1	- 42	- 43.6	8.9	48	118.4	58.9	138	280.4
- 40.0	- 40	- 40.0	10.0	50	122.0	60.0	140	284.0
- 38.9	- 38	- 36.4	11.1	52	125.6	61.1	142	287.6
- 37.8	- 36	- 32.8	12.2	54	129.2	62.2	144	291.2
- 36.7	- 34	- 29.2	13.3	56	132.8	63.3	146	294.8
- 35.6	- 32	- 25.6	14.4	58	136.4	64.4	148	298.4
- 34.4	- 30	- 22.0	15.6	60	140.0	65.6	150	302.0
- 33.3	- 28	- 18.4	16.7	62	143.6	66.7	152	305.6
- 32.2	- 26	- 14.8	17.8	64	147.2	67.8	154	309.2
- 31.1	- 24	- 11.2	18.9	66	150.8	68.9	156	312.8
- 30.0	- 22	- 7.6	20.0	68	154.4	70.0	158	316.4
- 28.9	- 20	- 4.0	21.1	70	158.0	71.1	160	320.0
- 27.8	- 18	- 0.4	22.2	72	161.6	72.2	162	323.6
- 26.7	- 16	3.2	23.3	74	165.2	73.3	164	327.2
- 25.6	- 14	6.8	24.4	76	168.8	74.4	166	330.8
- 24.4	- 12	10.4	25.6	78	172.4	75.6	168	334.4
- 23.3	- 10	14.0	26.7	80	176.0	76.7	170	338.0
- 22.2	- 8	17.6	27.8	82	179.6	77.8	172	341.6
- 21.1	- 6	21.2	28.9	84	183.2	78.9	174	345.2
- 20.0	- 4	24.8	30.0	86	186.8	80.0	176	348.8
- 18.9	- 2	28.4	31.1	88	190.4	81.1	178	352.4
- 17.8	0	32.0	32.2	90	194.0	82.2	180	356.0
- 16.7	2	35.6	33.3	92	197.6	83.3	182	359.6
- 15.6	4	39.2	34.4	94	201.2	84.4	184	363.2
- 14.4	6	42.8	35.6	96	204.8	85.6	186	366.8
- 13.3	8	46.4	36.7	98	208.4	86.7	188	370.4

온 도 대 조 표

환산식 ℃= $\frac{5}{9}$ X (°F−32), °F=($\frac{9}{5}$ X ℃+32)

사용법 중앙란에 환산할 온도를 구하고, 섭씨를 화씨로 환산하려면 → 오른쪽, 화씨를 섭씨로 환산하려면 ← 왼쪽의 숫자로 본다.

보기 : 50℃는 122.0°F, 50°F는 10.0℃

℃→°F ℃←°F			℃→°F ℃←°F			℃→°F ℃←°F		
-240	-400	……	-12.2	10	50.0	37.8	100	212.0
-212.2	-350	……	-11.1	12	53.6	38.9	102	215.6
-184.4	-300	……	-10.0	14	57.2	40.0	104	219.2
-156.7	-250	-418	-8.9	16	60.8	41.1	106	222.8
-128.9	-200	-328	-7.8	18	64.4	42.2	108	226.4
-101.1	-150	-238	-6.7	20	68.0	43.3	110	230.0
-73.3	-100	-148.0	-5.6	22	71.6	44.4	112	233.6
-67.8	-90	-130.0	-4.4	24	75.2	45.6	114	237.2
-62.2	-80	-112.0	-3.3	26	78.8	46.7	116	240.8
-56.7	-70	-94.0	-2.2	28	82.4	47.8	118	244.4
-51.1	-60	-76.0	-1.1	30	86.0	48.9	120	248.0
-50.0	-58	-72.4	0.0	32	89.6	50.0	122	251.6
-48.9	-56	-68.8	1.1	34	93.2	51.1	124	255.2
-47.8	-54	-65.2	2.2	36	96.8	52.2	126	258.8
-46.7	-52	-61.6	3.3	38	100.4	53.3	128	262.4
-45.6	-50	-58.0	4.4	40	104.0	54.4	130	266.0
-44.4	-48	-54.4	5.6	42	107.6	55.6	132	269.6
-43.3	-46	-50.8	6.7	44	111.2	56.7	134	273.2
-42.2	-44	-47.2	7.8	46	114.8	57.8	136	276.8
-41.1	-42	-43.6	8.9	48	118.4	58.9	138	280.4
-40.0	-40	-40.0	10.0	50	122.0	60.0	140	284.0
-38.9	-38	-36.4	11.1	52	125.6	61.1	142	287.6
-37.8	-36	-32.8	12.2	54	129.2	62.2	144	291.2
-36.7	-34	-29.2	13.3	56	132.8	63.3	146	294.8
-35.6	-32	-25.6	14.4	58	136.4	64.4	148	298.4
-34.4	-30	-22.0	15.6	60	140.0	65.6	150	302.0
-33.3	-28	-18.4	16.7	62	143.6	66.7	152	305.6
-32.2	-26	-14.8	17.8	64	147.2	67.8	154	309.2
-31.1	-24	-11.2	18.9	66	150.8	68.9	156	312.8
-30.0	-22	-7.6	20.0	68	154.4	70.0	158	316.4
-28.9	-20	-4.0	21.1	70	158.0	71.1	160	320.0
-27.8	-18	-0.4	22.2	72	161.6	72.2	162	323.6
-26.7	-16	3.2	23.3	74	165.2	73.3	164	327.2
-25.6	-14	6.8	24.4	76	168.8	74.4	166	330.8
-24.4	-12	10.4	25.6	78	172.4	75.6	168	334.4
-23.3	-10	14.0	26.7	80	176.0	76.7	170	338.0
-22.2	-8	17.6	27.8	82	179.6	77.8	172	341.6
-21.1	-6	21.2	28.9	84	183.2	78.9	174	345.2
-20.0	-4	24.8	30.0	86	186.8	80.0	176	348.8
-18.9	-2	28.4	31.1	88	190.4	81.1	178	352.4
-17.8	0	32.0	32.2	90	194.0	82.2	180	356.0
-16.7	2	35.6	33.3	92	197.6	83.3	182	359.6
-15.6	4	39.2	34.4	94	201.2	84.4	184	363.2
-14.4	6	42.8	35.6	96	204.8	85.6	186	366.8
-13.3	8	46.4	36.7	98	208.4	86.7	188	370.4

℃→°F ℃←°F			℃→°F ℃←°F			℃→°F ℃←°F		
271.1	520	968.0	332.2	630	1166.0	393.3	740	1364.0
272.2	522	971.6	333.3	632	1169.6	394.4	742	1367.6
273.3	524	975.2	334.4	634	1173.2	395.6	744	1371.2
274.4	526	978.8	335.6	636	1176.8	396.7	746	1374.8
275.6	528	982.4	336.7	638	1180.4	397.8	748	1378.4
276.7	530	986.0	337.8	640	1184.0	398.9	750	1382.0
277.8	532	989.6	338.9	642	1187.6	400.0	752	1385.6
278.9	534	993.2	340.0	644	1191.2	401.1	754	1389.2
280.0	536	996.8	341.1	646	1194.8	402.2	756	1392.8
281.1	538	1000.4	342.2	648	1198.4	403.3	758	1396.4
282.2	540	1004.0	343.3	650	1202.0	404.4	760	1400.0
283.3	542	1007.6	344.4	652	1205.6	405.6	762	1403.6
284.4	544	1011.2	345.6	654	1209.2	406.7	764	1407.2
285.6	546	1014.8	346.7	656	1212.8	407.8	766	1410.8
286.7	548	1018.4	347.8	658	1216.4	408.9	768	1414.4
287.8	550	1022.0	348.9	660	1220.0	410.0	770	1418.0
288.9	552	1025.6	350.0	662	1223.6	411.1	772	1421.6
290.0	554	1029.2	351.1	664	1227.2	412.2	774	1425.2
291.1	556	1032.8	352.2	666	1230.8	413.3	776	1428.8
292.2	558	1036.4	353.3	668	1234.4	414.4	778	1432.4
293.3	560	1040.0	354.4	670	1238.0	415.6	780	1436.0
294.4	562	1043.6	355.6	672	1241.6	416.7	782	1439.6
295.6	564	1047.2	356.7	674	1245.2	417.8	784	1443.2
296.7	566	1050.8	357.8	676	1248.8	418.9	786	1446.8
297.8	568	1054.4	358.9	678	1252.4	420.0	788	1450.4
298.9	570	1058.0	360.0	680	1256.0	421.1	790	1454.0
300.0	572	1061.6	361.1	682	1259.6	422.2	792	1457.6
301.1	574	1065.2	362.2	684	1263.2	423.3	794	1461.2
302.2	576	1068.8	363.3	686	1266.8	424.4	796	1464.8
303.3	578	1072.4	364.4	688	1270.4	425.6	798	1468.4
304.4	580	1076.0	365.6	690	1274.0	426.7	800	1472.0
305.6	582	1079.6	366.7	692	1277.6	427.8	802	1475.6
306.7	584	1083.2	367.8	694	1281.2	428.9	804	1479.2
307.8	586	1086.8	368.9	696	1284.8	430.0	806	1482.8
308.9	588	1090.4	370.0	698	1288.4	431.1	808	1486.4
310.0	590	1094.0	371.1	700	1292.0	432.2	810	1490.0
311.1	592	1097.6	372.2	702	1295.6	433.3	812	1493.6
312.2	594	1101.2	373.3	704	1299.2	434.4	814	1497.2
313.3	596	1104.8	374.4	706	1302.8	435.6	816	1500.8
314.4	598	1108.4	375.6	708	1306.4	436.7	818	1504.4
315.6	600	1112.0	376.7	710	1310.0	437.8	820	1508.0
316.7	602	1115.6	377.8	712	1313.6	438.9	822	1511.6
317.8	604	1119.2	378.9	714	1317.2	440.0	824	1515.2
318.9	606	1122.8	380.0	716	1320.8	441.1	826	1518.8
320.0	608	1126.4	381.1	718	1324.4	442.2	828	1522.4
321.1	610	1130.0	382.2	720	1328.0	443.3	830	1526.0
322.2	612	1133.6	383.3	722	1331.6	444.4	832	1529.6
323.3	614	1137.2	384.4	724	1335.2	445.6	834	1533.2
324.4	616	1140.8	385.6	726	1338.8	446.7	836	1536.8
325.6	618	1144.4	386.7	728	1342.4	447.8	838	1540.4
326.7	620	1148.0	387.8	730	1346.0	448.9	840	1544.0
327.8	622	1151.6	388.9	732	1349.6	450.0	842	1547.6
328.9	624	1155.2	390.0	734	1353.2	451.1	844	1551.2
330.0	626	1158.8	391.1	736	1356.8	452.2	846	1554.8
331.1	628	1162.4	392.2	738	1360.4	453.3	848	1558.4

℃→°F ℃← F			℃→°F ℃← F			℃→°F ℃← F		
454.4	850	1562.0	515.6	960	1760.0	732.2	1350	2462.0
455.6	852	1565.6	516.7	962	1763.6	737.8	1360	2480.0
456.7	854	1569.2	517.8	964	1767.2	743.3	1370	2498.0
457.8	856	1572.8	518.9	966	1770.8	748.9	1380	2516.0
458.9	858	1576.4	520.0	968	1774.4	754.4	1390	2534.0
460.0	860	1580.0	521.1	970	1778.0	760.0	1400	2552.0
461.1	862	1583.6	522.2	972	1781.6	765.6	1410	2570.0
462.2	864	1587.2	523.3	974	1785.2	771.1	1420	2588.0
463.3	866	1590.8	524.4	976	1788.8	776.7	1430	2606.0
464.4	868	1594.4	525.6	978	1792.4	782.2	1440	2624.0
465.6	870	1598.0	526.7	980	1796.0	787.8	1450	2642.0
466.7	872	1601.6	527.8	982	1799.6	793.3	1460	2660.0
467.8	874	1605.2	528.9	984	1803.2	798.9	1470	2678.0
468.9	876	1608.8	530.0	986	1806.8	804.4	1480	2696.0
470.0	878	1612.4	531.1	988	1810.4	810.0	1490	2714.0
471.1	880	1616.0	532.2	990	1814.0	816	1500	2732
472.2	882	1619.6	533.3	992	1817.6	821	1510	2750
473.3	884	1623.2	534.4	994	1821.2	827	1520	2768
474.4	886	1626.8	535.6	996	1824.8	832	1530	2786
475.6	888	1630.4	536.7	998	1828.4	838	1540	2804
476.7	890	1634.0	537.8	1000	1832.0	843	1550	2822
477.8	892	1637.6	543.3	1010	1850.0	849	1560	2840
478.9	894	1641.2	548.9	1020	1868.0	854	1570	2858
480.0	896	1644.8	554.4	1030	1886.0	860	1580	2876
481.1	898	1648.4	560.0	1040	1904.0	866	1590	2894
482.2	900	1652.0	565.6	1050	1922.0	871	1600	2912
483.3	902	1655.6	571.1	1060	1940.0	882	1620	2948
484.4	904	1659.2	576.7	1070	1958.0	893	1640	2984
485.6	906	1662.8	582.2	1080	1976.0	904	1660	3020
486.7	908	1666.4	587.8	1090	1994.0	916	1680	3056
487.8	910	1670.0	593.3	1100	2012.0	927	1700	3092
488.9	912	1673.6	598.9	1110	2030.0	938	1720	3128
490.0	914	1677.2	604.4	1120	2048.0	949	1740	3164
491.1	916	1680.8	610.0	1130	2066.0	960	1760	3200
492.2	918	1684.4	615.6	1140	2084.0	971	1780	3236
493.3	920	1688.0	621.1	1150	2102.0	982	1800	3272
494.4	922	1691.6	626.7	1160	2120.0	993	1820	3308
495.6	924	1695.2	632.2	1170	2138.0	1004	1840	3344
496.7	926	1698.8	637.8	1180	2156.0	1016	1860	3380
497.8	928	1702.4	643.3	1190	2174.0	1027	1880	3416
498.9	930	1706.0	648.9	1200	2192.0	1038	1900	3452
500.0	932	1709.6	654.4	1210	2210.0	1049	1920	3488
501.1	934	1713.2	660.0	1220	2228.0	1060	1940	3524
502.2	936	1716.8	665.6	1230	2246.0	1071	1960	3560
503.3	938	1720.4	671.1	1240	2264.0	1082	1980	3596
504.4	940	1724.0	676.7	1250	2282.0	1093	2000	3632
505.6	942	1727.6	682.2	1260	2300.0	1149	2100	3812
506.7	944	1731.2	687.8	1270	2318.0	1177	2150	3902
507.8	946	1734.8	693.3	1280	2336.0	1204	2200	3992
508.9	948	1738.4	698.9	1290	2354.0	1232	2250	4082
510.0	950	1742.0	704.4	1300	2372.0	1260	2300	4172
511.1	952	1745.6	710.0	1310	2390.0	1288	2350	4262
512.2	954	1749.2	715.6	1320	2408.0	1316	2400	4352
513.3	956	1752.8	721.1	1330	2426.0	1343	2450	4442
514.4	958	1756.4	726.7	1340	2444.0	1371	2500	4532

2. 한글 영문 표기

한 글 로마자	가 ga	갸 gya	거 geo	겨 gyeo	고 go	교 gyo	구 gu	규 gyu	그 geu	기 gi
한 글 로마자	나 na	냐 nya	너 neo	녀 nyeo	노 no	뇨 nyo	누 nu	뉴 nyu	느 neu	니 ni
한 글 로마자	다 da	댜 dya	더 deo	뎌 dyeo	도 do	됴 dyo	두 du	듀 dyu	드 deu	디 di
한 글 로마자	라 ra	랴 rya	러 reo	려 ryeo	로 ro	료 ryo	루 ru	류 ryu	르 reu	리 ri
한 글 로마자	마 ma	먀 mya	머 meo	며 myeo	모 mo	묘 myo	무 mu	뮤 myu	므 meu	미 mi
한 글 로마자	바 ba	뱌 bya	버 beo	벼 byeo	보 bo	뵤 byo	부 bu	뷰 byu	브 beu	비 bi
한 글 로마자	사 sa	샤 sya	서 seo	셔 syeo	소 so	쇼 syo	수 su	슈 syu	스 seu	시 si
한 글 로마자	아 a	야 ya	어 eo	여 yeo	오 o	요 yo	우 u	유 yu	으 eu	이 i
한 글 로마자	자 ja	쟈 jya	저 jeo	져 jyeo	조 jo	죠 jyo	주 ju	쥬 jyu	즈 jeu	지 ji
한 글 로마자	차 cha	챠 chya	처 cheo	쳐 chyeo	초 cho	쵸 chyo	추 chu	츄 chyu	츠 cheu	치 chi
한 글 로마자	카 ka	캬 kya	커 keo	켜 kyeo	코 ko	쿄 kyo	쿠 ku	큐 kyu	크 keu	키 ki
한 글 로마자	타 ta	탸 tya	터 teo	텨 tyeo	토 to	툐 tyo	투 tu	튜 tyu	트 teu	티 ti
한 글 로마자	파 pa	퍄 pya	퍼 peo	펴 pyeo	포 po	표 pyo	푸 pu	퓨 pyu	프 peu	피 pi
한 글 로마자	하 ha	햐 hya	허 heo	혀 hyeo	호 ho	효 hyo	후 hu	휴 hyu	흐 heu	히 hi

3. 영문 발음 기호 표기

모음			
기호		보기	
단모음			
iː	이:	see	[siː 씨:]
i	이	city	[siti 씨티]
e	에	pencil	[pensl 펜슬]
æ	애	hat	[hæt 햇]
ɑː	아:	calm	[kɑːm 캄:]
ɑ	아	box	[bɑ́ks 박스]
ɔː	오:	call	[kɔːl 콜:]
ɔ	오	dog	[dɔg 도그]
uː	우:	too	[tuː 투:]
u	우	full	[ful 풀]
ʌ	어	hug	[hʌg 허그]
ə	어	about	[əbaut 어바웃]
ɑːr	아:	car	[kɑːr 카:]
ɔːr	오:	form	[fɔːrm 폼:]
중모음			
ei	에이	hey	[hei 헤이]
ou	오우	rope	[roup 로우프]
ai	아이	hi	[hai 하이]
au	아우	now	[nau 나우]
ɔi	오이	boy	[bɔi 보이]
ɛər	에어	hair	[hɛər 헤어]
iər	이어	near	[niər 니어]
uər	우어	hour	[auər 아우어]

자음			
기호		보기	
p	ㅍ	pine	[pain 파인]
b	ㅂ	belt	[belt 벨트]
t	ㅌ	tie	[tai 타이]
d	ㄷ	desk	[desk 데스크]
k	ㅋ	kill	[kil 킬]
g	ㄱ	get	[get 겟]
m	ㅁ	mom	[mam 맘]
n	ㄴ	nice	[nais 나이스]
ŋ	ㅇ	sing	[siŋ 씽]
l	ㄹ	lake	[leik 레이크]
r	ㄹ	ring	[riŋ 링]
f	ㅍ	food	[fuːd 푸:드]
v	ㅂ	vase	[veis 베이스]
θ	ㅆ	thin	[θin 씬]
ð	ㄷ	them	[ðem 뎀]
s	ㅅ	spy	[spai 스파이]
z	ㅈ	zoo	[zuː 주:]
ʃ	쉬	push	[puʃ 푸쉬]
ʒ	지	vision	[viʒən 비전]
h	ㅎ	home	[houm 호움]
w	우	wool	[wul 울]
j	이	young	[jʌŋ 영]
tʃ	취	choice	[tʃɔis 초이스]
dʒ	쥐	orange	[ɔːrindʒ 오:린쥐]

4. 영어 알파벳 통신 용어

알파벳	통신 용어
A	알파(alpa)
B	브라보(bravo)
C	챨리(charlie)
D	델타(delta)
E	에코(echo)
F	폭스트롯(foxtrot)
G	골프(golf)
H	호텔(hotel)
I	인디아(india)
J	줄리엣(juliett)
K	킬로(kilo)
L	리마(lima)
M	마이크(mike)
N	노벰버(november)
O	오스카(oscar)
P	파파(papa)
Q	퀘백(quebec)
R	로미오(romeo)
S	씨에라(sierra)
T	탱고(tango)
U	유니폼(uniform)
V	빅터(victor)
W	위스키(whiskey)
X	엑스레이(x-ray)
Y	양키(yangkee)
Z	줄루(zulu)

5. 뷰포트 풍력계급 Beaufort scale of wind

풍력 계급	명 칭	해 면 상 대	풍 속 (knot)	풍 속 (m/sec)	참 고 (m)
0	고요(평온) Calm	해면은 거울과 같다.	〈1	0~ 0.2	
1	실바람(지경풍) Light air	해면에 고기 비늘과 같은 소파가 있으나 거품은 생기지 않는다.	1~3	0.3~ 1.5	0.1 (0.1)
2	남실바람(경풍) Light breeze	해면에 소파를 뚜렷이 볼 수 있으나 파두는 평활하다.	4~6	1.6~ 3.3	0.2 (0.3)
3	산들바람(연풍) Gentle breeze	해면에 소파가 커지고 파두가 부서지며 거품이 일고 곳곳이 백파가 나타난다.	7~10	3.4~ 5.4	0.6 (1)
4	건들바람(화풍) Moderate breeze	파는 낮으나 파장은 길어지고 백파가 상당히 증가한다.	11~16	5.5~ 7.9	1 (1.5)
5	흔들바람(질풍) Fresh breeze	중 정도의 파가 더욱 뚜렷해지고 파장이 길어지며 백파가 많이 나타난다.	17~21	8.0~ 10.7	2 (2.5)
6	된바람(웅풍) Strong breeze	파가 차차 커지기 시작하고 백파가 전면에 일어난다.	22~ 27	10.8~1 3.8	3 (4)

7	센바람(강풍) Moderate gale	파도는 점점 커지고 파두가 부서져 생긴 흰 거품은 풍하로 열지어 흘러간다.	28~ 33	13.9~1 7.1	4 (5.5)
8	큰바람(질강풍) Fresh gale	대파의 약간 작은 것이 파장이 길어지고 파두는 부서져 물결이 바람에 날린다.	34~ 40	17.2~2 0.7	5.5 (7.5)
9	큰센바람 (대강풍) Strong gale	대파 짙은 물거품이 풍하고 흘려지며 파두가 말리고 부서져 물보라로 시정이 악화된다.	41~ 47	20.8~2 4.4	7 (10)
10	노대바람 (전강풍) Whole gale	파도는 굉장히 높아지며 백색의 물거품은 큰 덩어리를 이루고 해면은 전체가 희게 보여 시정이 극히 불량하다.	48~ 55	24.5~2 8.4	9 (12.5)
11	왕바람(폭풍) Storm	산같은 대파·중소선박은 파곡에 들어가면 일시 안보일 때도 있다. 해면은 물거품으로 덮이고 시정은 더욱 악화된다.	56~ 63	28.5~3 2.6	9 (12.5)
12	싹슬바람(태풍) Hurricane	해상은 물거품과 물보라로 덮이고 해면은 물보라 때문에 시정은 악화된다.	64~ 71	32.7~3 6.9	11.5 (16)

6. 구름의 종류

종	류	국 제 명	기호	고 도
상층운	1. 권운(털구름) 2. 권적운(털쌘구름) 3. 권층운(털층구름)	Cirrus Cirrocumulus Cirrostratus	Ci Cc Cs	5~13km
중층운	4. 고적운(높쌘구름) 5. 고층운(높층구름)	Altocumulus Altostratus	Ac As	2~7km
하층운	6. 층적운(층쌘구름) 7. 층운(층구름) 8. 난층운(비층구름)	Stratocumulus Stratus Nimbostratus	Sc St Ns	2km이하
수직운	9. 적운(쌘구름) 10. 적란운 (쌘비구름)	Cumulus Cumulonimbus	Cu Cb	평균상면 : Ci고도 평균하면 : 500m

7. 천기 약기호

약기호	천 기	설 명
b	맑음	Blue sky, 운량 0~2
bc	갬	Blue sky with detached clouds, 운량 3~7
c	흐림	Cloudy(상층운), 운량 8~10
d	이슬비	Drizzling rain
e	습윤	Wet without rain
f	안개	Fog
g	음울	Gloomy
h	우박	Hail
l	번개	Lightening
m	실안개	Mist
o	흐림	Overcast sky(중·하층운), 운량 8~10
p	소나기	Passing shower
q	스코올	Squall
r	비	Rain
s	눈	Snow
t	우뢰	Thunder
u	천기험악	Ugly weather
v	천기투명	Unusual visibility
w	이슬	Dew
z	연무	Haze

8. 풍랑계급 Wave scale

풍 랑	
계급	설 명
0	Calm (glassy)
1	Calm (rippled)
2	Smoth (wavelets)
3	Slight
4	Moderate
5	Rough
6	Very rough
7	High
8	Very high
9	Phenomenal

9. 너울계급 Swell scale

너 울	
계급	설 명
0	No swell
1	Low swell, short or average length
2	Low swell, long
3	Moderate swell, short
4	Moderate swell, average length
5	Moderate swell, long
6	Heavy swell, short
7	Heavy swell, average length
8	Heavy swell, long
9	Confused swell

10. 숫자 영문 표기

(1) 기 수(基數)

한국어	英 語	한국어	英 語
0	naught, zero 노오트 지어로	15	fifteen 피프틴
1	one 원	16	sixteen 식스틴
2	two 투	17	seventeen 세븐틴
3	three 드리	18	eighteen 에이틴
4	four 포어	19	nineteen 나인틴
5	five 파이브	20	twenty 트웬티
6	six 식스	21	twenty-one 트웬티 원
7	seven 세븐	22	twenty-two 트웬티 투
8	eight 에이트	23	twenty-three 트웬티 드리
9	nine 나인	24	twenty-four 트웬티 포어
10	ten 텐	25	twenty-five 트웬티 파이브
11	eleven 일레븐	26	twenty-six 트웬티 식스
12	twelve 트웰브	27	twenty-seven 트웬티 세븐
13	thirteen 더어틴	28	twenty-eight 트웬티 에이트
14	fourteen 포오틴	29	twenty-nine 트웬티 나인

한국어	英　語	한국어	英　語
30	thirty 더어티	80	eighty 에이티
31	thirty-one 더어티 원	81	eighty-one 에이티 원
32	thirty-two 더어티 투	82	eighty-two 에이티 투
33	thirty-three 더어티 드리	90	ninety 나인티
40	forty 포오티	91	ninety-one 나인티 원
41	forty-one 포오티 원	92	ninety-two 나인티 투
42	forty-two 포오티 투	100	one hundred 원 헌드레드
50	fifty 피프티	101	one hundred and one 원 헌드레드 앤드 원
51	fifty-one 피프티 원	102	one hundred and two 원 헌드레드 앤드 투
52	fifty-two 피프티 투	110	one hundred and ten 원 헌드레드 앤드 텐
60	sixty 식스티	111	one hundred and eleven 원 헌드레드 앤드 일레븐
61	sixty-one 식스티 원	112	one hundred and twelve 원 헌드레드 앤드 트웰브
62	sixty-two 식스티 투	120	one hundred and twenty 원 헌드레드 앤드 트웬티
70	seventy 세븐티	121	one hundred and twenty-one 원 헌드레드 앤드 트웬티 원
71	seventy-one 세븐티 원	200	two hundred 투 헌드레드
72	seventy-two 세븐티 투	201	two hundred and one 투 헌드레드 앤드 원

한국어	英 語	한국어	英 語
300	three hundred 드리 헌드레드	6,000	six thousand 식스 다우전드
301	three hundred and one 드리 헌드레드 앤드 원	7,000	seven thousand 세븐 다우전드
400	four hundred 포어 헌드레드	8,000	eight thousand 에이트 다우전드
500	five hundred 파이브 헌드레드	9,000	nine thousand 나인 다우전드
600	six hundred 식스 헌드레드	10,000	ten thousand 텐 다우전드
700	seven hundred 세븐 헌드레드	100,000	one hundred thousand 원 헌드레드 다우전드
800	eight hundred 에이트 헌드레드	1,000,000	one million 원 밀리온
900	nine hundred 나인 헌드레드	2,000,000	two million 투 밀리온
1,000	one thousand 원 다우전드		
1,100	one thousand one hundred 원 다우전드 원 헌드레드		
1,110	one thousand one hundred and ten 원 다우전드 원 헌드레드 앤드 텐		
1,111	one thousand one hundred and eleven 원 다우전드 원 헌드레드 앤드 일레븐		
2,000	two thousand 투 다우전드		
3,000	three thousand 드리 다우전드		
4,000	four thousand 포어 다우전드		
5,000	five thousand 파이브 다우전드		

(2) 서 수(序 數)

1°	first, 1st	퍼어스트
2°	second, 2nd	세컨드
3°	third, 3rd	더어드
4°	fourth, 4th	포어스
5°	fifth, 5th	피프스
6°	sixth, 6th	식스스
7°	seventh, 7th	세븐스
8°	eighth, 8th	에이트스
9°	ninth, 9th	나인스
10°	tenth, 10th	텐스
11°	eleventh, 11th	일레븐스
12°	twelfth, 12th	트웰프스
13°	thirteenth, 13th	더어틴스
14°	fourteenth, 14th	포어틴스
15°	fifteenth, 15th	피프틴스
16°	sixteenth, 16th	식스틴스
17°	seventeenth, 17th	세븐틴스
18°	eighteenth, 18th	에이틴스
19°	nineteenth, 19th	나이틴스
20°	twentieth, 20th	트웬티이스
21°	twenty-first, 21st	트웬티 퍼스트
22°	twenty-second, 22nd	트웬티 세컨드
30°	thirtieth, 30th	더어티스
31°	thirty-first, 31st	더어티 퍼스트
40°	fortieth, 40th	포어티스
50°	fiftieth, 50th	피프티스
60°	sixtieth, 60th	식스티스
70°	seventieth, 70th	세븐티스
80°	eightieth, 80th	에이티스
90°	ninetieth, 90th	나인티스
100°	one hundredth, 100th	원 헌드레드스
200°	two hundredth, 200th	투 헌드레드스
1,000°	one thousandth, 1,000th	원 다우전드
1,000,000°	one millionth	원 밀리온스

(3) 분 수(分數)

$\frac{1}{2}$	a half 어 하아프
$\frac{1}{3}$	one third, a third part 원 더어드, 어 더어드 파아트
$\frac{2}{3}$	two-thirds 투 더어드스
$\frac{1}{4}$	a quarter, one fourth, a fourth part 어 쿼터, 원 포오스, 어 포오스 파아트
$\frac{3}{4}$	three-quarters, three fourth 드리 쿼터스, 드리 포오스
$\frac{1}{5}$	one fifth, a fifth part 원 피프스, 어 피프스 파아트
$\frac{3}{5}$	three-fifth 드리 피프스
$\frac{5}{8}$	five-eighth 파이브 에이트스
$\frac{1}{11}$	one eleventh, a eleventh part 원 일레븐스, 어 일레븐스 파아트
$\frac{1}{12}$	one twelfth, a twelfth part 원 트웰프스, 어 트웰프스 파아트
$\frac{1}{15}$	one fifteenth, a fifteenth part 원 피프틴스, 어 피프틴스 파아트
$\frac{1}{20}$	one twentieth, a twentieth part 원 트웬티스, 어 트웬티스 파아트

11. 주요 해산물명 한·영·일 대조표

한 국	영 미 국	일 본
가오리	Ray	Ei
감성돔	Black sea bream	Kuro-dai
강달이	Kangdolin	Mebuto-kandari
게	Crab	Kani
고등어	Mackerel	Saba
곱상어	Dog fish	Abura-zame
꽁치	Mackerel pike	Sanma
굴	Oyster	Kaki
날치	Flying fish	Tobi-uo
넙치	Bastard	Hirame
농어	Common sea bass	Suzuki
눈볼대	Red fish	Aka-mutsu
대구	Cod	Tara
도다리	Sole	Meita-garei
도루묵	Sand fish	Hata-hata
만새기	Dolphin	Shiira
매퉁이	Lizard fish	Ma-eso
멸치	Anchovy	Katakuch-iwash
명태	Alaska pollack	Suketo-tara
문어	Octopus	Tako
민어	Croaker	Hon-nibe
방어	Yellow tail	Buri
뱀장어	Eel	Unagi
뱅어	Whiting	Shira-uo
베도라치	Gouneles	Ginpo
병어	Pomfret	Mana-gatsuo
보구치	White corvenia	Shiro-guchi

복어	Puffer	Hugu
볼락	Rock fish	Me-baru
부시리	Hirasu	Jack
붕장어	Sea eel, Conger eel	Ma-anago
삼치	Spanish mackerel	Sawara
상어	Shark	Huka, Same
성대	Gurnard	Ho-bo
소라	Top shell	Sazae
송어	Trout	Masu
숭어	Grey mullet	Bora
양미리	Sand lance	Shiwa-ikanageo
양태	Flat head	Ma-gochi
연어	Salmon	Sake
오징어	Squid	Ika
전갱이	Horse mackerel	Ma-aji
전어	Hickory shad	Konoshiro
정어리	Sardine	Iwashi
참가재미	Flounder	Ma-garei
참돔	Porgy, Snapper	Ma-dai
참서대	Sole	Aka-shita-birame
참조기	Yellow corvenia	Kin-guchi
청어	Herring	Nishin
칼치	Hair-tail	Tachi-uo
학꽁치	Half beak	Sayori
해삼	Sea cucumber	Namako
홍어	Skate ray	Gangi-ei

참고문헌

- 선박운항해사개론 (김웅주 해문출판사)
- 6급 기관사 교본 (편집부 해문출판사)
- 6급 기관사-이론과 문제(해기사시험연구회 해광출판사)
- 4.5급 기관사-이론과 문제(해기사시험연구회 해광출판사)
- 6급 항해사-이론과 문제 (김선곤 해광출판사)
- 3.4.5급 표준 항해사 문제해설 (김선곤 외 해문출판사)
- 신기관과 실무지침 (해문도서편찬회 해문출판사)
- 알기쉬운 선박전기전자 (해광도서편찬회 해광출판사)
- 결삭법 (해광도서편찬회 해광출판사)
- 표준 소형선박 조종사 (김선곤 해문출판사)
- 소형선박조종사-이론과 문제 (해기사시험연구회 해광출판사)
- 해사법규 (서동일 서울고시각)
- 내연기관강의 (전효중 외 효성출판사)
- 최신 영문 기관일지-각종서식기입법 (해광도서편찬회 해광출판사)
- 최신 영문 항해일지-각종서식기입법 (해광도서편찬회 해광출판사)
- 내연기관실습 (이상득 다솜출판사)
- 보조기계실습 (정은석 외 다솜출판사)
- 선박자동화시스템실습 (정진아 다솜출판사)
- 외연기관실습 (이진욱 외 다솜출판사)
- 전기전자실습 (오세진 외 다솜출판사)
- 직무일반 및 안전 (이상일 외 다솜출판사)
- 전자공학 (안병원 외 다솜출판사)
- 항해영어 (이재우 해문출판사)
- 표준해사실무영어 (김종성 외 경안기획)
- IMO 표준항해용어 회화집 (편집부 해문출판사)
- MARPOL 해양오염방지협약
- SOLAS 해상인명안전협약
- IMO STCW 1978 선원의 훈련 자격증명 및 당직근무의 기준에 관한 국제협약과 개정규정
- 선박보조기계 (오인호 외 다솜출판사)
- 항해실습 (I, II, III, IV 이형기 외 상학당)
- 전자기초마스터북 (삼전극기 외 성안당)
- 고등학교 항해 (교육과학기술부, 인천광역시교육청)
- 고등학교 선박운용 (교육과학기술부, 인천광역시교육청)
- 고등학교 해사법규 (교육과학기술부, 부산광역시 교육청)
- 고등학교 열기관 (교육과학기술부, 인천광역시교육청)
- 고등학교 선박보조기계 (교육과학기술부, 인천광역시교육청)
- 고등학교 선박전기전자 (교육과학기술부, 부산광역시교육청)
- 고등학교 선박의장 (교육과학기술부, 거제공업고등학교, 군산기계공업고등학교)
- 고등학교 해사영어 (교육과학기술부, 부산광역시교육청)
- 고등학교 기관실무 (부산광역시교육청)
- 實例 英文機關日誌の書き方 (田中秀幸)
- 英文 機關日誌 其他書方 (福富忠雄)
- 實用 英文機關日誌の記載要領 (岩本·大橋)
- 英文·しい機關日誌の書き方 (齊竹政利)
- 英文 航海日誌 其他書方 (福田春吉)
- 英文航海日の記載要領 (加藤 · 師岡)
- 英韓韓英 機關用語辭典 (해문당)
- 最新 造船用語辭典 (해문당)
- 표준항해용어 회화집 (편집부 해문출판사)
- 선원실무영회화 (해문도서편찬회 해문출판사)
- 4.5급 기관사-이론과 문제(해기사시험연구회 해광출판사)
- 선박기관사 면접시험-이론과 문제 (강희준. 해기사시험연구회 해광출판사)

해광
출판
해기

영문기관일지 기입법 및 실무기관영어

2015년 4월 5일 인쇄 정가 27,000원
2015년 4월 15일 발행

저　　자 해광도서편찬회 편
편　　집 조민경 손행민 김대용
발 행 인 조　준　형
발 행 처 해 광 출 판 사
주　　소 부산광역시 중구 구덕로 38(남포동 4가 2-4)
전화번호 (051)253-0001 팩스(051)245-1187
등　　록 제 2012-000005호

이 도서의 국립중앙도서관 출판예정도서목록(CIP)은 서지정보유통지원시스템 홈페이지(http://seoji.nl.go.kr)와 국가자료공동목록시스템(http://www.nl.go.kr/kolisnet)에서 이용하실 수 있습니다. (CIP제어번호 : CIP2015007055)